# Hauptsätze
der
# Elementar-Mathematik
zum Gebrauche an höheren Lehranstalten

von

Dr. F. G. Mehler.

Bearbeitet von A. Schulte-Tigges,
Direktor des Realgymnasiums zu Kassel.

## Ausgabe B.

### Oberstufe 2. Teil.

Arithmetik mit Einschluß der niederen Analysis,
ebene und sphärische Trigonometrie und Stereometrie.

Berlin W. 35
Druck und Verlag von Georg Reimer
1912.

# Arithmetik mit Einschluß der niederen Analysis, Trigonometrie und Stereometrie.

Für die oberen Klassen höherer Lehranstalten

bearbeitet

von

A. Schulte-Tigges,
Direktor des Realgymnasiums zu Kassel,

unter Mitwirkuug von Professor C. Frenzel,
Oberlehrer am Gymnasium zu Lauenburg i. P.

Mit 46 Textfiguren.

Zweite unveränderte Auflage.

Berlin W. 35
Druck und Verlag von Georg Reimer
1912.

## Vorwort zur ersten Auflage.

Der vorliegende zweite Teil der Oberstufe weicht so sehr von dem ursprünglichen Mehlerschen Buch ab, daß es zweckmäßiger erscheint, ihn mit den entsprechenden Abschnitten der von dem Unterzeichneten neu bearbeiteten Ausgabe A zu vergleichen. Auch hier ergeben sich wesentliche Unterschiede. Manche Beweise und Ableitungen sind grundsätzlich geändert worden, weil es der Verfasser für richtig hält, auf dem geradesten Wege vom Ausgangspunkt zum Ziel vorwärts zu schreiten und möglichst alles zu vermeiden, was nach Künstelei aussieht. Des ferneren erschien es notwendig, dem Lehrer beim Gebrauch des Buches möglichst viel Bewegungsfreiheit zu gewähren, daher denn eine ganze Reihe von Ableitungen zur Auswahl zweimal vertreten sind, wie z. B. die Berechnung der Kugel und ihrer Teile, der Sinus- und Kosinussatz der sphärischen Trigonometrie, die Auflösung des irreduziblen Falls der kubischen Gleichung, die Ableitung der höheren Reihen (eine dritte bleibt noch dem dritten Teil der Oberstufe vorbehalten) u. dgl. mehr. Abgewichen ist dagegen nicht von dem bewährten Grundsatz, die Beweise und Ableitungen nur soweit zu geben, daß die Schüler imstande sind, sie nach der Unterrichtsstunde selbständig zu ergänzen.

Im besonderen sind dem arithmetischen Teil zwei neue Abschnitte hinzugefügt worden, die von den Wurzeln der Gleichungen und den numerischen Gleichungen und ihrer Auflösung handeln. Neu ist auch die Anwendung der Zinseszinsrechnung auf die Renten- und Lebensversicherung, zu deren Aufnahme der Aufsatz von Prof. Nitsche über „Die Behandlung versicherungsmathematischer Aufgaben im Unterricht" (Lehrproben und Lehrgänge, 1907; 3. Heft) Anlaß gegeben hat. Die zugehörigen Tabellen hat Herr Professor Nitsche nicht nur in dankenswerter Weise zur Verfügung gestellt, sondern auch durch zwei von ihm nach den neuesten statistischen Ergebnissen berechnete ersetzt. Die jedem Buche lose beigefügte Tabelle ist zum Einheften in die Logarithmentafel bestimmt, so daß diese dem praktischen Leben unmittelbar entnommenen Aufgaben auch für Klassenarbeiten zur Verfügung stehen. Völlig umgestaltet ist der Abschnitt, der von der Konvergenz unendlicher Reihen handelt, und in dem wiederholenden Aufbau des arithmetischen Systems ist der Begriff der irrationalen Zahl schärfer gefaßt und dargestellt worden, auch tritt die graphische Darstellung der Rechnungsarten der komplexen Zahlen ergänzend hinzu. Um für diese notwendigen Änderungen Raum zu schaffen, sind die Kettenbrüche und diophantischen Gleichungen weggelassen worden, die ja der mathematischen Lehraufgabe der oberen Klassen längst nicht mehr angehören.

Gänzlich umgearbeitet sind auch die ebene Trigonometrie, die Stereometrie und mehr oder weniger auch die sphärische Trigonometrie. In der Trigonometrie wurde dem überwiegenden Gebrauch entsprechend auf die Definition der Winkel durch Kreisbogen verzichtet; in der Stereometrie ist besonders die systematische Begründung und die Lehre von den körperlichen Ecken eingehender gestaltet worden; in der mathematischen Himmelskunde wurde der gebräuchlicheren Zählweise des Azimuts und des Stundenwinkels der Vorzug gegeben.

Dem allgemeinen Plan der Ausgabe B entsprechend sind den einzelnen Abschnitten zahlreiche Aufgaben beigegeben worden; nur die Arithmetik, für die ja besondere Aufgabensammlungen im Gebrauch zu sein pflegen, macht hiervon eine Ausnahme bis auf die Aufgaben aus der Renten- und Lebensversicherung, die sich in dieser Art noch nicht allgemein eingebürgert haben. Im Interesse einer beschleunigten Fertigstellung des Buches, die von verschiedenen Seiten lebhaft gewünscht wurde, hatte Herr Professor Frenzel in Lauenburg i. P., dem auch für manche andere Ratschläge und Zusätze besonderer Dank gebührt, die Ausarbeitung des größten Teiles der Aufgaben übernommen. So sind denn die mit großer Sorgfalt und Umsicht aufgestellten Aufgaben in II §§ 28—32, III §§ 58—66, IV §§ 18, 20, 21 sein Werk.

Es ist auf solche Weise durch einen ungewöhnlichen Aufwand von Arbeitskraft möglich geworden, diesen Teil der Oberstufe jetzt schon zu vollenden, so daß das Erscheinen des dritten (letzten) Teils, der die Differentialrechnung und die analytische Geometrie der Ebene enthalten wird, für den Herbst in sichere Aussicht gestellt werden kann.

Cassel, im Juni 1909. A. Schulte-Tigges.

# Inhalt.

# Erster Teil: Arithmetik
mit Einschluß der Algebra und niederen Analysis.

## Erster Abschnitt.
## Von den Gleichungen.
### A. Reziproke Gleichungen.

§ 1. Eine Gleichung heißt **reziprok**, wenn der reziproke Wert $\left(\frac{1}{r}\right)$ jeder ihrer Wurzeln ($r$) ebenfalls Wurzel der Gleichung ist. Eine reziproke Gleichung ändert ihre Form nicht, wenn man die Unbekannte $x$ in $\frac{1}{x}$ verwandelt und nach Fortschaffung der Nenner wieder nach absteigenden Potenzen von $x$ ordnet.

§ 2. **Auflösung der Gleichung:**

$$x^3 + ax^2 + ax + 1 = 0.$$

$$\text{Es ist } (x^3 + 1) + ax(x + 1) = 0 \text{ oder}$$
$$(x + 1)(x^2 - x + 1) + ax(x + 1) = 0, \text{ daher}$$
$$(x + 1)(x^2 - x + 1 + ax) = 0.$$

Diese Gleichung ist aber erfüllt, wenn $x + 1 = 0$ oder $x^2 - (1 - a)x + 1 = 0$ ist, woraus sich die Wurzeln

$$x_1 = -1 \text{ und } x_{2,3} = \frac{1-a}{2} \pm \sqrt{\left(\frac{1-a}{2}\right)^2 - 1}$$

ergeben.

**Bemerkung.** Die reziproke Gleichung $x^3 - ax^2 + ax - 1 = 0$ kann in entsprechender Weise gelöst werden.

§ 3. **Auflösung der Gleichung:**

$$x^4 + ax^3 + bx^2 + ax + 1 = 0.$$

Die Division beider Seiten durch $x^2$ ergibt

$$\left(x^2 + \frac{1}{x^2}\right) + a\left(x + \frac{1}{x}\right) + b = 0.$$

Setzt man nun $x + \frac{1}{x} = u$, so ist $x^2 + \frac{1}{x^2} = u^2 - 2$, daher

$$u^2 - 2 + au + b = 0.$$

Durch Auflösung dieser quadratischen Gleichung findet man $u$ und alsdann $x$ aus der Gleichung $x + \frac{1}{x} = u$.

**Bemerkung.** Die Gleichung $x^4 + ax^3 + bx^2 - ax + 1 = 0$ ist zwar nicht reziprok, geht aber in eine solche über, wenn man $x = iy$ setzt.

§. 4. **Auflösung der Gleichung:**

$$x^5 + ax^4 + bx^3 + bx^2 + ax + 1 = 0.$$

Es ist $(x^5 + 1) + ax(x^3 + 1) + bx^2(x + 1) = 0$ oder

$$(x + 1)(x^4 - x^3 + x^2 - x + 1) + ax(x + 1)(x^2 - x + 1) + bx^2(x + 1) = 0,$$ also

$(x + 1)(x^4 - x^3 + x^2 - x + 1 + ax^3 - ax^2 + ax + bx^2) = 0$. Von den sich hieraus ergebenden Gleichungen $x + 1 = 0$ und

$$x^4 + (a - 1)x^3 + (1 - a + b)x^2 + (a - 1)x + 1 = 0$$

ist die letztere aber eine reziproke Gleichung vierten Grades und kann daher nach § 3 gelöst werden.

**Bemerkung.** Die reziproke Gleichung $x^5 - ax^4 + bx^3 - bx^2 + ax - 1 = 0$ kann in entsprechender Weise gelöst werden.

## B. Binomische Gleichungen.

§ 5. 1) **Erklärung.** Binomische Gleichungen sind Gleichungen von der Form $x^n + p = 0$.

2) **Auflösung der Gleichung:** $\varepsilon^3 - 1 = 0$ oder $\varepsilon^3 = 1$. Aus $\varepsilon^3 - 1 = 0$ wird $(\varepsilon - 1)(\varepsilon^2 + \varepsilon + 1) = 0$; daher:

1) $\varepsilon - 1 = 0$ oder $\varepsilon_1 = 1$.

2) $\varepsilon^2 + \varepsilon + 1 = 0$ oder $\varepsilon_{2,3} = -\frac{1}{2} \pm \frac{i}{2}\sqrt{3}$.

Diese Wurzeln heißen die dritten Wurzeln der Einheit; zwischen ihnen bestehen die Beziehungen:

$$\varepsilon_2\, \varepsilon_3 = 1; \quad \varepsilon_2 = \frac{1}{\varepsilon_3} = \varepsilon_3^2; \quad \varepsilon_3 = \frac{1}{\varepsilon_2} = \varepsilon_2^2.$$

Hiernach sind die Wurzeln der Gleichung $x^3 = A$ die folgenden:

$$x_1 = \varepsilon_1 \sqrt[3]{A}, \quad x_2 = \varepsilon_2 \sqrt[3]{A}, \quad x_3 = \varepsilon_3 \sqrt[3]{A},$$

da die dritten Potenzen dieser Werte gleich $A$ sind.

§ 6. Auflösung der Gleichungen: $x^n = 1$ und $x^n = -1$.

1) Es sei $x^n = 1$ und (§ 80) $x = r(\cos\varphi + i\sin\varphi)$, so ist $r^n(\cos\varphi + i\sin\varphi)^n = 1$ oder (nach § 60)

$$r^n(\cos n\varphi + i\sin n\varphi) = 1,$$

$$r^n \,.\, \cos n\varphi = 1,\ r^n .\, \sin n\varphi = 0.$$

Durch Quadrierung und Addition ergibt sich hieraus $r^{2n} = 1$, $r = 1$. Daher ist

$$\cos n\varphi = 1,\ \sin n\varphi = 0, \text{ mithin}$$

$n\varphi = k\,.\,360^0$, worin $k$ eine beliebige ganze Zahl einschließlich der Null bedeutet. Daher ist $\varphi = k\,.\,\frac{360^0}{n}$ und

$$(1)\quad x = \cos k\,.\,\frac{360^0}{n} + i\sin k\,.\,\frac{360^0}{n}\,.$$

Um alle $n$ Wurzeln (die „$n^{ten}$ Wurzeln der Einheit") zu erhalten, hat man hierin $n$ aufeinanderfolgende ganze Zahlen für $k$ einzusetzen.

2) Bei der Gleichung $x^n = -1$ erhält man in derselben Weise

$$\cos n\varphi = -1,\ \sin n\varphi = 0, \text{ daher}$$

$$n\varphi = 180^0 + k\,.\,360^0 \text{ und } \varphi = \frac{180^0 + k\,.\,360^0}{n}\,.$$

Demnach sind die Wurzeln enthalten in der Formel:

$$(2)\quad x = \cos\frac{180^0 + k\,.\,360^0}{n} + i\,.\,\sin\frac{180^0 + k\,.\,360^0}{n}\,.$$

§ 7. Auflösung der Gleichung: $x^n = a + bi$.

Es sei $x = r(\cos\varphi + i\sin\varphi)$, dann ist

$$r^n(\cos n\varphi + i\,.\,\sin n\varphi) = a + bi \text{ oder}$$

$$r^n\cos n\varphi = a,\ r^n\sin n\varphi = b.$$

Durch Quadrierung und Addition ergibt sich $r^{2n} = a^2 + b^2$, also $r = \sqrt[2n]{a^2 + b^2}$. Daher ist

$$(1)\quad \cos n\varphi = \frac{a}{\sqrt{a^2 + b^2}},\ \sin n\varphi = \frac{b}{\sqrt{a^2 + b^2}}\,.$$

Hat man hiernach für $n\varphi$ einen Winkel $\psi$ zwischen $0^0$ und $360^0$ gefunden, so sind auch die Winkel $\psi + k\,.\,360^0$ gültig, und es ist $\varphi = \frac{\psi + k\,.\,360^0}{n}$, worin $k$ jede von $n$ aufeinanderfolgenden ganzen Zahlen einschließlich der Null bedeutet. Man erhält also

$$(2)\quad x = \sqrt[2n]{a^2 + b^2}\left(\cos\frac{\psi + k\,.\,360^0}{n} + i\sin\frac{\psi + k\,.\,360^0}{n}\right).$$

Da man für $x$ auch $\sqrt[n]{a + bi}$ schreiben kann, so erhellt hieraus, daß jede $n^{te}$ Wurzel aus einer Zahl $n$ verschiedene Werte besitzt.

## C. Gleichungen dritten Grades.
### (Kubische Gleichungen.)

§ 8. Reduktion der allgemeinen kubischen Gleichung

In der Gleichung $x^3 + Ax^2 + Bx + C = 0$ läßt sich das quadratische Glied durch eine geeignete Substitution entfernen. Setzt man $x = d + y$, so ergibt sich

$$(d^3 + 3d^2y + 3dy^2 + y^3) + A(d^2 + 2dy + y^2) + B(d + y) + C = 0 \text{ oder}$$

$$y^3 + (3d + A)y^2 + (3d^2 + 2Ad + B)y + (d^3 + Ad^2 + Bd + C) = 0$$

Wählt man nun $d = -\frac{A}{3}$, also $x = y - \frac{A}{3}$, so lautet die Gleichung

$$y^3 + \left(B - \frac{A^2}{3}\right)y + \left(\frac{2}{27}A^3 - \frac{AB}{3} + C\right) = 0 \text{ oder}$$

$$y^3 + ay + b = 0.$$

Diese Gleichung heißt eine reduzierte Gleichung dritten Grades.

§ 9. Auflösung der reduzierten Gleichung durch die Cardantische Formel.

In der Gleichung $y^3 + ay + b = 0$ setzt man

$$y = u + v \text{ und erhält}$$

$$u^3 + 3u^2v + 3uv^2 + v^3 + a(u + v) + b = 0 \text{ oder}$$

$$u^3 + v^3 + b + (u + v)(3uv + a) = 0.$$

Nun lassen sich, wie groß auch $y$ sein mag, $u$ und $v$ immer so wählen daß $3uv + a = 0$ oder $uv = -\frac{a}{3}$ ist. Dann wird auch $u^3 + v^3 + b = 0$, und es ist

$$u^3 + v^3 = -b,\ u^3\,.\,v^3 = \left(-\frac{a}{3}\right)^3 = -\left(\frac{a}{3}\right)^3.$$

$u^3$ und $v^3$ können daher als die Wurzeln der quadratischen Gleichung

$$z^2 + bz - \left(\frac{a}{3}\right)^3 = 0$$

aufgefaßt werden. Es ist mithin

$$u^3 = -\frac{b}{2} + \sqrt{\left(\frac{b}{2}\right)^2 + \left(\frac{a}{3}\right)^3} \text{ und } v^3 = -\frac{b}{2} - \sqrt{\left(\frac{b}{2}\right)^2 + \left(\frac{a}{3}\right)^3}.$$

Bezeichnet man nun

$$\sqrt[3]{-\frac{b}{2} + \sqrt{\left(\frac{b}{2}\right)^2 + \left(\frac{a}{3}\right)^3}} \text{ mit } p \text{ und } \sqrt[3]{-\frac{b}{2} - \sqrt{\left(\frac{b}{2}\right)^2 + \left(\frac{a}{3}\right)^3}}$$

mit $q$, so ist nach § 5

$$u_1 = p,\ u_2 = \varepsilon_2 \cdot p,\ u_3 = \varepsilon_3 \cdot p;$$
$$v_1 = q,\ v_2 = \varepsilon_2 q,\ v_3 = \varepsilon_3 q.$$

Nun ist $y = u + v$, und es wären 9 Zusammenstellungen von $u$ und $v$ möglich, wenn ihre Anzahl nicht durch die Gleichung $uv = -\frac{a}{3}$, wonach das Produkt reell sein muß, beschränkt würde. Hiernach bleiben nur übrig:

$$y_1 = u_1 + v_1,\ y_2 = u_2 + v_3,\ y_3 = u_3 + v_2 \text{ oder}$$

$$y_1 = p + q = \sqrt[3]{-\frac{b}{2} + \sqrt{\left(\frac{b}{2}\right)^2 + \left(\frac{a}{3}\right)^3}} + \sqrt[3]{-\frac{b}{2} - \sqrt{\left(\frac{b}{2}\right)^2 + \left(\frac{a}{3}\right)^3}}$$

(Cardanische Formel);

$$y_2 = \varepsilon_2 p + \varepsilon_3 q = \left(-\frac{1}{2} + \frac{i}{2}\sqrt{3}\right) \cdot p + \left(-\frac{1}{2} - \frac{i}{2}\sqrt{3}\right) \cdot q$$
$$= -\frac{p+q}{2} + \frac{p-q}{2}\, i\sqrt{3};$$

$$y_3 = \varepsilon_3 p + \varepsilon_2 q = \left(-\frac{1}{2} - \frac{i}{2}\sqrt{3}\right) \cdot p + \left(-\frac{1}{2} + \frac{i}{2}\sqrt{3}\right) \cdot q$$
$$= -\frac{p+q}{2} - \frac{p-q}{2} \cdot i\sqrt{3}.$$

## § 10. Diskussion der Cardanischen Formel.

Die Cardanische Formel liefert nur dann brauchbare Ergebnisse, wenn die darin enthaltene Quadratwurzel reell ist. Es sind daher folgende Fälle zu unterscheiden:

1) $a$ **positiv**. Die Quadratwurzel ist reell; man erhält für $y_1$ einen reellen, für $y_2$ und $y_3$ zwei komplexe und konjugierte Werte.

2) $a$ **negativ** und, dem absoluten Werte nach, $\left(\frac{a}{3}\right)^3 < \left(\frac{b}{2}\right)^2$; wie vorher.

3) $a$ negativ und, dem absoluten Werte nach, $\left(\frac{a}{3}\right)^3 = \left(\frac{b}{2}\right)^2$;

die Quadratwurzel ist gleich 0 und $y_1 = 2\sqrt[3]{-\frac{b}{2}}$, $y_{2,3} - \sqrt[3]{-\frac{b}{2}}$.

4) $a$ negativ und, dem absoluten Werte nach, $\left(\frac{a}{3}\right)^3 > \left(\frac{b}{2}\right)^2$; die Quadratwurzel ist imaginär. Dieser Fall bot den älteren Mathematikern solche Schwierigkeiten, daß man ihn den casus irreducibilis nannte.

§ 11. **Trigonometrische Auflösung des irreduziblen Falles.**

Da $a$ hier negativ ist, so möge die Gleichung von vornherein

$$y^3 - ay + b = 0$$

lauten, worin nunmehr $a$ als positiv anzunehmen ist.

Nun ist $\cos 3\alpha = \cos(2\alpha + \alpha) = \cos 2\alpha \cdot \cos\alpha - \sin 2\alpha \cdot \sin\alpha$
$= \cos^2\alpha - \sin^2\alpha \cdot \cos\alpha - 2\sin^2\alpha \cdot \cos\alpha = \cos^3\alpha - 3\sin^2\alpha \cdot \cos\alpha$

$$= \cos^3\alpha - 3\cos\alpha + 3\cos^3\alpha = 4\cos^3\alpha - 3\cos\alpha \text{ oder}$$

$$\cos^3\alpha - \tfrac{3}{4}\cos\alpha - \tfrac{1}{4}\cos 3\alpha = 0.$$

Die Ähnlichkeit zwischen dieser und der ursprünglichen Gleichung kann nicht dahin führen, $y$ gleich $\cos\alpha$ zu setzen, da $\cos\alpha$ zwischen den Grenzen $-1$ und $+1$ eingeschlossen ist. Wohl aber läßt sich, wenn $\lambda$ irgend eine absolute Zahl bedeutet und die zweite Gleichung, mit $\lambda^3$ erweitert, die Form annimmt

$$\lambda^3\cos^3\alpha - \tfrac{3}{4}\lambda^2 \cdot \lambda\cos\alpha - \tfrac{1}{4}\lambda^3\cos 3\alpha = 0,$$

$y = \lambda\cos\alpha$ setzen. Dann muß aber

$$\tfrac{3}{4}\lambda^2 = a \text{ und } -\tfrac{1}{4}\lambda^3\cos 3\alpha = b \text{ sein, woraus sich}$$

$$\lambda = 2\sqrt{\frac{a}{3}} \text{ und } \cos 3\alpha = -\frac{b}{2}\sqrt{\frac{27}{a^3}} \text{ ergibt.}$$

Aus der letzten Gleichung geht ein Winkel $\varphi$ für $3\alpha$ hervor, so daß $3\alpha = \varphi + k \cdot 360^\circ$ ist, worin für $k$ die Zahlen 0, 1, 2 zu setzen sind. Demnach ist $\alpha_1 = \frac{\varphi}{3}$, $\alpha_2 = \frac{\varphi}{3} + 120^\circ$, $\alpha_3 = \frac{\varphi}{3} + 240^\circ$ oder

$$\cos\alpha_1 = \cos\frac{\varphi}{3}, \quad \cos\alpha_2 = \cos\left(\frac{\varphi}{3} + 120^\circ\right)$$

$$= \cos\left[180^\circ - \left(60^\circ - \frac{\varphi}{3}\right)\right] = -\cos\left(60^\circ - \frac{\varphi}{3}\right),$$

$$\cos \alpha_3 = \cos\left(\frac{\varphi}{3} + 240^0\right) = \cos\left[180^0 + (60^0 + \frac{\varphi}{3})\right]$$

$$= -\cos\left(60^0 + \frac{\varphi}{3}\right) \text{ und mithin}$$

$$y_1 = 2\sqrt{\frac{a}{3}} \,.\cos \varphi,\ y_2 = -2\sqrt{\frac{a}{3}} \,.\cos\left(60^0 - \frac{\varphi}{3}\right),$$

$$y_3 = -2\sqrt{\frac{a}{3}} \,.\cos\left(60^0 + \frac{\varphi}{3}\right).$$

Die drei Wurzelwerte sind in diesem Falle sämtlich reell.

§ 12. **Auflösung des irreduziblen Falles mit der Moivreschen Formel.**

Die reduzierte kubische Gleichung sei

$y^3 - ay + b = 0$; dann lautet die Cardanische Formel

$$y = \sqrt[3]{-\frac{b}{2} + \sqrt{\left(\frac{b}{2}\right)^2 - \left(\frac{a}{3}\right)^3}} + \sqrt[3]{-\frac{b}{2} - \sqrt{\left(\frac{b}{2}\right)^2 - \left(\frac{a}{3}\right)^3}} \text{ oder}$$

$$y = \sqrt[3]{-\frac{b}{2} + i\sqrt{\left(\frac{a}{3}\right)^3 - \left(\frac{b}{2}\right)^2}} + \sqrt[3]{-\frac{a}{2} - i\sqrt{\left(\frac{a}{3}\right)^3 - \left(\frac{b}{2}\right)^2}}, \text{ und}$$

sie umfaßt alle drei Werte von $y$, wenn man die dritten Wurzeln nach § 7 dreideutig auffaßt. Setzt man nun

$$-\frac{b}{2} \pm i\sqrt{\left(\frac{a}{3}\right)^3 - \left(\frac{b}{2}\right)^2} = \varrho\,(\cos \varphi \pm i \sin \varphi), \text{ so ist}$$

$$-\frac{b}{2} = \varrho \cos \varphi \text{ und } \sqrt{\left(\frac{a}{3}\right)^3 - \left(\frac{b}{2}\right)^2} = \varrho \sin \varphi, \text{ woraus sich}$$

durch Quadrierung und Addition $\varrho^2 = \left(\frac{a}{3}\right)^3$, also

$$\varrho = \sqrt{\left(\frac{a}{3}\right)^3} \text{ und } \cos \varphi = \frac{-\frac{b}{2}}{\varrho} \text{ ergibt.}$$

Es ist alsdann

$$y = \sqrt[3]{\varrho\,(\cos \varphi + i \sin \varphi)} + \sqrt[3]{\varrho\,(\cos \varphi - i \sin \varphi)} \text{ und nach § 7}$$

$$y = \sqrt[3]{\varrho}\left(\cos \frac{\varphi + k\,.\,360^0}{3} + i \sin \frac{\varphi + k\,.\,360^0}{3}\right)$$

$$+ \sqrt[3]{\varrho}\left(\cos \frac{\varphi + k\,.\,360^0}{3} - i \sin \frac{\varphi + k\,.\,360^0}{3}\right)$$

$= 2\sqrt[3]{\varrho} . \cos\frac{\varphi + k . 360^0}{3}$, worin $k = 0, 1, 2$ zu setzen ist. Man erhält also die drei reellen Wurzeln

$$y_1 = 2\sqrt{\frac{a}{3}}\cos\frac{\varphi}{3},$$

$$y_2 = 2\sqrt{\frac{a}{3}}\cos\left(\frac{\varphi}{3} + 120^0\right) = -2\sqrt{\frac{a}{3}} . \cos\left(60^0 - \frac{\varphi}{3}\right),$$

$$y_3 = 2\sqrt{\frac{a}{3}}\cos\left(\frac{\varphi}{3} + 240^0\right) = -2\sqrt{\frac{a}{3}} . \cos\left(60^0 + \frac{\varphi}{3}\right).$$

## D. Von den Wurzeln der Gleichungen.

§. 13. Läßt man bei der Gleichung

$$x^n + a_1 x^{n-1} + a_2 x^{n-2} + a_3 x^{n-3} + \cdots + a_{n-1} x + a_n = 0$$

die Bedingung fallen, daß die linke Seite gleich 0 werden soll, so kann man über $x$ frei verfügen, und es richtet sich alsdann der Wert des ganzen Ausdrucks nach dem Wert von $x$; die linke Seite ist eine **Funktion** von $x$ und möge mit $f(x)$ bezeichnet werden.

$$f(x) = x^n + a_1 x^{n-1} + a_2 x^{n-2} + \cdots + a_{n-1} x + a_n.$$

Ist nun $x_1$ ein Wert von $x$, der die Funktion zu 0 macht*), so ist

$$0 = x_1^n + a_1 x_1^{n-1} + a_2 x_1^{n-2} + \cdots + a_{n-1} x_1 + a_n.$$

Daher

$$f(x) = (x^n - x_1^n) + a_1 (x^{n-1} - x_1^{n-1}) + a_2 (x^{n-2} - x_1^{n-2}) + \cdots + a_{n-1} (x - x_1).$$

Alle Klammerausdrücke sind aber durch $x - x_1$ teilbar, daher ist auch $f(x)$ hierdurch teilbar und liefert geteilt

$$\frac{f(x)}{x - x_1} = (x^{n-1} + x^{n-2} x_1 + x^{n-3} x_1^2 + \cdots + x_1^{n-1}) + a_1 (x^{n-2} + x^{n-3} x_1 + \cdots + x_1^{n-2}) + \cdots + a_{n-1},$$

also eine Funktion $(n-1)^{ten}$ Grades. Bezeichnet man diese mit $\varphi(x)$, so ist $f(x) = (x - x_1) \cdot \varphi(x)$.

Ist nun $x_2$ ein Wert von $x$, der $\varphi(x)$ zu 0 macht, so läßt sich $\varphi(x)$ in derselben Weise als Produkt von $x - x_2$ und einer Funktion $(n-2)^{ten}$ Grades, $\psi(x)$, darstellen, nämlich

*) Der Beweis, daß es stets einen solchen Wert gibt, ist von hervorragenden Mathematikern geführt worden; er ist für die Schule zu schwer.

$$\varphi = (x - x_2) \cdot \psi(x) \cdot \quad \text{Daher ist}$$
$$f(x) = (x - x_1)(x - x_2) \cdot \psi(x).$$

Dieses Verfahren läßt sich fortsetzen, so daß, wenn man in der vorigen Weise $n - 2$ Werte von $x$ bestimmt hat, eine Funktion zweiten Grades übrig bleibt von der Form $x^2 + px + q$. Sind die Wurzeln der Gleichung $x^2 + px + q = 0$ nun $x_{n-1}$ und $x_n$, so läßt sich $x^2 + px + q = (x - x_{n-1})(x - x_n)$ setzen. Es ist daher

$$f(x) = (x - x_1)(x - x_2)(x - x_3) \cdots\cdots (x - x_{n-1})(x - x_n),$$

wobei $x_1$ eine Wurzel der Gleichung $f(x) = 0$, $x_2$ eine solche von $\varphi(x) = 0$, $x_3$ eine solche von $\psi(x) = 0$ usw. bedeutet.

Setzt man aber in dem vorstehenden Produkt $x$ gleich irgend einem $x_q$, so wird der Faktor $x - x_q$ und damit das ganze Produkt oder $f(x)$ gleich 0; d. h. die Zahlen $x_1, x_2, \cdots x_n$ sind auch sämtlich Wurzeln der Gleichung $f(x) = 0$. Dagegen kann ein Wert von $x$, der nicht mit einer dieser Wurzeln übereinstimmt, $f(x)$ nicht zu 0 machen, also nicht Wurzel der Gleichung $f(x) = 0$ sein. Es gilt daher der

Lehrsatz. Eine Gleichung $n^{\text{ten}}$ Grades hat stets $n$ Wurzeln, nicht mehr und nicht weniger.

§. 14. Führt man die Multiplikation der Faktoren des Produkts $(x - x_1)(x - x_2) \cdots (x - x_n)$ der Reihe nach aus, so erhält man:

$$(x - x_1)(x - x_2) = x^2 - \begin{array}{c|}x_1\\ x_2\end{array}\, x + x_1 x_2\,;$$

$$(x - x_1)(x - x_2)(x - x_3) = x^3 - \begin{array}{c|}x_1\\ x_2\\ x_3\end{array}\, x^2 + \begin{array}{c|}x_1 x_2\\ x_1 x_3\\ x_2 x_3\end{array}\, x - x_1 x_2 x_3 \quad \text{usw.}$$

Also ist

$$f(x) = x^n - (x_1 + x_2 + \cdots + x_n)\, x^{n-1} + (x_1 x_2 + x_1 x_3 + \cdots + x_{n-1} x_n)\, x^{n-2} - (x_1 x_2 x_3 + x_1 x_2 x_4 + \cdots + x_{n-2} x_{n-1} x_n)\, x^{n-3} + \cdots + (-1)^n x_1 x_2 x_3 \cdots x_n$$

Vergleicht man hiermit

$$f(x) = x^n + a_1 x^{n-1} + a_2 x^{n-2} + a_3 x^{n-3} + \cdots + a_n$$

und berücksichtigt, daß die rechten Seiten für alle Werte von $x$ gleich sind, so ergibt sich die Gleichheit der Koeffizienten gleichhoher Potenzen von $x$. Es ist also

1) die Summe der Wurzeln gleich dem Koeffizienten $a_1$ mit entgegengesetztem Zeichen,

2) die Summe aus den Produkten der Wurzeln zu je zweien gleich dem Koeffizienten $a_2$ mit demselben Zeichen,

3) die Summe aus den Produkten der Wurzeln zu je $p$ gleich dem Koeffizienten $a_p$ mit demselben oder entgegengesetztem Zeichen, je nachdem $p$ gerade oder ungerade ist,

4) das Produkt aller Wurzeln gleich dem absoluten Gliede $a_n$ mit demselben oder entgegengesetztem Zeichen, je nachdem $n$ gerade oder ungerade ist.

Bemerkung. Diese Regeln können dazu dienen, um in einfacheren Fällen die Wurzeln zu erraten oder eine Gleichung aus ihren Wurzeln zu bilden.

§ 15. Ist $p + qi$ eine Wurzel der Gleichung

$$x^n + a_1 x^{n-1} + a_2 x^{n-2} + \cdots + a_{n-1} x + a_n = 0,$$

so muß

$$(p + qi)^n + a_1 (p + qi)^{n-1} + \cdots + a_{n-1} (p + qi) + a_n = 0 \text{ sein.}$$

Unter Anwendung des Binomischen Lehrsatzes (§ 53) ergibt sich hieraus

$$\left(p^n + \binom{n}{1} p^{n-1} qi + \binom{n}{2} p^{n-2} q^2 i^2 + \binom{n}{3} p^{n-3} q^3 i^3 + \cdots\right)$$

$$+ a_1 \left(p^{n-1} + \binom{n-1}{1} p^{n-2} qi + \binom{n-1}{2} p^{n-3} q^2 i^2 + \binom{n-1}{3} p^{n-4} q^3 i^3 + \cdots\right)$$

$$+ \cdots$$

$$+ a_{n-1} (p + qi) + a_n = 0.$$

Berücksichtigt man nun, daß $i^2 = -1$, $i^3 = -i$ usw. ist, so ergibt sich

$$\left(p^n + \binom{n}{1} p^{n-1} qi - \binom{n}{2} p^{n-2} q^2 - \binom{n}{3} p^{n-3} q^3 i + \cdots\right)$$

$$+ a_1 \left(p^{n-1} + \binom{n-1}{1} p^{n-2} qi - \binom{n-1}{2} p^{n-3} q^2 - \binom{n-1}{3} p^{n-4} q^3 i + \cdots\right)$$

$$+ \cdots$$

$+ a_{n-1} (p + qi) + a_n = 0$ oder nach Sonderung des reellen und des imaginären Bestandteils eine Gleichung von der Form

$$P + Qi = 0, \text{ woraus } P = 0 \text{ und } Q = 0 \text{ folgt.}$$

Verfährt man nun in derselben Weise mit $p - qi$, so entsteht ein Ausdruck von der Form $P - Qi$. Da aber $P = 0$ und $Q = 0$ ist, so ist auch $P - Qi = 0$, d. h. der Wert $p - qi$ ist gleichfalls eine Wurzel der gegebenen Gleichung. Es gilt daher der

Lehrsatz. Die komplexen Wurzeln einer Gleichung kommen stets paarweise und zwar als konjugierte Zahlen vor.

## E. Numerische Gleichungen.

§ 16. Lehrsatz: Eine numerische Gleichung, d. h. eine Gleichung, die außer der Unbekannten nur bestimmte Zahlen enthält, läßt sich stets auf die Form bringen

$$x^n + a_1 x^{n-1} + a_2 x^{n-2} + \cdots + a_{n-1} x + a_n = 0,$$

worin $n$ eine absolute ganze Zahl und $a_1$, $a_2$, $a_3$ usw. positive oder negative ganze Zahlen bedeuten.

Beweis: a) Aus der ursprünglichen Gleichung, die $z$ als Unbekannte enthalten möge, entfernt man zunächst etwa vorhandene Klammern und beseitigt etwa vorhandene Nenner der Koeffizienten (auch $x^{-p}$ selbst) durch Multiplikation mit dem Hauptnenner. Dann kann die Unbekannte noch in Potenzen vorkommen, deren Exponenten gebrochen sind. Man bringt alsdann diese Brüche auf den Hauptnenner $q$ und führt für $z^{\frac{1}{q}}$ eine neue Unbekannte $y$ ein.

Beispiel.
$$3z^{\frac{3}{4}} - 5z^{\frac{1}{2}} + 7 = 6z^{\frac{5}{6}},$$
$$3z^{\frac{9}{12}} - 5z^{\frac{6}{12}} + 7 = 6z^{\frac{10}{12}},$$
$$3y^{9} - 5y^{6} + 7 = 6y^{10}.$$

b) Die Gleichung erhält hierdurch die Form

$$Ay^n + By^{n-1} + Cy^{n-2} + \cdots + Py + Q = 0,$$

worin die Koeffizienten ganze Zahlen oder gleich Null sind. Setzt man nun $y = \frac{x}{A}$, so ergibt sich

$$\frac{1}{A^{n-1}} x^n + \frac{B}{A^{n-1}} x^{n-1} + \frac{C}{A^{n-2}} x^{n-2} + \cdots + \frac{P}{A} x + Q = 0$$

und durch Multiplikation mit $A^{n-1}$

$$x^n + Bx^{n-1} + ACx^{n-2} + A^2Dx^{n-3} + \cdots + A^{n-2}Px + A^{n-1}Q = 0,$$

worin $B$, $AC$, $A^2D$ usw. positive oder negative ganze Zahlen sind.

Anmerkung. Die oben angegebene Form heiße die Normalform der numerischen Gleichung $n^{\text{ten}}$ Grades.

§ 17. **Lehrsatz. Sind die Koeffizienten einer numerischen Gleichung ganze Zahlen (oder Null), so sind ihre rationalen Wurzeln ebenfalls ganze Zahlen und Teiler des letzten Gliedes (der Normalform).**

Beweis. Hätte die Gleichung $x^n + a_1 x^{n-1} + a_2 x^{n-2} + \cdots + a_{n-1}x + a_n = 0$ den eigentlichen Bruch $\frac{\alpha}{\beta}$ als Wurzel, so müßte

$$\frac{\alpha^n}{\beta^n} + a_1 \frac{\alpha^{n-1}}{\beta^{n-1}} + a_2 \frac{\alpha^{n-2}}{\beta^{n-2}} + \cdots + a_{n-1}\frac{\alpha}{\beta} + a_n = 0$$

$$\text{oder } \frac{\alpha^n}{\beta} + a_1 \alpha^{n-1} + a_2 \alpha^{n-2}\beta + \cdots + a_{n-1}\alpha\beta^{n-2} + a_n\beta^{n-1} = 0$$

sein, was aber nicht möglich ist, da $\frac{\alpha^n}{\beta}$ ein Bruch, alle übrigen Glieder aber ganze Zahlen sind. — Der zweite Teil der Behauptung erhellt aus § 14.

§ 18. **Aufsuchung rationaler Wurzeln.**

Die rationalen Wurzeln der Normalform einer numerischen Gleichung sind unter den Teilern des absoluten Gliedes zu suchen. Diese Teiler sind also daraufhin zu prüfen, ob sie der Gleichung genügen. Dies kann auf folgende Arten geschehen:

a) Man setzt den betreffenden Teiler für die Unbekannte ein und untersucht, ob die linke Seite der Gleichung dadurch den Wert 0 annimmt.

b) Man dividiert das absolute Glied $a_n$ durch die zu prüfende Zahl $\alpha$, addiert alsdann den Koeffizienten des vorletzten Gliedes $a_{n-1}$, dividiert das Ergebnis wieder durch $\alpha$ und setzt dies Verfahren fort, bis zum Schluß der Koeffizient von $x^n$, also 1, addiert wird. $\alpha$ ist eine Wurzel der Gleichung, wenn alle Divisionen aufgehen und das Endergebnis 0 ist. Die ausgeführten Rechnungen ergeben nämlich

$$(\cdots\{[(a_n : \alpha + a_{n-1}) : \alpha + a_{n-2}]\,\alpha + a_{n-3}\}\,\alpha + \cdots + a_1) : \alpha + 1 = 0,$$

woraus durch $n$ mal wiederholte Multiplikation mit $\alpha$ die Gleichung

$$a_n + a_{n-1}\alpha + a_{n-2}\alpha^2 + a_{n-3}\alpha^3 + \cdots + a_1\alpha^{n-1} + \alpha^n = 0$$

hervorgeht, die anzeigt, daß $\alpha$ der ursprünglichen Gleichung genügt. Daß aber die einzelnen Divisionen aufgehen müssen, ergibt sich aus dem Koeffizienten-Gesetz (§ 14).

Beispiel. $x^3 + 4x^2 - 15x - 18 = 0$.

| Teiler von 18 | + 1 | − 1 | + 2 | − 2 | + 3 | − 3 | + 6 | − 6 | + 9 | − 9 | +18 | −18 |
|---|---|---|---|---|---|---|---|---|---|---|---|---|
| − 18 dividiert | −18 | +18 | − 9 | + 9 | − 6 | + 6 | − 3 | + 3 | − 2 | + 2 | − 1 | + 1 |
| − 15 addiert | −33 | 3 | −24 | − 6 | −21 | − 9 | −18 | −12 | −17 | −13 | −16 | −14 |
| dividiert | −33 | − 3 | −12 | 3 | − 7 | 3 | − 3 | 2 | | | | |
| 4 addiert | −29 | 1 | − 8 | 7 | − 3 | 7 | 1 | 6 | | | | |
| dividiert | −29 | − 1 | − 4 | | − 1 | | | − 1 | | | | |
| 1 addiert | −28 | 0 | − 3 | | 0 | | | 0 | | | | |

Die Wurzeln sind also $-1$, $3$ und $-6$.

Anmerkung. Ist eine Wurzel $\alpha$ einer Gleichung $n^{\text{ten}}$ Grades gefunden, so kann durch Division mit $x - \alpha$ eine Gleichung $(n-1)^{\text{ten}}$ Grades gefunden werden, die die übrigen Wurzeln der ursprünglichen Gleichung selbst als Wurzeln besitzt (vgl. § 13).

§. 19. Aufsuchung irrationaler Wurzeln. Nimmt die linke Seite einer (auf Null gebrachten) Gleichung für $x = \alpha$ und $x = \beta$ zwei Werte mit entgegengesetztem Zeichen z. B. $-A$ und $+B$ an, so muß ein Wurzelwert der Gleichung, d. h. ein Wert von $x$, der die linke Seite gleich 0 macht, zwischen den Werten $\alpha$ und $\beta$ liegen, vorausgesetzt, daß die linke Seite der Gleichung als Funktion von $x$ zwischen den Werten $\alpha$ und $\beta$ stetig ist. Darunter versteht man nämlich, daß die Funktion alle Werte von $-A$ bis $+B$ ohne Unterbrechung durchläuft, wenn sich $x$ von $\alpha$ bis $\beta$ allmählich ändert; denn dann muß die Funktion auch (einmal oder wiederholt) den zwischen $-A$ und $+B$ liegenden Wert 0 annehmen. Die Eigenschaft der Stetigkeit trifft aber für Funktionen von der Form

$$f(x) = x^n + a_1 x^{n-1} + a_2 x^{n-2} + \cdots + a_{n-1} x + a_n \text{ zu.}$$

Denn ist $\alpha$ ein Wert von $x$ und $\alpha + h$ ein zweiter, so ist

$$f(\alpha + h) = (\alpha + h)^n + a_1 (\alpha + h)^{n-1} + \cdots + a_{n-1} (\alpha + h) + a_n$$

$$= \alpha^n + \binom{n}{1} \alpha^{n-1} h + \binom{n}{2} \alpha^{n-2} h^2 + \cdots + h^n$$

$$+ a_1 \left(\alpha^{n-1} + \binom{n-1}{1} \alpha^{n-2} h + \binom{n-1}{2} \alpha^{n-3} h^2 + \cdots + h^{n-1}\right)$$

$$+ \cdots + a_{n-1} (\alpha + h) + a_n$$

$$= \alpha^n + a_1 \alpha^{n-1} + \cdots + a_{n-1} \alpha + a_n + S = f(\alpha) + S,$$

worin $S$ einen Summenausdruck bezeichnet, in dem jedes Glied wenigstens die erste Potenz von $h$ als Faktor hat. Wird daher $h$

unendlich klein, so wird $S$ ebenfalls unendlich klein und $f(\alpha + h)$ ist von $f(\alpha)$ nur um eine unendlich kleine Größe verschieden. Läßt man also $x$ von $\alpha$ an ganz allmählich wachsen, so ändert sich $f(x)$ ebenso allmählich, also stetig.

Die Aufsuchung irrationaler Wurzeln zerfällt demgemäß in die Aufsuchung von Grenzwerten ($\alpha$ und $\beta$) und in die Annäherung an den zwischen ihnen liegenden Wurzelwert.

Grenzwerte einer Wurzel der Gleichung $f(x) = 0$ können ermittelt werden, indem man für $x$ eine Reihe von aufeinander folgenden positiven oder negativen ganzen Zahlen (einschließlich der Null) einsetzt und feststellt, zwischen welchen Zahlen ein Zeichenwechsel der Funktion $f(x)$ stattfindet. Diese Zahlen bilden alsdann Grenzwerte für die dazwischen liegende Wurzel.

§ 20. Aufsuchung irrationaler Wurzeln nach der Regula falsi.

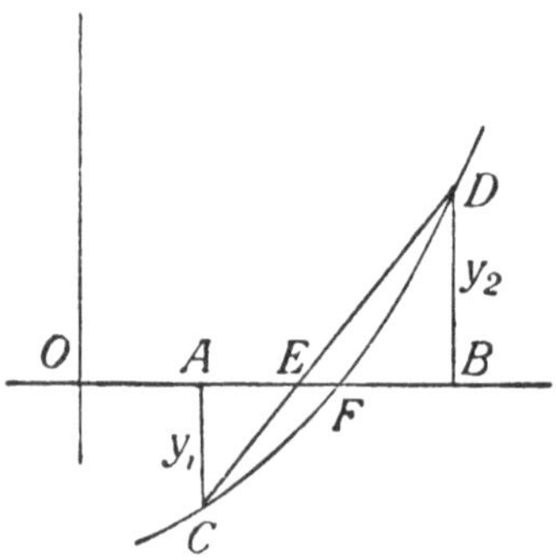

Fig. 1.

Es seien $OA = x_1$ und $OB = x_2$ zwei Werte von $x$, zwischen denen die Wurzel $OF = x$ der Gleichung $f(x) = 0$ liegt und denen die Werte $AC = y_1$ und $BD = y_2$ der Funktion $f(x)$ entsprechen. Schneidet dann $CD$ die $x$-Achse in $E$, so verhält sich $AC : DB = AE : EB$ oder $(-y_1) : y_2 = AE : (x_2 - x_1 - AE)$, da $y_1$ hier negativ ist, für die Proportion aber nur der absolute Wert in Betracht kommt. Es ist also die Korrektur $p = AE = -\frac{y_1\,(x_2 - x_1)}{y_2 - y_1}$, und legt man $AE$ zu $x_1$ hinzu, so ist jetzt die gesuchte Wurzel $OF$ in die engeren Grenzen $OE$ und $OB$ eingeschlossen (oder in die Grenzen $OE$ und $OA$, wenn $F$ zwischen $A$ und $E$ liegt).

**Beispiel:** $x^4 - 8x^3 + 10x^2 - 1 = 0$. Eine Wurzel liegt zwischen $x_1 = 0$ und $x_2 = 1$, wofür die Funktion die Werte $y_1 = -1$ und $y_2 = 2$ annimmt. Es ist daher $p = \frac{1}{3}$; für den Wert $x = 0 + \frac{1}{3}$ wird die Funktion gleich $-\frac{14}{81}$, die Wurzel liegt also zwischen $\frac{1}{3}$ und 1, offenbar aber nicht weit von $\frac{1}{3}$ entfernt. Ein Versuch zeigt, daß für $x = \frac{1}{2}$ die Funktion gleich $\frac{9}{16}$ wird. Daher können $\frac{1}{3}$ und $\frac{1}{2}$ als

Grenzen angesehen werden und liefern $q = 0{,}039$, so daß sich als neue Grenze 0,372 ergibt. Für diesen Wert wird die Funktion gleich $-0{,}00884$, so daß sich empfiehlt, als neue Grenzen 0,372 und 0,375 zu benutzen, usw.

§ 21. Aufsuchung irrationaler Wurzeln nach der Newtonschen Methode.

$OA = x_1$ komme bereits der Wurzel $OD$ der Gleichung $f(x) = 0$ nahe, was man daran erkennt, daß der zu $x_1$ gehörige Funktionswert $AB = y_1$ nicht sehr von 0 verschieden ist. Dann wird die in $B$ an die Kurve $y = f(x)$ gelegte Tangente die $x$-Achse in einem Punkte $C$ schneiden, der dem gesuchten Punkt in den meisten Fällen näher liegt als $A$ selbst. Nun ist tg $BCA$ gleich dem Differentialquotienten $y'$ von $y = f(x)$

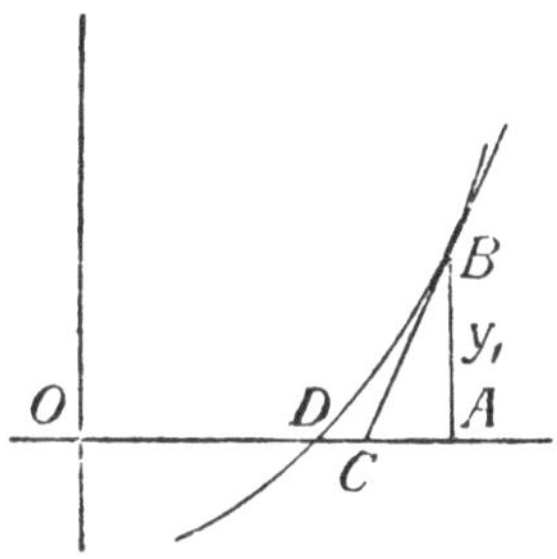

Fig. 2.

für den Punkt $B$, also $\frac{y_1}{CA} = y'_1$; mithin ist die an $OA = x_1$ anzubringende Korrektur $p = -CA = -\frac{y_1}{y'_1}$. Dieses Verfahren kann fortgesetzt werden.

Beispiel: $x^4 - 8x^3 + 10x^2 - 1 = 0$.

$$y' = \frac{dy}{dx} = 4x^3 - 24x^2 + 20x.$$

Für $x_1 = 0$ wird $y_1 = -1$, $y'$ aber gleich 0. Dieser Wert ist also nicht geeignet. Dagegen wird für $x_1 = \frac{1}{3}$, $y_1 = -\frac{14}{81}$ und $y'_1 = \frac{112}{27}$; demnach ist $p = \frac{1}{24}$ und der Näherungswert $x_2 = \frac{1}{3} + \frac{1}{24} = \frac{3}{8} = 0{,}375$ usw.

Anmerkung. Bei der Newtonschen Methode kann man sich unter Umständen weiter vom Ziel entfernen, anstatt sich ihm zu nähern, wie aus Figur 3 ersichtlich. Wie dann zu verfahren ist, lehrt der dritte Teil der Oberstufe.

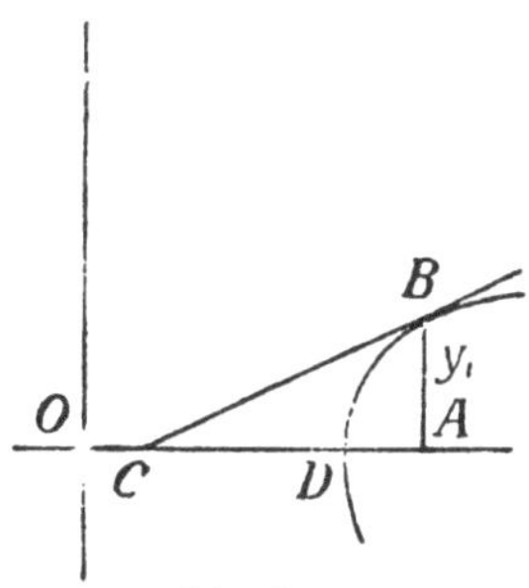

Fig. 3.

§ 22. **Aufsuchung irrationaler Wurzeln nach der Schell-bachschen Methode.**

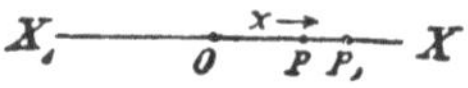


Fig. 4.

Auf der Geraden $XX_1$ bewege sich ein Punkt $P$ nach den durch die Gleichungen $x = at - b$; $x = t^2 - at + b$; $x = t^3 - at + b$ $x = t^4 - at^3 + bt^2 - c$; $x = at - b \sin t$; ... ausgedrückten Gesetzen in denen $t$ eine Anzahl Zeitsekunden und $x = OP$ eine Anzahl Meter bedeuten. Die Koeffizienten $a$, $b$, $c$, .... sind durch bestimmte Zahlen zu ersetzen. Der Anfangspunkt der Zeit $t$ ist der Beginn der Lehrstunde und der Anfangspunkt der $x$ der Punkt $O$.

Erste Übung. Wo befindet sich vermöge dieser Gleichungen der Punkt $P$ zu einer bestimmten Zeit? Wo befand er sich vor unendlich langer Zeit, und wo wird er nach unendlich langer Zeit sein?

Zweite Übung. Welche Geschwindigkeit besitzt der Punkt $P$ zur Zeit $t$?

Zur Zeit $t$ ist $OP = x$, zur Zeit $t_1$ ist $OP_1 = x_1$, also hat der Punkt $P$ nach Verlauf von $t_1 - t$ Sekunden die Strecke $x_1 - x$ durchlaufen. Wäre die Bewegung eine gleichförmige gewesen, so hätte er in einer Sekunde die Strecke $\frac{x_1 - x}{t_1 - t}$ zurückgelegt. Dieser Bruch kann nach den Formeln § 24, (4) und II § 18, (10) berechnet werden. Es kann also auch dessen Wert für $t_1 = t$ oder die Geschwindigkeit $x'$ des Punktes $P$ zur Zeit $t$ bestimmt werden, wenn man bei trigonometrischen Funktionen berücksichtigt, daß $\frac{\sin z}{z}$ sich bei abnehmendem $z$ dem Werte 1 nähert.

Zu welcher Zeit und an welchem Orte ist die Geschwindigkeit gleich Null?

Selbst wenn die Gleichung für $t$ vom vierten Grade ist, so lassen sich doch die Stillstandspunkte des Punktes $P$ stets durch Auflösung einer bloß quadratischen Gleichung finden.

Die wichtigste Frage ist jetzt: Wie oft geht der Punkt $P$ durch den Punkt $O$?

Dritte Übung. Wie groß ist die Zunahme der Geschwindigkeit $x'$ während einer Sekunde? Oder: Von welcher Kraft wird der Punkt $P$ beschleunigt?

Die Berechnung des Bruches $\frac{x'_1 - x'}{t_1 - t}$, der durch $x''$ bezeichnet werden soll, wenn man in ihm $t_1 = t$ gesetzt hat, läßt sich auf dieselbe Weise wie die Berechnung der Geschwindigkeit $x'$ ausführen.

Vierte Übung. Zu welcher Zeit geht der Punkt $P$ durch den Punkt $O$? Oder: Wie lassen sich die reellen Wurzeln der numerischen Gleichungen berechnen, die man für $x = 0$ aus den aufgestellten Gleichungen erhält?

Beispiele. 1) Berechnung von $\sqrt[3]{29}$ oder Auflösung der Gleichung $t^3 - 29 = 0$. Man setzt $x = t^3 - 29$, also $x' = 3t^2$, $x'' = 6t$; für $t = 3$ ist $x = -2$, $x' = 27$, $x'' = 18$. Also 3 Sekunden nach Beginn der Lehrstunde befand sich der Punkt $P$ 2 Meter links von $O$, hatte hier eine positive Geschwindigkeit von 27 Meter, und seine Beschleunigung betrug 18 Meter. Er hätte also diese 2 Meter in $\frac{2}{27}$ Sekunden durchlaufen, wenn er nicht beschleunigt worden wäre. Offenbar hat er aber zu diesem Wege jetzt weniger Zeit gebraucht. Wäre die Beschleunigung eine konstante gewesen, so könnte man die Zeit, welche der Punkt gebraucht, um nach $O$ zu kommen, durch die bekannte Fallformel berechnen. Diese Formel ist $s = c\tau + \frac{1}{2}g\tau^2$, aus der sich ergibt:

$\tau = -\frac{c}{g} + \sqrt{\frac{c^2}{g^2} + \frac{2s}{g}}$, oder mit Benutzung der Formel § 59, (4)

$\tau = \frac{s}{c} - \left(\frac{s}{c}\right)^2 \frac{g}{2c} + \dots$. In unseren Gleichungen ist der Raum $s = -x$, die Geschwindigkeit $c = x'$ und die Beschleunigung $g = x''$, also wird:

$$\tau = -\frac{x}{x'} - \left(\frac{x}{x'}\right)^2 \frac{x''}{2x'}.$$

In diesem Beispiele ist, wenn man annimmt, daß der Punkt $P$ nach $O$ hin mit beschleunigter Geschwindigkeit fällt:

$$\tau = \frac{2}{27} - \left(\frac{2}{27}\right)^2 \frac{18}{2.27} = 0{,}0740 - 0{,}0017 = 0{,}0723.$$

Also ist $\sqrt[3]{29} = 3 + 0{,}0723 = 3{,}0723$ bis zur letzten Stelle richtig. Eine zweite Anwendung dieser Formel gibt bekanntlich mehr als 8 richtige Dezimalen der Wurzel.

Ganz auf dieselbe Weise findet man nun alle reellen Wurzeln einer höheren numerischen Gleichung. Dabei wird das zweite Glied der wichtigen Näherungsformel $\tau$ im allgemeinen nur benutzt, um zu ermitteln, wie viel Stellen des Bruches $\frac{x}{x'}$ für eine Näherung beibehalten werden dürfen.

2) Es sei die Gleichung vorgelegt

$$v^4 + 4v^3 - 4v^2 - 8v - 2 = 0,$$

welche sich für $v = u - 1$ und $u = 1 : t$ in

$$t^4 - 8t^3 + 10t^2 - 1 = 0$$

verwandelt. Man setzt:

$x = t^4 - 8t^3 + 10t^2 - 1$ und erhält:

$x' = 4t^3 - 24t^2 + 20t = 4t\,(t^2 - 6t + 5) = 4t\,(t - 1)\,(t - 5),$

$x'' = 12t^2 - 48t + 20 = 4\,(3t^2 - 12t + 5).$

Es ist also die Geschwindigkeit gleich Null

für $t = 0;\ 1;\ 5,$ und für diese Werte ist $x = -1;\ 2;\ -126.$

Für die Berechnung dieser Werte von $x$ kann man eine einfachere Gleichung dadurch bilden, daß man aus den Gleichungen $x = t^4 - 8t^3 + 10t^2 - 1$ und $x' = 0$ (d. h. $t^3 - 6t^2 + 5t = 0$) die drei höchsten Potenzen von $t$ eliminiert. Man erhält auf diese Weise die Gleichung $x = 34 - 32t$ und hieraus für $t = 1$ und $t = 5$ die richtigen Werte $x = 2$ und $x = -126$. Nur den Wert von $x$ für $t = 0$ muß man aus der ursprünglichen Form der Gleichung für $x$ entnehmen.

Wenn also die Zeit vom Beginn der Lehrstunde an gezählt wird, das Zeitmaß die Sekunde und das Längenmaß das Meter ist, so kam der Punkt von rechts aus dem Unendlichen, ging durch $O$ hindurch und stand bei Beginn der Lehrstunde schon 1 Meter links von $O$, kehrte um und befand sich eine Sekunde später 2 Meter rechts von $O$, bewegte sich von hier aus wieder nach links und stand 4 Sekunden später 126 Meter links von $O$, worauf er sich abermals nach rechts wendete und ins Unendliche verlor. Die Gleichung hat also vier reelle Wurzeln, da der Punkt viermal durch $O$ gegangen ist, und diese Wurzeln liegen zwischen

$$-\infty \text{ und } 0;\ 0 \text{ und } 1;\ 1 \text{ und } 5;\ 5 \text{ und } \infty.$$

Offenbar ist die letzte Wurzel am leichtesten zu berechnen; denn

für $t = 6$ ist $x = -73$, $x' = 120$, und

für $t = 7$ ist $x = 146$, $x' = 336$.

Also liegt diese Wurzel zwischen 6 und 7, und die Geschwindigkeiten sind schon zu diesen Zeiten sehr groß. In der siebenten Sekunde hat der Punkt 73 + 146 Meter durchlaufen, die ersten 73 Meter aber mit geringerer Geschwindigkeit als die letzten 146, so daß man wohl annehmen kann, es werde die erste Strecke in einer halben Sekunde zurückgelegt. Setzt man also

$t = 6{,}5$, so ergibt sich: $x = 9{,}5625$; $x' = 214{,}5$; $x'' = 215$, und
$\tau = -0{,}0446 - 0{,}0010 = -0{,}0456$; also
$t = 6{,}4544$; $x = 0{,}00312879$; $x' = 204{,}808$; $x'' = 210$, und
$\iota = -0{,}000015277 - 0{,}0000000001$, also:
$t_4 = 6{,}454384723$.

Die erste Wurzel, die zwischen $-\infty$ und 0, und zwar offenbar zwischen $-1$ und 0 liegt, berechnet man bequemer, indem man $t$ mit $-t$ vertauscht, durch die Gleichungen

$$x = t^4 + 8t^3 + 10t^2 - 1$$
$$x' = 4t(t+1)(t+5)$$
$$x'' = 4(3t^2 + 12t + 5).$$

Hier sieht man sogleich, daß $t$ etwas kleiner als 0,3 sein muß. Man findet für

$t = 0{,}3$; $x = 0{,}124$; $x' = 8{,}27$; $x'' = 35{,}5$,
$\tau = -0{,}0150 - 0{,}0005 = -0{,}0155$, und daher:
$t = 0{,}2845$; $x = 0{,}000173833$; $x' = 7{,}7247$; $x'' = 34{,}6$,
$\tau = -0{,}000022504 - 0{,}000000001$.

Also ist, wenn jetzt wieder $t$ mit $-t$ vertauscht wird, die erste Wurzel:

$$t_1 = -0{,}284477495.$$

Für die zweite, zwischen 0 und 1 enthaltene Wurzel ergibt sich für

$t = 0{,}4$; $x = 0{,}1136$; $x' = 4{,}416$; $x'' = 2{,}72$,
$\tau = -0{,}0257 - 0{,}0002 = -0{,}0259$, also:
$t = 0{,}3741$; $x = 0{,}00024955$; $x' = 4{,}3326$; $x'' = 3{,}72$,
$\tau = -0{,}000057597 - 0{,}000000001$,
$t_2 = 0{,}374042402$.

Die dritte Wurzel liegt zwischen 1 und 2, und man findet für

$t = 1{,}5$; $x = -0{,}44$; $x' = -10{,}5$; $x'' = -25$,
$\tau = -0{,}042 - 0{,}002 = -0{,}044$, also:
$t = 1{,}456$; $x = 0{,}00047412$; $x' = -9{,}4120$; $x'' = -24{,}4$,
$\tau = 0{,}000050374 - 0{,}000000003$,
$t_3 = 1{,}456050371$.

Die vier Wurzeln sind also:

$$t_1 = -0{,}284477495; \quad t_2 = 0{,}374042402;$$
$$t_3 = \phantom{-}1{,}456050371; \quad t_4 = 6{,}454384723,$$

und die Wurzeln der vorgelegten Gleichung, in welcher $v = \frac{1}{t} - 1$ war:

$$v_1 = -4{,}51521656; \quad v_2 = +1{,}67349369;$$
$$v_3 = -0{,}31321057; \quad v_4 = -0{,}84506656.$$

# Zweiter Abschnitt.
# Arithmetische und geometrische Reihen nebst Anwendungen.

## A. Arithmetische Reihen erster Ordnung.

§ 23. Eine arithmetische Reihe erster Ordnung ist eine Reihe, in welcher die Differenz je zweier aufeinanderfolgenden Glieder konstant ist. Die Form derselben ist, wenn $a$ ihr Anfangsglied und $d$ die konstante Differenz jedes Gliedes und des vorhergehenden bezeichnet:

$$a, a + d, a + 2d, a + 3d, a + 4d, \ldots.$$

Es sei $t$ das $n$te Glied und $s$ die Summe der $n$ ersten Glieder der Reihe, so ist:

$$(1) \quad t = a + (n - 1)\, d,$$

und für $s$ hat man die beiden Ausdrücke:

$$s = a + (a + d) + (a + 2d) + \cdots + (t - d) + t,$$
$$s = t + (t - d) + (t - 2d) + \cdots + (a + d) + a,$$

folglich, wenn man addiert:

$$2s = (a + t) + (a + t) + (a + t) + \cdots + (a + t) + (a + t),$$
$$2s = n(a + t).$$

$$(2) \quad s = \frac{n}{2}(a + t);$$

oder auch, wenn für $t$ sein Wert eingesetzt wird.

$$(3) \quad s = na + \frac{n(n - 1)}{1 \,.\, 2}\, d.$$

## B. Geometrische Reihen.

§ 24. Eine Reihe, in welcher der Quotient je zweier aufeinanderfolgenden Glieder einen konstanten Wert hat, heißt eine geometrische Reihe. Die Form derselben ist, wenn $a$ ihr Anfangsglied und $q$ den konstanten Quotienten jedes Gliedes und des vorhergehenden bezeichnet:

$$a, aq, aq^2, aq^3, aq^4, \ldots$$

Es sei $t$ das $n^{te}$ Glied und $s$ die Summe der $n$ ersten Glieder der Reihe, so ist:

$$(1)\quad t = aq^{n-1},$$

und für $s$ und $sq$ gelten die Gleichungen:

$$s = a + aq + aq^2 + aq^3 + \cdots + aq^{n-1}$$
$$sq = \quad aq + aq^2 + aq^3 + \cdots + aq^{n-1} + aq^n.$$

Hieraus erhält man, je nachdem man die zweite Gleichung von der ersten oder die erste von der zweiten abzieht:

$$s(1-q) = a - aq^n, \text{ oder } s(q-1) = aq^n - a,$$

folglich: $(2a)\ s = a \cdot \frac{1-q^n}{1-q}$, oder $(2b)\ s = a \cdot \frac{q^n - 1}{q-1}$,

das heißt: $a + aq + aq^2 + \cdots + aq^{n-1} = a\frac{1-q^n}{1-q} = a\frac{q^n-1}{q-1}$.

Für $a = 1$ und $q = x$ wird hiernach:

$$(3)\quad 1 + x + x^2 + x^3 + \cdots + x^{n-2} + x^{n-1} = \frac{1-x^n}{1-x} = \frac{x^n - 1}{x-1}.$$

Setzt man in (3) $x = \frac{b}{a}$, so wird:

$$1 + \frac{b}{a} + \frac{b^2}{a^2} + \frac{b^3}{a^3} + \cdots + \frac{b^{n-2}}{a^{n-2}} + \frac{b^{n-1}}{a^{n-1}} = \frac{1 - \frac{b^n}{a^n}}{1 - \frac{b}{a}}$$

$$= \frac{a^n - b^n}{a^{n-1}(a-b)},$$

und wenn man diese Gleichung mit $a^{n-1}$ multipliziert:

$$(4)\quad \frac{a^n - b^n}{a-b} = a^{n-1} + a^{n-2}b + a^{n-3}b^2 + a^{n-4}b^3 + \cdots + ab^{n-2} + b^{n-1}$$

Besondere Fälle dieser Formel sind:

$$(5)\quad \frac{x^3 - y^3}{x-y} = x^2 + xy + y^2.$$

$$(6)\quad \frac{x^4 - y^4}{x-y} = x^3 + x^2y + xy^2 + y^3.$$

$$(7)\quad \frac{x^5 - y^5}{x-y} = x^4 + x^3y + x^2y^2 + xy^3 + y^4.$$

$$(8)\quad \frac{x^3+y^3}{x+y}=x^2-xy+y^2.$$

$$(9)\quad \frac{x^4-y^4}{x+y}=x^3-x^2y+xy^2-y^3.$$

$$(10)\quad \frac{x^5+y^5}{x+y}=x^4-x^3y+x^2y^2-xy^3+y^4.$$

Bezeichnet $\varepsilon$ eine positive Größe, so ist

$$(1+\varepsilon)^2>1+2\varepsilon,\ (1+\varepsilon)^3>1+3\varepsilon,\ \ldots (1+\varepsilon)^n>1+n\varepsilon.$$

Also nimmt für $n=\infty$ die $n$te Potenz jedes gegebenen unechten Bruches einen unendlich großen und folglich die jedes gegebenen echten Bruches einen unendlich kleinen Wert an. Setzt man daher in (3) $n=\infty$, wodurch die linke Seite der Gleichung eine unendlich große Anzahl von Gliedern erhält, so wird unter der Voraussetzung, daß $-1<x<1$ ist, $x^n=0$ und:

$$(3')\quad 1+x+x^2+x^3+x^4+\cdots=\frac{1}{1-x}.$$

## C. Zinseszins und Rentenrechnung.

§ 25. Das ursprüngliche Kapital betrage $c$ Mark; es sei zu $p\,\%$ verzinst (d. h. die jährlichen Zinsen von 100 Mark seien $p$ Mark) und $n$ sei die Anzahl der Jahre, nach denen das Kapital zu der Größe von $k$ anwächst, wenn die Zinsen am Ende jedes Jahres zum Kapital hinzugefügt und von da ab mit verzinst werden; dann ist

$$(1)\quad k=c\left(1+\frac{p}{100}\right)^n=c\cdot q^n.$$

Denn da jede Mark nach einem Jahre zu $1+\frac{p}{100}$ Mark anwächst, so ist der Wert des Kapitals am Ende jedes Jahres $1+\frac{p}{100}$ mal so groß als an seinem Anfang. Also ist er nach einem Jahre $c\left(1+\frac{p}{100}\right)$, nach dem zweiten $c\left(1+\frac{p}{100}\right)\left(1+\frac{p}{100}\right)=c\left(1+\frac{p}{100}\right)^2$ usw. Den Faktor $1+\frac{p}{100}$ nennt man Verzinsungsfaktor und bezeichnet ihn kurz mit $q$.

In der obigen Formel kann $k$ auch als eine nach $n$ Jahren zu zahlende Summe aufgefaßt werden; $c = \frac{k}{q^n}$ ist alsdann der **Barwert** dieser Summe, mit dem man sich gegenwärtig von jener Verpflichtung loskaufen kann oder den man jetzt auf Zinseszins legen muß, um nach $n$ Jahren die Schuldsumme tilgen zu können.

§. 26. Werden **am Ende** eines jeden Jahres $r$ Mark außer den Zinsen zu dem Anfangskapital hinzugefügt, so steht die erste dieser Summen $n-1$, die zweite $n-2$ usw. Jahre auf Zinseszins. Daher ist das Gesamtkapital nach $n$ Jahren

$$\begin{aligned} k &= cq^n + rq^{n-1} + rq^{n-2} + \cdots + rq + r \\ &= cq^n + r + rq + rq^2 + \cdots + rq^{n-2} + rq^{n-1}. \end{aligned}$$

Die Glieder von $r$ an bilden aber eine geometrische Reihe von $n$ Gliedern, deren Summe (§ 24) $r \cdot \frac{q^n - 1}{q - 1}$ beträgt. Demnach ist

$$(2) \quad k = cq^n + r \cdot \frac{q^n - 1}{q - 1}.$$

§. 27. Ist kein besonderes Anfangskapital vorhanden, werden vielmehr $n$ Jahre lang zu **Beginn** eines jeden Jahres $r$ Mark auf Zinseszins gelegt, so ist, der Ableitung im vorigen Paragraphen entsprechend,

$$\begin{aligned} k &= rq^n + rq^{n-1} + rq^{n-2} + \cdots + rq^2 + rq \\ &= q(r + rq + \cdots + rq^{n-2} + rq^{n-1}), \text{ also:} \end{aligned}$$

$$(3) \quad k = rq \cdot \frac{q^n - 1}{q - 1}.$$

§. 28. Werden im Falle des § 26 am Ende eines jeden Jahres die $r$ Mark nicht zugefügt, sondern weggenommen, so sind die Beträge $rq^{n-1}$, $rq^{n-2}$ usw. negativ zu rechnen, da man mit den $r$ Mark zugleich die Zinseszinsen, die sie sonst bringen würden, fortnimmt. Es ist daher:

$$k = cq^n - rq^{n-1} - rq^{n-2} - \cdots - rq - r$$

oder:

$$(4) \quad k = cq^n - r \cdot \frac{q^n - 1}{q - 1}.$$

Die Richtigkeit der Formel erhellt auch aus der folgenden Betrachtung. Es ist das Kapital am Ende

des 1. Jahres $cq - r$,
des 2. Jahres $(cq - r)\,q - r = cq^2 - rq - r$,
des 3. Jahres $(cq^2 - rq - r)\,q - r = cq^3 - rq^2 - rq - r$,

. . .
. . .
. . .

des $n^{\text{ten}}$ Jahres
$(cq^{n-1} - rq^{n-2} - \cdots - r)\,q - r = cq^n - rq^{n-1} - \cdots - rq - r$.

§ 29. Im vorhergehenden Falle kann das Kapital schließlich ganz aufgezehrt werden; es ist dann $k = o$, also

$$(5) \quad cq^n = r \cdot \frac{q^n - 1}{q - 1}.$$

a) Diese Formel paßt für den Fall, daß jemand sich durch Einzahlung eines Kapitals den jährlichen Bezug einer Rente auf $n$ Jahre sichert; $c$ ist das eingezahlte Kapital (der Barwert der Rente), $r$ die jährliche Rente, von der in der Formel vorausgesetzt ist, daß sie nachschüssig ist, d. h. am Ende eines jeden Jahres ausgezahlt wird.

Ist die Rente dagegen vorschüssig, d. h. am Anfang eines jeden Jahres zahlbar, so ist (vgl. § 27)

$$(6) \quad cq^n = rq \cdot \frac{q^n - 1}{q - 1}.$$

b) Die Formel (5) paßt ferner für den Fall, daß eine geliehene Summe (Anleihe) durch jährliche Zahlungen beglichen (amortisiert) werden soll; $c$ ist dann der Betrag der Anleihe, $r$ der sich gleich bleibende Jahresbedarf, von dem ein Teil zur Deckung der Zinsen, der Rest zur Herabminderung der Schuldsumme verwandt werden soll. Da die Zinsen allmählich abnehmen, werden die Tilgungsraten $(k_1, k_2, k_3 \ldots k_n)$ ständig steigen. Nun ist $r = c \cdot \frac{p}{100} + k_1 = (c - k_1)\frac{p}{100} + k_2 = (c - k_1 - k_2)\frac{p}{100} + k_3 = \cdots$; daher ist $k_2 = k_1 q$, $k_3 = k_1 q^2$, $k_4 = k_1 q^3 \cdots k_n = k_1 q^{n-1}$, d. h. die Tilgungsraten bilden eine geometrische Reihe, und es ist $c = k_1 + k_2 + k_3 + \cdots + k_n = k_1 + k_1 q + k_1 q^2 + \cdots + k_1 q^{n-1} = k_1 \frac{q^n - 1}{q - 1}$, mithin

$$(7) \quad k_1 = c \cdot \frac{q - 1}{q^n - 1}.$$

## D. Anwendung der Zinseszinsrechnung auf die Renten- und Lebensversicherung.

§ 30. Bei der Berechnung von Zahlungen, die von der Lebensdauer einer Person irgenwie abhängig sind, müssen Tabellen (Sterbetafeln) zu Rate gezogen werden, in denen auf Grund umfangreicher statistischer Untersuchungen angegeben ist, wie viele von einer großen Anzahl von Personen eines bestimmten Alters 1, 2, 3 ⋯ Jahre später noch leben. Die nach solchen Tafeln angestellten Rechnungen treffen natürlich für die einzelne Person keineswegs immer zu, die Fehler gleichen sich aber in der großen Masse aus. Wenn also die Versicherungsgesellschaft auch mit dem Einzelnen die Versicherung abschließt, so muß sie ihren Berechnungen doch die Voraussetzung zugrunde legen, daß eine Menge Personen desselben Lebensalters sich versichern lassen, damit der Zufall möglichst ausgeschaltet wird.

Unter einer **Prämie** versteht man die **einmalige** ($P$) oder **jährliche** ($p$) Einzahlung des Versicherten, unter einer **Leibrente** die **einmalige** ($R$) oder **jährliche** ($r$) Zahlung der Versicherungsgesellschaft, die stets aber nur erfolgt, wenn und soweit der Versicherte noch lebt; **Sterbegeld** ($S$) ist die beim Tode des Versicherten zu zahlende Summe.

Den folgenden Aufgaben liegt die Annahme zugrunde, daß Prämien und Renten zu Beginn der Jahre (vorschüssig), das Sterbegeld am Ende des Todesjahres (nachschüssig) zu zahlen ist. Ferner ist von den Verwaltungskosten der Versicherungsgesellschaften ganz abgesehen und nur die sogenannte Nettoprämie berechnet worden. **Diese Berechnung beruht auf der Erwägung, daß die Barwerte von Leistung und Gegenleistung gleich sein müssen.**

§ 31. **Versicherung auf den Erlebensfall.** Jemand will sich im Alter von $x$ Jahren durch eine sofortige einmalige Zahlung ($P$) eine Leibrente von $r$ Mark sichern, die $n$ Jahre später beginnend $m$ Jahre lang (soweit der Versicherte alsdann noch lebt) zu Beginn eines jeden Jahres fällig ist. Es handelt sich also hier um eine $n$ Jahre aufgeschobene, $m$ Jahre laufende vorschüssige Leibrente.

Falls $l_x$ Personen die Versicherung abschließen würden, wäre ihre Barleistung $l_x \,.\, P$ Mark. Nach der Sterbetafel leben von jenen $l_x$ Personen nach $n$ Jahren voraussichtlich noch $l_{x+n}$, nach $n+1$ Jahren noch $l_{x+n+1} \ldots$, nach $n+m-1$ Jahren noch $l_{x+n+m-1}$ Personen.

Die Versicherungsgesellschaft muß daher mit folgenden Zahlungen rechnen: $l_{x+n} \cdot r$, $l_{x+n+1} \cdot r$, $\ldots\, l_{x+n+m-1} \cdot r$ Mark, deren Barwerte $\frac{l_{x+n} \cdot r}{q^n}$, $\frac{l_{x+n+1} \cdot r}{q^{n+1}}$, $\ldots \frac{l_{x+n+m-1} \cdot r}{q^{n+m-1}}$ Mark betragen, wenn $q$ den Zinsfaktor $1 + \frac{p}{100}$ bedeutet. Daher ist

$$l_x \cdot P = \frac{l_{x+n} \cdot r}{q^n} + \frac{l_{x+n+1} \cdot r}{q^{n+1}} + \cdots + \frac{l_{x+n+m-1} \cdot r}{q^{n+m-1}}.$$

Dividiert man beide Seiten der Gleichung durch $q^x$, so ergibt sich

$$\frac{l_x}{q^x} \cdot P = \left(\frac{l_{x+n}}{q^{x+n}} + \frac{l_{x+n+1}}{q^{x+n+1}} + \cdots + \frac{l_{x+n+m-1}}{q^{x+n+m-1}}\right) r$$

oder, wenn man $\frac{l_x}{q^x}$ mit $v_x$ bezeichnet (vgl. Tabelle, dritte Spalte),

$$(1) \quad v_x \cdot P = (v_{x+n} + v_{x+n+1} + \cdots + v_{x+n+m-1})\, r\,.$$

Aus dieser Gleichung ergibt sich $P$ oder $r$ je nach der Fragestellung der betreffenden Aufgabe.

§ 32. Besondere Fälle.

a) Soll die Leibrente sofort beginnen, so ist $n = 0$ und

$$(2) \quad v_x \cdot P = (v_x + v_{x+1} + \cdots + v_{x+m-1}) \cdot r\,.$$

b) Soll die Leibrente nur einmal und zwar nach $n$ Jahren zur Auszahlung kommen, so ist $m = 1$ und

$$(3) \quad v_x \cdot P = v_{x+n} \cdot R\,.$$

c) Soll die Leibrente erst mit dem Tode des Versicherten erlöschen, so ist die Summation $v_{x+n} + v_{x+n+1} + \cdots$ soweit fortzuführen, wie die Sterbetafel reicht, also bis $x + n + m - 1 = 100$. Dann ist

$$(4) \quad v_x \cdot P = (v_{x+n} + v_{x+n+1} + \cdots + v_{100}) \cdot r = \Sigma\, v_{x+n} \cdot r,$$

wenn man unter $\Sigma\, v_{x+n}$ (s. Sterbetafel Spalte 4) die Summe aller $v$ von $v_{x+n}$ bis $v_{100}$ versteht.

d) Soll in letzterem Falle die Rente sofort beginnen, so ist wiederum $n = 0$ und

$$(5) \quad v_x \cdot P = \Sigma\, v_x \cdot r\,.$$

Anmerkung. 1) Unter Anwendung dieser Schreibweise können die Formeln (1) und (2) auch die Form annehmen:

$$(1a) \quad v_x \cdot P = (\Sigma\, v_{x+n} - \Sigma\, v_{x+n+m}) \cdot r$$

$$(2a) \quad v_x \cdot P = (\Sigma\, v_x - \Sigma\, v_{x+m}) \cdot r$$

2) Die Zahl $v_x = \frac{l_x}{q^x}$ nennt man die diskontierte Zahl der Lebenden (vivi) des Alters $x$, denn sie bedeutet den baren Wert von $l_x$ Mark vor $x$ Jahren, d. h. bei der Geburt der im Alter von $x$ Jahren stehenden Personen.

3) Eine nachschüssige Rente, die nach $n$ Jahren und zwar am Ende des darauf folgenden Jahres beginnt, kann als eine vorschüssige Rente betrachtet werden, die nach $n + 1$ Jahren anfängt.

§ 33. **Versicherung auf den Todesfall.** Jemand will sich im Alter von $x$ Jahren gegen eine sofortige einmalige Zahlung $P$ auf den Todesfall in der Weise versichern, daß die Versicherungsgesellschaft, wenn er nach Ablauf von $n$ Jahren und zwar in den darauffolgenden $m$ Jahren stirbt, am Ende des Todesjahres ein Sterbegeld von $S$ Mark zu zahlen hat.

Wenn $l_x$ Personen diese Versicherung eingehen, so ist ihre Gesamtleistung $l_x \cdot P$ Mark. Von diesen Personen sterben im Alter von $x + n$ Jahren im Durchschnitt $t_{x+n}$ (Spalte 5), im Alter von $x + n + 1$ Jahren $t_{x+n+1}, \cdots$ im Alter von $x + n + m - 1$ Jahren $t_{x+n+m-1}$ Personen. Die Versicherungsgesellschaft hat also mit folgenden Zahlungen zu rechnen: $t_{x+n} \cdot S,\ t_{x+n+1} \cdot S, \cdots t_{x+n+m-1} \cdot S$, deren Barwerte $\frac{t_{x+n} S}{q^{n+1}}, \frac{t_{x+n+1} S}{q^{n+2}}, \cdots \frac{t_{x+n+m-1} S}{q^{n+m}}$ Mark betragen, da die Zahlungen nach $n + 1, n + 2, \cdots n + m$ Jahren zu leisten sind. Mithin ist

$$l_x \cdot P = \frac{t_{x+n} \cdot S}{q^{n+1}} + \frac{t_{x+n+1} \cdot S}{q^{n+2}} + \cdots + \frac{t_{x+n+m-1} \cdot S}{q^{n+m}}.$$

Dividiert man beide Seiten durch $q^x$, so ergibt sich

$$\frac{l_x \cdot P}{q^x} = \left(\frac{t_{x+n}}{q^{x+n+1}} + \frac{t_{x+n+1}}{q^{x+n+2}} + \cdots + \frac{t_{x+n+m-1}}{q^{x+n+m}}\right) S,$$

oder wenn man, wie oben, $\frac{l_x}{q^x}$ mit $v_x$ und $\frac{t_x}{q^{x+1}}$ mit $m_x$ (Spalte 6) bezeichnet,

$$(6) \quad v_x \cdot P = (m_{x+n} + m_{x+n+1} + \cdots + m_{x+n+m-1}) S.$$

§ 34. **Besondere Fälle.**

a) Soll die Verpflichtung der Versicherungsgesellschaft nicht erst nach $n$ Jahren, sondern sofort beginnen, so ist $n = 0$ und

$$(7) \quad v_x \cdot P = (m_x + m_{x+1} + \cdots + m_{x+m-1}) \cdot S.$$

b) Soll die Verpflichtung erst nach $n$ Jahren beginnen, dann aber unbegrenzt sein, so ist die Summation bis zum Ende der Sterbetafel auszuführen, mithin

$$(8)\quad v_x \cdot P = (m_{x+n} + m_{x+n+1} + \cdots + m_{100}) . S = \Sigma\, m_{x+n} \cdot S,$$

wenn man unter $\Sigma\, m_{x+n}$ (Spalte 7) die Summe aller $m$ von $m_{x+n}$ bis $m$ versteht.

c) Soll die Verpflichtung sofort beginnen und unbegrenzt sein, so ist

$$(9)\quad v_x . P = (m_x + m_{x+1} + \cdots + m_{100}) . S = \Sigma\, m_x \cdot S.$$

Anmerkung. 1) Unter Anwendung dieser Schreibweise nehmen die Formeln (6) und (7) die folgende Gestalt an:

$$(6a)\quad v_x \cdot P = (\Sigma\, m_{x+n} - \Sigma\, m_{x+n+m}) . S$$

$$(7a)\quad v_x . P = (\Sigma\, m_x - \Sigma\, m_{x+m}) . S .$$

2) Die Zahl $m_x = \frac{t_x}{q^{x+1}}$ nennt man die diskontierte Zahl der Sterbefälle (mortui) des Alters $x$.

3) Ist die Lebensversicherung eine abgekürzte, d. h. soll die versicherte Summe beim Todesfall, spätestens aber nach $n$ Jahren gezahlt werden, so kann die Versicherung als eine doppelte aufgefaßt werden, einmal als eine solche auf den Todesfall mit Begrenzung der Verpflichtung auf die ersten $n$ Jahre und als eine solche auf Zahlung der versicherten Summe nach $n$ Jahren für den Erlebensfall.

§ 35. **Jährliche Beiträge.** In den vorstehenden Fällen zieht der Versicherte es meistens vor, statt der einmaligen Prämie $P$ sich gleich bleibende jährliche Prämien $p$ zu zahlen. Diese mögen $a$ Jahre lang zu Beginn eines jeden Jahres gezahlt werden, doch soll die Beitragspflicht mit dem Tode des Versicherten erlöschen.

Die Leistung der Versicherungsgesellschaft bleibt in den einzelnen Fällen genau dieselbe wie bisher; an Stelle der Leistungen der Versicherten $l_x . P$ tritt jetzt aber zu Beginn des ersten Jahres eine Zahlung von $l_x . p$, zu Beginn des zweiten Jahres eine solche von $l_{x+1} . p, \cdots$ zu Beginn des $a^{\text{ten}}$ Jahres $l_{x+a-1} \cdot p$ Mark. Die Barwerte dieser Zahlungen sind

$$l_x \cdot p, \frac{l_{x+1} \cdot p}{q}, \cdots \frac{l_{x+a-1} \cdot p}{q^{a-1}}, \text{ mithin ist}$$

$$l_x \cdot p + \frac{l_{x+1} \cdot p}{q} + \cdots + \frac{l_{x+a-1} \cdot p}{q^{a-1}} = l_x \cdot P \text{ oder}$$

$$\left(\frac{l_x}{q^x} + \frac{l_{x+1}}{q^{x+1}} + \cdots + \frac{l_{x+a-1}}{q^{x+a-1}}\right) . p = \frac{l_x}{q^x} . P, \text{ mithin}$$

$$(10) \quad (v_x + v_{x+1} + \cdots + v_{x+a-1}) . p = v_x . P, \text{ oder}$$

$$(10a) \quad (\Sigma v_x - \Sigma v_{x+a}) . p = v_x . P,$$

worin für $v_x . P$ je nach der Aufgabe der Wert aus den Formeln (1) bis (9) zu entnehmen ist.

Soll die Beitragspflicht nur durch den Tod begrenzt sein, so ist die Summation bis zum Ende der Sterbetafel durchzuführen, und es ergibt sich

$$(11) \quad (v_x + v_{x+1} + \cdots + v_{100}) . p = v_x . P \text{ oder}$$

$$(11a) \quad \Sigma v_x . p = v_x . P.$$

§ 36. Prämienreserve. Gehen $l_x$ Personen im Alter von $x$ Jahren eine Versicherung auf je $S$ Mark für den Todesfall bei jährlicher Prämienzahlung ein, so sind die Barwerte der Leistung und Gegenleistung gleich zu setzen, also ist

$$p\left(l_x + \frac{l_{x+1}}{q} + \frac{l_{x+2}}{q^2} + \cdots\right) = S\left(\frac{t_x}{q} + \frac{t_{x+1}}{q^2} + \cdots\right) \text{ oder,}$$

wenn beide Seiten durch $q^x$ dividiert werden, $p\Sigma v_x = S\Sigma m_x$ oder $p = \frac{S\Sigma m_x}{\Sigma v_x}$. Es sind nun für die Versicherungsgesellschaft die Einnahmen zu Beginn der einzelnen Jahre

$$pl_x \mid pl_{x+1} \mid pl_{x+2} \mid pl_{x+3} \mid \cdots,$$

die Ausgaben am Ende der einzelnen Jahre

$$St_x \mid St_{x+1} \mid St_{x+2} \mid St_{x+3} \mid \cdots.$$

Die übereinanderstehenden Beträge sind nicht gleich, die Einnahmen sind zuerst größer, zuletzt kleiner als die Ausgaben (weshalb?); um daher das Gleichgewicht herzustellen, muß der Überschuß der ersteren Jahre als „Prämienreserve" zurückbehalten und darf nicht etwa als Gewinn angesehen werden. Dieser Überschuß beträgt am Ende des ersten Jahres $pl_x . q - St_x$, also für jeden einzelnen der Überlebenden $\frac{pl_x . q - S . t_x}{l_{x+1}}$. Für die folgenden Jahre ist er umständlicher zu berechnen; einfacher auf folgende Weise. Am Ende des ersten Jahres sind die Barwerte der noch zu erwartenden Leistungen und Gegenleistungen nicht mehr gleich; sie unterscheiden sich vielmehr um den vorhin berechneten Überschuß. Der Unterschied dieser Barwerte ist nämlich

$$S\left(\frac{t_{x+1}}{q}+\frac{t_{x+2}}{q^2}+\cdots\right)-p\left(l_{x+1}+\frac{l_{x+2}}{q}+\cdots\right)=q\left[S\left(\frac{t_{x+1}}{q^2}+\frac{t_{x+2}}{q^3}+\cdots\right)-p\left(\frac{l_{x+1}}{q}+\frac{l_{x+2}}{q^2}+\cdots\right)\right]=q\left[pl_x-S\frac{t_x}{q}\right]$$

$= pl_x\,q - St_x$, wobei die erste Gleichung dieses Paragraphen zu Rate gezogen ist.

Die *Prämienreserve stellt daher auch den Betrag dar, um den für die bestehenden Versicherungen der rechnungsmäßige Barwert der später zu zahlenden Versicherungssummen den rechnungsmäßigen Barwert der noch zu erwartenden Prämien übersteigt.*

So aufgefaßt ist die Prämienreserve am Ende des ersten Jahres

$$S\left(\frac{t_{x+1}}{q}+\frac{t_{x+2}}{q^2}+\cdots\right)-p\left(l_{x+1}+\frac{l_{x+2}}{q}+\cdots\right)=$$

$$q^{x+1}\left[S\left(\frac{t_{x+1}}{q^{x+2}}+\frac{t_{x+2}}{q^{x+3}}+\cdots\right)-p\left(\frac{l_{x+1}}{q^{x+1}}+\frac{l_{x+2}}{q^{x+2}}+\cdots\right)\right]$$

$= q^{x+1}\left[S\Sigma m_{x+1} - p\Sigma v_{x+1}\right]$, demnach für jeden der Überlebenden

$\frac{q^{x+1}}{l_{x+1}}\left[S\Sigma m_{x+1} - p\Sigma v_{x+1}\right]$ oder

$$(12)\qquad Res_1 = \frac{S\Sigma m_{x+1} - p\Sigma v_{x+1}}{v_{x+1}} \text{ und nach } n \text{ Jahren}$$

$$(13)\qquad Res_n = \frac{S\Sigma m_{x+n} - p\Sigma v_{x+n}}{v_{x+n}}.$$

§ 37. **Übungen.** Für die nachstehenden Übungen sind die auf Grund eines Zinsfußes von $3\frac{1}{2}$% berechneten Sterbetafeln zu benutzen und zwar bei Versicherungen auf den Erlebensfall (Rentenversicherungen) wie bei den eigentlichen (auch abgekürzten) Lebensversicherungen (Tabellen zur Renten- und Lebensversicherung, nach der Statistik des Deutschen Reiches, 1908, Bd. III diskontiert von Professor Otto Ritsche, Charlottenburg, S. 165—169). In allen Fällen, wo dies nicht besonders erwähnt, soll von den Verwaltungs- und anderen Kosten abgesehen und nur mit der Nettoprämie gerechnet werden.

1) Jemand will sich im Alter von 32 Jahren eine Summe von 1000 ℳ sichern, die ihm im Erlebensfall nach 18 Jahren ausgezahlt werden soll. Wie groß ist a) die einmalige, b) die auf die drei ersten Jahre verteilte, c) die jährliche Prämie?

2) Ein Fünfzigjähriger will ein Kapital von 10000 ℳ zu einer Leibrente verwenden. Wie groß wird die Leibrente sein, wenn sie a) mit dem vollendeten 60ten Lebensjahr, b) sofort beginnen soll?

3) Im Alter von 38 Jahren will sich jemand eine dreimalige Rente sichern, die ihm im Erlebensfall im Alter von 55, 60 und 65 Jahren ausgezahlt werden soll. Wie groß wird die Rente sein, wenn er für den Einkauf a) 3000 ℳ bar, b) dreimal 1000 ℳ in jährlichen (nur im Erlebensfall zu leistenden) Zahlungen verwendet?

4) Durch jährliche Prämien von 400 ℳ will sich jemand im Alter von 30 Jahren eine Leibrente erkaufen, die ihm jährlich von der Vollendung des 55. Lebensjahres an gezahlt werden soll. Wie groß wird die Leibrente sein, wenn die Pflicht der Prämienzahlung nur so lange besteht, wie der Versicherte lebt, und spätestens mit der ersten Rentenzahlung erlischt?

5) Eine Sterbekasse hat die Bestimmung, daß bei einem Sterbefall in den 3 ersten Jahren der Versicherung nur die Hälfte, in den 3 folgenden nur $\frac{3}{4}$ der Versicherungssumme und erst von da an die volle Summe ausgezahlt wird. Wie hoch stellt sich für einen 35-Jährigen der jährliche Beitrag, wenn das Sterbegeld sich auf 1000 ℳ beläuft?

6) Eine Versicherungsgesellschaft nimmt von einem 40jährigen Teilnehmer, der sich auf den Todesfall mit 8000 ℳ versichert, eine jährliche Bruttoprämie von 272 ℳ. a) Wieviel % Zuschlag*) zur Nettoprämie erhebt sie damit? b) Wie groß ist die Prämienreserve am Ende des ersten und des zehnten Jahres der Versicherung?

7) Bei einer abgekürzten Lebensversicherung, die jemand im Alter von 42 Jahren eingeht, soll die Versicherungssumme von 25000 ℳ beim Todesfalle, spätestens aber bei Vollendung des 60. Lebensjahres ausgezahlt werden. Wie groß ist die jährliche Bruttoprämie, wenn für Verwaltungskosten und unvorhergesehene Ereignisse ein Zuschlag von 20% zur mathematischen Nettoprämie berechnet wird?

8) Jemand versichert sich im Alter von 28 Jahren auf den Todesfall mit 5000 ℳ, welche Summe aber spätestens nach Vollendung des 60. Lebensjahres auszuzahlen ist. a) Wie groß sind die jährlichen Prämien zu bemessen, wenn sie höchstens 12mal gezahlt werden sollen? b) Wie groß ist die Prämienreserve nach Ablauf dieser 12 Jahre?

## E. Arithmetische Reihen höherer Ordnung.

§. 38. Es gilt die identische Gleichung:

$$\frac{x(x+1)}{1.2} - \frac{(x-1)x}{1.2} = x.$$

*) Bei den Versicherungsgesellschaften auf Gegenseitigkeit wird der aus diesen Zuschlägen sich ergebende Überschuß den Teilnehmern in Form von Dividenden zurückvergütet.

Setzt man hierin $x$ der Reihe nach gleich 1, 2, 3, . . . $n-1$, $n$, so erhält man:

$$\frac{1.2}{1.2} - 0 \quad = 1,$$

$$\frac{2.3}{1.2} - \frac{1.2}{1.2} = 2,$$

$$\frac{3.4}{1.2} - \frac{2.3}{1.2} = 3,$$

$$. \quad . \quad . \quad . \quad . \quad . \quad . \quad . \quad . \quad . \quad .$$

$$\frac{(n-1)\,n}{1.2} - \frac{(n-2)(n-1)}{1.2} = n-1,$$

$$\frac{n(n+1)}{1.2} - \frac{(n-1)\,n}{1.2} = n,$$

und hieraus, indem man addiert und in der entstehenden Gleichung die beiden Seiten vertauscht:

$$(1) \quad 1 + 2 + 3 + \cdots + (n-1) + n = \frac{n(n+1)}{1.2}.$$

Es ist ferner identisch:

$$\frac{x(x+1)(x+2)}{1.2.3} - \frac{(x-1)\,x\,(x+1)}{1.2.3} = \frac{x(x+1)}{1.2},$$

und es folgt hieraus für $x = 1, 2, 3, \ldots n$:

$$\frac{1.2.3}{1.2.3} - 0 \quad = \frac{1.2}{1.2},$$

$$\frac{2.3.4}{1.2.3} - \frac{1.2.3}{1.2.3} = \frac{2.3}{1.2},$$

$$\frac{3.4.5}{1.2.3} - \frac{2.3.4}{1.2.3} = \frac{3.4}{1.2},$$

$$. \quad . \quad . \quad . \quad . \quad . \quad . \quad . \quad . \quad . \quad . \quad . \quad . \quad .$$

$$\frac{n(n+1)(n+2)}{1.2.3} - \frac{(n-1)\,n\,(n+1)}{1.2.3} = \frac{n(n+1)}{1.2}.$$

Durch Addition dieser Gleichungen ergibt sich:

$$(2) \quad \frac{1.2}{1.2} + \frac{2.3}{1.2} + \frac{3.4}{1.2} + \cdots + \frac{n(n+1)}{1\cdot 2} = \frac{n(n+1)(n+2)}{1\cdot 2.3}.$$

Ähnlich findet man:

$$(3)\quad \frac{1.2.3}{1.2.3}+\frac{2.3.4}{1.2.3}+\frac{3.4.5}{1.2.3}+\cdots+\frac{n(n+1)(n+2)}{1.2.3}$$
$$=\frac{n(n+1)(n+2)(n+3)}{1.2.3.4}, \text{ usw.}$$

Die Reihen, welche die Ausdrücke

$$\frac{n}{1}, \quad \frac{n(n+1)}{1.2}, \quad \frac{n(n+1)(n+2)}{1.2.3},$$

zu allgemeinen Gliedern haben, werden die **figurierten Zahlen** der ersten, zweiten, dritten, . . . Ordnung genannt. Nach (1), (2), (3) ist die Summe der $n$ ersten Glieder jeder Ordnung gleich dem $n$ten Gliede der nächst höheren Ordnung.

§ 39. Es ist für jeden Wert von $n$:

$$(2n-1)\,2n+2n(2n+1)=8n^2,$$

also für $n=1, 2, 3, \ldots n$:

$$1.2+2.3=8.1^2,$$
$$3.4+4.5=8.2^2,$$
$$\cdots\cdots\cdots$$
$$(2n-1)\,2n+2n(2n+1)=8.n^2.$$

Addiert man diese Gleichungen, so folgt nach § 38, (2)

$$\tfrac{1}{3}\cdot 2n(2n+1)(2n+2)=8(1^2+2^2+\cdots+n^2).$$

Also ist:

$$(1)\quad 1^2+2^2+3^2+\cdots+n^2=\tfrac{1}{6}n(n+1)(2n+1).$$

Es ist ferner identisch

$$\left(\frac{n(n+1)}{1\cdot 2}\right)^2-\left(\frac{(n-1)n}{1\cdot 2}\right)^2=n^3,$$

folglich:

$$(2)\quad 1^3+2^3+3^3+\cdots+n^3=\left(\frac{n(n+1)}{1\cdot 2}\right)^2=(1+2+3+\cdots+n)^2.$$

§ 40. Bildet man die Differenzen je zweier aufeinanderfolgenden Glieder einer Reihe, so heißt die neue Reihe die **erste Differenzenreihe** der gegebenen; bildet man wiederum die erste Differenzenreihe zu der neuen Reihe, so erhält man die **zweite Differenzenreihe** der gegebenen Reihe usw. Eine **arithmetische Reihe $m$ter Ordnung** ist eine Reihe, deren $m$te Differenzenreihe aus lauter gleichen Gliedern besteht. — Die Quadrat- und Kubikzahlen bilden bzw. eine Reihe der zweiten und dritten Ordnung wie aus folgendem Schema ersichtlich ist:

$$\begin{array}{llll} 1,\ 4,\ 9,\ 16,\ \dots & n^2,\ (n+1)^2,\ (n+2)^2,\ \dots \\ \quad 3,\ 5,\ 7,\ \dots & \quad 2n+1,\ 2n+3,\ \dots \\ \qquad 2,\ 2,\ \dots & \qquad 2,\ \dots \end{array}$$

$$\begin{array}{llll} 1,\ 8,\ 27,\ 64,\ 125,\ \dots & n^3,\ (n+1)^3,\ (n+2)^3,\ (n+3)^3,\ \dots \\ \quad 7,\ 19,\ 37,\ 61,\ \dots & 3n^2+3n+1,\ 3n^2+9n+7,\ 3n^2+15n+19,\dots \\ \qquad 12,\ 18,\ 24,\ \dots & \qquad 6n+6,\quad 6n+12,\ \dots \\ \qquad\quad 6,\ 6,\ \dots & \qquad\qquad 6,\ \dots \end{array}$$

Das $n$te Glied einer arithmetischen Reihe beliebiger Ordnung ist gleich ihrem Anfangsgliede vermehrt um die Summe der $n-1$ ersten Glieder ihrer ersten Differenzenreihe, und diese ist eine arithmetische Reihe von einer um eine Einheit niedrigeren Ordnung. Daher ist z. B. das $n$te Glied $t$ einer Reihe **zweiter** Ordnung, deren erstes Glied $a_0$ ist, und deren Differenzenreihen $a_1$ und $a_2$ zu ersten Gliedern haben, gleich $a_0$ vermehrt um die Summe einer aus $n-1$ Gliedern bestehenden Reihe erster Ordnung, deren Anfangsglied $a_1$ und deren Differenz $a_2$ ist, also mit Rücksicht auf § 23, (3):

$$(1) \quad t = a_0 + \frac{n-1}{1} a_1 + \frac{(n-1)(n-2)}{1 \cdot 2} a_2 .$$

Setzt man hierin $n = 1, 2, 3, \dots n$ und addiert die entstehenden $n$ Gleichungen, so ergibt sich zufolge § 38, (1) und (2) für die Summe der $n$ ersten Glieder der Reihe:

$$(2) \quad s = \frac{n}{1} a_0 + \frac{n(n-1)}{1 \cdot 2} a_1 + \frac{n(n-1)(n-2)}{1 \cdot 2 \cdot 3} a_2 .$$

Für die Reihen höherer Ordnung gelten ähnliche Formeln.

## F. Anwendungen.

(Elementare Entwicklung der einfachsten transzendenten Funktionen.)

§ 41. In den Kreisbogen $ABCDEF$, dessen Mittelpunkt $M$ ist und dessen Radius $MA = 1$ sein soll, sind die gleichen Sehnen $AB$ $BC$, $CD$, $DE$, $EF = p$ eingetragen. Die Sehne $CB$ ist um $BB' = BA$ verlängert; ebenso ist $DC$ um $CC' = CB'$ verlängert, dann $ED$ um $DD' = DC'$ und endlich $FE$ um $EE' = ED'$. Auf diese Weise ist das (offene) Vieleck $AB'C'D'E'$ entstanden. Auf ganz ähnliche Art kann aus diesem Vieleck das Vieleck $AB''C''D''$ abgeleitet werden. Wären in den Kreisbogen $AF$ nicht nur 5, sondern $n$ gleiche Sehnen eingeschrieben, so würde das erste abgeleitete Vieleck $n-1$ Seiten enthalten, das zweite $n-2$, das dritte $n-3$ usw., bis das letzte nur noch aus einer Seite bestünde. Aus der Ähnlichkeit der Dreiecke $ABB'$ und $AMB$ ergibt sich $AB' = p^2$; ebenso folgt aus der der Dreiecke $AB'B''$ und $ABB'$ leicht $AB'' = p^3$, und so sind offenbar $p^4$, $p^5$, $p^6$, $\cdots p^n$ die ersten Seiten der folgenden Vielecke. Nun lassen sich aber nicht nur diese Seiten, sondern auch die Längen der verschiedenen Vielecke mit Hülfe der Formeln des § 38 sehr leicht berechnen. Denn es ist offenbar, da die Seite $AB' = p^2$ ist, $B'C'' = 2p^2$, $C'D' = 3p^2$ und die letzte oder $n-1$ te gleich $(n-1)p^2$,

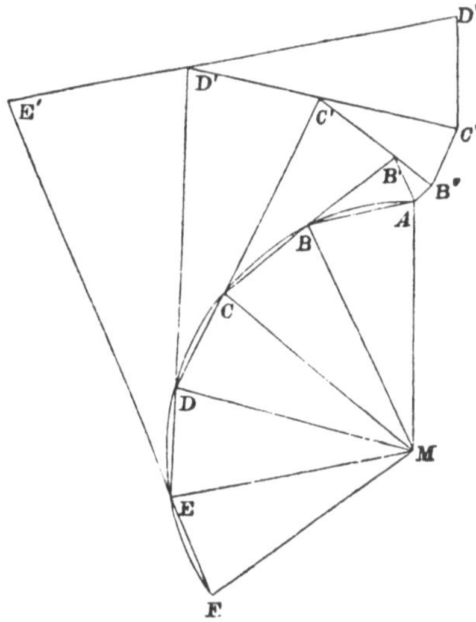

Fig. 5.

also die Summe $S$ aller Seiten gleich $\frac{n(n-1)}{1\,.\,2}p^2$.

Schon dieses erste Ergebnis hat ein nicht geringes geometrisches Interesse. Denn wären in den Kreisbogen $AF = \alpha$ die $n$ gleichen Sehnen $AB$, $BC$, $CD$, $\ldots = p$ eingeschrieben, so könnte jede mit um so größerer Annäherung gleich $\frac{\alpha}{n}$ gesetzt werden, je größer die Zahl $n$ angenommen wird. Die Länge $S$ des Vielecks $AE'$ würde dann angenähert gleich $\frac{\left(1-\frac{1}{n}\right)}{1\,.\,2}\alpha^2$, und für ein unendlich großes $n$ genau:

$$S = \frac{\alpha^2}{1\,.\,2}.$$

So wie sich jetzt unter den gemachten Annahmen das in den Kreisbogen beschriebene Vieleck in den Kreisbogen selbst verwandelt hat so ist auch das abgeleitete Vieleck zu einer gekrümmten Linie geworden. Diese Kurve hat den Namen „Kreisevolvente" erhalten, weil man sie dadurch vom Kreise ableiten könnte, daß man um einen Kreiszylinder einen Faden $ABCF$ legte und dessen Anfang $A$ durch Abwickeln allmählich durch die Punkte $B'C'D'E'$ führte; ein im Punkte $A$ befestigter Zeichenstift beschriebe dann die Kreisevolvente. Wäre also der Radius des Kreises $r$ Meter lang, so würde der Kreisbogen $AF$ die Länge von $r\alpha$ und die Kreisevolvente von $\frac{r\alpha^2}{1\,.\,2}$ Meter besitzen.

§ 42. Wenn der Flächeninhalt der Dreiecke $MAB$, $MBC$, ... mit $\triangle$ bezeichnet wird, so ist der Inhalt des Dreiecks $BAB' = \triangle\,.\,p^2 = \delta$, der des Dreiecks $CB'C' = 2^2\delta$, des Dreiecks $DC'D' = 3^2\,\delta$ usw., also der Inhalt des von den Vielecken $ABE$ und $AB'E'$ und der Verlängerung $EE'$ der letzten ($n$ten) Kreissehne $FE$ begrenzten Flächenstücks:

$$s = \delta\,(1^2 + 2^2 + 3^2 + \cdots + (n-1)^2) = \frac{1}{6}\,\delta\,.\,(n-1)\,n\,(2n-1).$$

Wird nun wiederum die Anzahl $n$ der einzelnen Kreissehnen $p$ unendlich groß angenommen, also $p = \alpha : n$ und $\delta = \triangle\,\alpha^2 : n^2$ gesetzt, so stellt $s$ den Inhalt des von dem Kreisbogen $AF$, der Evolvente $AE'$ und der Tangente $FE'$ des Kreisbogens begrenzten Flächenstücks dar und nimmt den Wert an:

$$s = \tfrac{1}{6}\,n\,\triangle\,.\,\alpha^2\left(1 - \frac{1}{n}\right)\left(2 - \frac{1}{n}\right) = \sigma\,.\,\tfrac{1}{3}\,\alpha^2,$$

falls $\sigma = n\,\triangle$ die Fläche des Kreissektors $AMF$ bezeichnet. Da hierbei der Radius $MA = 1$ angenommen ist, so wird $\sigma = \frac{1}{2}\alpha$, also:

$$s = \frac{\alpha^3}{1\,.\,2\,.\,3},$$

und für den Radius $MA = r$ erhielte man natürlich $s = \frac{1}{6}r^2\alpha^3$. Die Fläche $s$ würde der Fläche $\sigma$ gleich werden für einen Winkel $\alpha = \sqrt{3} = 1{,}7320508 = 99^\circ 14' 21''$.

§ 43. Man kann nun offenbar auch die Längen aller der übrigen Vielecke berechnen, die sich aus dem vorangehenden ableiten lassen. Denn für das nächste ist

$$AB'' = p^3;\quad B''C'' = (1+2)p^3 = \frac{2\,.\,3}{1\,.\,2}p^3;$$

$$C''D'' = (1+2+3)\,p^3 = \frac{3\,.\,4}{1\,.\,2}p^3;\ \text{usw.},$$

bis die letzte Seite sein wird gleich

$$(1+2+3+\cdots+(n-2))\,p^3=\frac{(n-2)\,(n-1)}{1\,.\,2}\,p^3,$$

also die Summe aller Seiten gleich

$$\left(\frac{1\,.\,2}{1\,.\,2}+\frac{2\,.\,3}{1\,.\,2}+\frac{3\,.\,4}{1\,.\,2}+\cdots+\frac{(n-2)\,(n-1)}{1\,.\,2}\right)p^3$$

$$=\frac{n\,(n-1)\,(n-2)}{1\,.\,2\,.\,3}\,p^3.$$

Für das nächstfolgende Vieleck sind die einzelnen Seiten

$$p^4;\quad\left(\frac{1\,.\,2}{1\,.\,2}+\frac{2\,.\,3}{1\,.\,2}\right)p^4=\frac{2\,.\,3\,.\,4}{1\,.\,2\,.\,3}\,p^4;$$

$$\left(\frac{1\,.\,2}{1\,.\,2}+\frac{2\,.\,3}{1\,.\,2}+\frac{3\,.\,4}{1\,.\,2}\right)p^4=\frac{3\,.\,4\,.\,5}{1\,.\,2\,.\,3}\,p^4;\ldots$$

also ist die Länge dieses Vielecks:

$$\left(\frac{1\,.\,2\,.\,3}{1\,.\,2\,.\,3}+\frac{2\,.\,3\,.\,4}{1\,.\,2\,.\,3}+\cdots+\frac{(n-3)\,(n-2)\,(n-1)}{1\,.\,2\,.\,3}\right)p^4$$

$$=\frac{n\,(n-1)\,(n-2)\,(n-3)}{1\,.\,2\,.\,3\,.\,4}\,p^4.$$

Auf diese Weise überzeugt man sich, daß die Summe $S_n$ des Radius und der Längen des Kreisvielecks und sämtlicher daraus nacheinander abgeleiteten Vielecke den Wert hat:

$$S_n=1+np+\frac{n(n-1)}{1\,.\,2}\,p^2+\frac{n(n-1)(n-2)}{1\,.\,2\,.\,3}\,p^3+\cdots+np^{n-1}+p^n\,.$$

Addiert man zu dieser Gleichung die durch Multiplikation mit $p$ daraus entstehende, so wird

$$(1+p)\,S_n=1+(n+1)\,p+\left(\frac{n\,(n-1)}{1\,.\,2}+\frac{n}{1}\right)p^2$$

$$+\left(\frac{n(n-1)(n-2)}{1\,.\,2\,.\,3}+\frac{n\,(n-1)}{1\,.\,2}\right)p^3+\cdots$$

$$=1+(n+1)\,p+\frac{(n+1)\,n}{1\,.\,2}\,p^2$$

$$+\frac{(n+1)\,n\,(n-1)}{1\,.\,2\,.\,3}\,p^3+\cdots+p^{n+1},$$

d. h. gleich $S_{n+1}$. Hiernach ist also auch $S_n = (1+p)\,S_{n-1}$. Nun ist offenbar $S_1 = 1+p$, also $S_2 = (1+p)(1+p) = (1+p)^2$, $S_3 = (1+p)^3, \cdots$ und $S_n = (1+p)^n$.

Nimmt man nun wieder die Seitenzahl $n$ des dem Kreisbogen $\alpha$ eingeschriebenen Vielecks unendlich groß an und setzt demnach $p = \alpha : n$, so erhält man einerseits

$$S_n = 1 + \alpha + \frac{1 \cdot \left(1 - \frac{1}{n}\right)}{1 \cdot 2}\alpha^2 + \cdots = 1 + \frac{\alpha}{1} + \frac{\alpha^2}{1 \cdot 2} + \cdots$$

und andererseits

$$S_n = \left(1 + \frac{\alpha}{n}\right)^n = \left(\left(1 + \frac{\alpha}{n}\right)^{\frac{n}{\alpha}}\right)^\alpha = \left(\left(1 + \frac{1}{m}\right)^m\right)^\alpha = e^\alpha.$$

Dabei ist

$$\frac{n}{\alpha} = m \text{ und } e = \left(1 + \frac{1}{m}\right)^m \text{ (für } m = \infty)$$

gesetzt worden, und man wird sich $m$ als unendlich große ganze Zahl denken dürfen, indem man die ganze Zahl $n$ als teilbar durch den Zähler der gebrochenen Zahl $\alpha$ annimmt. Man erhält jetzt durch Gleichstellung der beiden Ausdrücke von $S_n$:

$$e^\alpha = 1 + \frac{\alpha}{1} + \frac{\alpha^2}{1 \cdot 2} + \frac{\alpha^3}{1 \cdot 2 \cdot 3} + \frac{\alpha^4}{1 \cdot 2 \cdot 3 \cdot 4} + \cdots$$

und für $\alpha = 1$:

$$e = 1 + \frac{1}{1} + \frac{1}{1 \cdot 2} + \frac{1}{1 \cdot 2 \cdot 3} + \frac{1}{1 \cdot 2 \cdot 3 \cdot 4} + \cdots$$

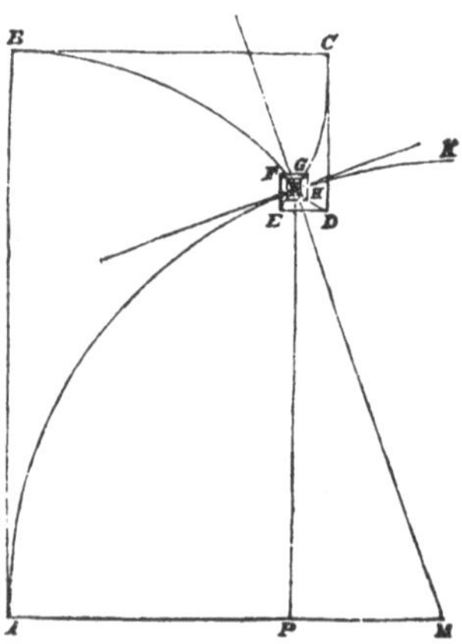

Fig. 6.

Auf diese Weise wird die Größe der Zahl $e$ veranschaulicht durch die Gesamtlänge des Radius 1, des Bogens 1, der Evolvente dieses Bogens, der Evolvente dieser Evolvente usw., und ebenso bedeutet $e^\alpha$ die entsprechende Gesamtlänge für den Bogen $\alpha$.

§ 44. Man kann aber die Sache auch auf eine andere Weise auffassen. Da in Fig. 5 die Vieleckseiten $FE$, $E'D'$, $D''C''$, . . . schließlich als unendlich klein zu denken sind und dann auf den Linien $MF$, $FE'$, $E'D''$, . . .

senkrecht stehen, so stehen in Fig. 6, welche die verschiedenen aus dem Punkte $O$ beschriebenen Evolventen darstellen soll, die Linien $MA, AB, BC, CD, DE, \ldots$ wechselseitig auf einander senkrecht, und es ist offenbar, wenn der Bogen $OA = \alpha$ angenommen und auf $MA$ das Lot $OP$ gefällt wird:

$$\cos \alpha = MP = MA - BC + DE - FG + \cdots$$
$$\sin \alpha = OP = AB - CD + EF - GH + \cdots$$

Nach dem Vorhergehenden gelten aber die Gleichungen

$$MA = 1,\ AB = \alpha,\ BC = \frac{\alpha^2}{1\,.\,2},\ CD = \frac{\alpha^3}{1\,.\,2\,.\,3},\ DE = \frac{\alpha^4}{1\,.\,2\,.\,3\,.\,4}, \ldots$$

und demgemäß ergeben sich für $\cos \alpha$ und $\sin \alpha$ die Reihenentwicklungen:

$$\cos \alpha = 1 - \frac{\alpha^2}{1\,.\,2} + \frac{\alpha^4}{1\,.\,2\,.\,3\,.\,4} - \frac{\alpha^6}{1\,.\,2\,.\,3\,.\,4\,.\,5\,.\,6} + \cdots$$

$$\sin \alpha = \alpha - \frac{\alpha^3}{1\,.\,2\,.\,3} + \frac{\alpha^5}{1\,.\,2\,.\,3\,.\,4\,.\,5} - \frac{\alpha^7}{1.2.3\ldots7} + \cdots$$

## Dritter Abschnitt.

# Kombinatorik und Wahrscheinlichkeitsrechnung.

§ 45. Die Anzahl aller möglichen Verbindungen von $n$ Elementen zu je $m$ ist:

$$n^m.$$

Denn wird jedes Element mit jedem einmal verbunden, so entstehen $n\,.\,n = n^2$ Verbindungen zu je zwei. Verbindet man dann jedes der $n$ Elemente mit jeder dieser $n^2$ Verbindungen, so erhält man $n\,.\,n^2 = n^3$ Verbindungen zu je drei, und so fort. — Z. B. vier Elemente 1, 2, 3, 4 geben $4^3 = 64$ Verbindungen zu je drei:

| | | | | | | | |
|---|---|---|---|---|---|---|---|
| 111 | 131 | 211 | 231 | 311 | 331 | 411 | 431 |
| 112 | 132 | 212 | 232 | 312 | 332 | 412 | 432 |
| 113 | 133 | 213 | 233 | 313 | 333 | 413 | 433 |
| 114 | 134 | 214 | 234 | 314 | 334 | 414 | 434 |
| 121 | 141 | 221 | 241 | 321 | 341 | 421 | 441 |
| 122 | 142 | 222 | 242 | 322 | 342 | 422 | 442 |
| 123 | 143 | 223 | 243 | 323 | 343 | 423 | 443 |
| 124 | 144 | 224 | 244 | 324 | 344 | 424 | 444. |

Man unterscheidet unter diesen Verbindungen Permutationen (d. h. Verbindungen derselben Elemente in veränderter Reihenfolge), Variationen (d. h alle möglichen Verbindungen mit oder ohne Wiederholungen desselben Elements in einer Verbindung) und Kombinationen (d. h. Verbindungen, welche durch die darin enthaltenen Elemente selbst und nicht bloß durch deren Reihenfolge verschieden sind). Jede einzelne Verbindung nennt man auch eine Komplexion, und je nach der Zahl der darin vorkommenden Elemente entweder Union oder Binion, Ternion, Quaternion usw.

§ 46. 1) Die Anzahl der Permutationen von $n$ verschiedenen Elementen ist:

$$P(n) = 1 . 2 . 3 . 4 \dots n = n!$$

(gesprochen: $n$ Fakultät.)

Denn es kann jedes der $n$ Elemente so oft die erste Stelle einnehmen, als die übrigen $n - 1$ Elemente sich permutieren lassen. Die Anzahl der Permutationen ist also für $n$ Elemente $n$mal so groß als für $n - 1$ Elemente. Nun ist dieselbe für zwei Elemente gleich 2 oder 1 . 2, für drei Elemente dreimal so groß, also gleich 1 . 2 . 3, usw. — Beispiel: Vier Elemente geben die folgenden 1 . 2 . 3 . 4 = 24 Permutationen:

| | | | |
|---|---|---|---|
| 1234 | 2134 | 3124 | 4123 |
| 1243 | 2143 | 3142 | 4132 |
| 1324 | 2314 | 3214 | 4213 |
| 1342 | 2341 | 3241 | 4231 |
| 1423 | 2413 | 3412 | 4312 |
| 1432 | 2431 | 3421 | 4321. |

2) Sind unter den $n$ Elementen $\alpha$ gleiche einer Art, $\beta$ gleiche einer anderen, $\gamma$ gleiche einer dritten Art usw., so ist die Anzahl der Permutationen:

$$P'(n) = \frac{n!}{\alpha!\,\beta!\,\gamma!\dots}.$$

Denn $n$ verschiedene Elemente, die hier durch $a_1\,a_2 \dots a_\alpha\,b_1\,b_2 \dots b_\beta\,c_1\,c_2 \dots c_\gamma \dots$ bezeichnet werden mögen, geben $n!$ Permutationen. Werden nun überall zunächst die Zeiger der $\alpha$ Elemente $a$ fortgelassen, so werden je $\alpha!$ Permutationen einander gleich; die Anzahl der wirklich verschiedenen Permutationen ist also nur noch $\frac{n!}{\alpha!}$. Durch Fortlassung der Zeiger der $\beta$ Elemente $b$ wird diese Anzahl wiederum $\beta!$ mal so klein, und so fort. — Beispiel. Die Elemente 1123 geben $\frac{4!}{2!} = 12$ Permutationen:

| | | | |
|---|---|---|---|
| 1123 | 1231 | 2113 | 3112 |
| 1132 | 1312 | 2131 | 3121 |
| 1213 | 1321 | 2311 | 3211. |

§ 47. 1) Die Anzahl der Variationen ohne Wiederholung von $n$ Elementen zur $m$ten Klasse ist:

$$V_m(n) = n(n-1)(n-2)\dots(n-m+1).$$

Denn die Zahl der Unionen ist $n$. Durch Verbindung jeder der $n$ Unionen mit den $n-1$ davon verschiedenen Elementen entstehen $n(n-1)$ Binionen, durch Verbindung jeder derselben mit den $n-2$ darin nicht enthaltenen Elementen $n(n-1)(n-2)$ Ternionen usw. — Beispiel. Vier Elemente geben $4.3 = 12$ Variationen zweiter Klasse:

| | | | |
|---|---|---|---|
| 12 | 21 | 31 | 41 |
| 13 | 23 | 32 | 42 |
| 14 | 24 | 34 | 43. |

2) Die Anzahl der Variationen mit Wiederholung von $n$ Elementen zur $m$ten Klasse ist (nach § 45)

$$V'_m(n) = n^m.$$

§ 48. 1) Die Anzahl der Kombinationen ohne Wiederholung von $n$ Elementen zur $m$ten Klasse ist:

$$C_m(n) = \frac{n(n-1)(n-2)\cdots(n-m+1)}{1.2.3\dots m}.$$

Denn sie entstehen aus den Variationen der $m$ten Klasse, wenn alle nur durch Permutation derselben $m$ Elemente sich unterscheidenden Verbindungen nur als eine einzige Verbindung gezählt werden.

Beispiel. Fünf Elemente geben $\frac{5.4.3}{1.2.3} = 10$ Ternionen:

| | | | | | |
|---|---|---|---|---|---|
| 123 | 124 | 125 | 134 | 135 | 145 |
| | | | 234 | 235 | 245 |
| | | | | | 345. |

2) Die Anzahl der Kombinationen mit Wiederholung von $n$ Elementen zur $m$ten Klasse ist:

$$C'_m(n) = \frac{n(n+1)(n+2)\cdots(n+m-1)}{1.2.3\dots m}.$$

Denn die zweite Klasse entsteht, wenn das Element 1 mit allen $n$ Unionen $(1, 2, 3, 4, \ldots n)$ verbunden wird, das Element 2 dagegen nur mit $2, 3, 4, \ldots n$, das Element 3 nur mit $3, 4, \ldots n$ usw. Die Anzahl der Binionen ist also:

$$n + (n-1) + (n-2) + \cdots + 2 + 1 = \frac{n(n+1)}{1 \,.\, 2}. \; (\S\, 38, 1.)$$

Die Anzahl der Ternionen ist

$$\frac{n(n+1)}{1 \,.\, 2} + \frac{(n-1)\,n}{1 \,.\, 2} + \cdots + \frac{2 \,.\, 3}{1 \,.\, 2} + \frac{1 \,.\, 2}{1 \,.\, 2} = \frac{n(n+1)(n+2)}{1 \,.\, 2 \,.\, 3},$$

weil das erste Element mit allen Binionen der $n$ Elemente kombiniert werden muß, das zweite nur mit denjenigen, die das erste Element nicht enthalten, d. h. mit den Binionen von nur $n-1$ Elementen usw. — Beispiel. Die Elemente 123 zu je drei kombiniert geben $\frac{3 \,.\, 4 \,.\, 5}{1 \,.\, 2 \,.\, 3} = 10$ Verbindungen:

| | | | | | |
|---|---|---|---|---|---|
| 111 | 112 | 113 | 122 | 123 | 133 |
| | | | 222 | 223 | 233 |
| | | | | | 333 |

§ 49. 1) Im gewöhnlichen Leben nennt man ein erwartetes Ereignis wahrscheinlich, wenn es in der Mehrzahl der überhaupt möglichen Fälle einzutreffen pflegt, andernfalls unwahrscheinlich. Die obere Grenze der Wahrscheinlichkeit ist die Gewißheit, die untere Grenze der Unwahrscheinlichkeit die Unmöglichkeit.

In der Mathematik drückt man die Wahrscheinlichkeit (und damit zugleich die Unwahrscheinlichkeit) durch einen Bruch aus, der im Nenner die Zahl der möglichen Fälle $n$ und im Zähler die Zahl der für das Ereignis günstigen Fälle $a$ aufweist.

$$w = \frac{a}{n}.$$

Die mathematische Wahrscheinlichkeit ist demnach ein echter Bruch, der nur im Falle der Gewißheit gleich 1, im Falle der Unmöglichkeit gleich 0 wird. Die Grenze zwischen Wahrscheinlichkeit und Unwahrscheinlichkeit (im gewöhnlichen Sinne) ist $\frac{1}{2}$.

2) Sind unter den $n$ möglichen Fällen a günstig für ein Ereignis $A$, alle übrigen, also $n - a$, für ein Ereignis $B$, so ist die Wahrscheinlichkeit für $B$

$$w' = \frac{n-a}{n} = 1 - \frac{a}{n} = 1 - w.$$

Beispiele. 1. Die Wahrscheinlichkeit, aus einer Urne mit 3 weißen und 7 roten Kugeln blindlings eine weiße zu ziehen, ist $\frac{3}{10}$, für eine rote $\frac{7}{10}$.

2. Sollen aus derselben Urne 2 Kugeln gezogen werden und denkt man sich die Kugeln beziffert

1, 2, 3 | 4, 5, 6, 7, 8, 9, 10,

so sind mögliche Fälle 12, 13, 14, 15, . . ., also ist ihre Anzahl gleich

$$C_2(10) = \frac{10 \,.\, 9}{1 \,.\, 2} = 45.$$

Wird erwartet, daß beide Kugeln rot sind, so sind günstige Fälle 45, 46, 47, . . . ., also ihre Zahl gleich

$$C_2(7) = \frac{7 \,.\, 6}{1 \,.\, 2} = 21, \text{ demnach } w = \frac{21}{45} = \frac{7}{15}.$$

Soll dagegen die eine Kugel weiß, die andere rot sein, so sind günstige Fälle 14, 15, . . ., 24, 25 . . . ., also ihre Zahl gleich $C_1(3) \,.\, C_1(7) = 3 \,.\, 7 = 21$, daher auch $w' = \frac{21}{45} = \frac{7}{15}$. Die Wahrscheinlichkeit, 2 weiße Kugeln zu ziehen, ist also $\frac{1}{15}$.

3. Beim Würfeln mit 3 Würfeln sind mögliche Fälle 111, 112, 113 . . ., 211, 212 . . ., ihre Zahl also $V_3'(6) = 6^3 = 216$. Wird ein Pasch zu zwei erwartet, so sind günstige Fälle 112, 113, 114, 115, 116 nebst den zugehörigen Permutationen, ebenso für 22, 33 usw.; ihre Anzahl ist daher $6 \,.\, 3 \,.\, 5 = 90$, demnach $w = \frac{90}{216} = \frac{5}{12}$. Werden dagegen gerade 10 Augen erwartet, so sind günstige Fälle 136, 145, 226, 235, 244, 334 nebst den zugehörigen Permutationen, zusammen 27, daher $w' = \frac{27}{216} = \frac{1}{8}$.

§ 50. 1. Sind unter $n$ möglichen Fällen $a$ günstig für ein Ereignis $A$, $b$ für ein anderes $B$, und schließen sich $A$ und $B$ gegenseitig aus, so ist die Wahrscheinlichkeit, daß **entweder** $A$ **oder** $B$ eintritt:

$$W = \frac{a+b}{n} = \frac{a}{n} + \frac{b}{n} = w + w'.$$

Beispiel. Im zweiten Beispiel des vorigen Paragraphen ist die Wahrscheinlichkeit, zwei rote oder zwei weiße Kugeln zu ziehen, gleich $\frac{7}{15}+\frac{1}{15}=\frac{8}{15}$. Dagegen ist die Formel nicht auf das dritte Beispiel anwendbar, da die Fälle, einen Pasch zu zwei oder 10 Augen zu werfen, sich nicht gegenseitg ausschließen.

§ 51. Die Wahrscheinlichkeit, daß erst ein Ereignis $A$ und dann ein Ereignis $B$ (oder beide gleichzeitig) eintreten, ist $W = w \,.\, w'$. (Zusammengesetzte Wahrscheinlichkeit).

Beweis: Für $A$ sei $w=\frac{a}{n}$ und für $B\ w'=\frac{b}{n'}$. Dann kann sowohl bei den möglichen als auch bei den günstigen Fällen jeder Fall der ersten Art mit jedem der zweiten zusammentreffen; demnach ist für dieses Zusammentreffen die Zahl der möglichen Fälle $n \,.\, n'$, die der günstigen $a \,.\, b$, daher $W=\frac{a \,.\, b}{n \,.\, n'}=\frac{a}{n}\cdot\frac{b}{n'}=w \,.\, w'$.

Beispiel: Im zweiten Beispiel des vorletzten Paragraphen ist die Wahrscheinlichkeit, erst zwei rote und dann (nachdem die gezogenen Kugeln wieder hineingelegt sind) zwei weiße Kugeln zu ziehen, gleich $\frac{7}{15}\cdot\frac{1}{15}=\frac{7}{225}$. Kommt es auf die Reihenfolge nicht an, so ist die Wahrscheinlichkeit doppelt so groß.

Bemerkung. Die Wahrscheinlichkeitsrechnung findet u. a. wichtige Verwendung bei den verschiedenen Versicherungsarten (Feuer-, Renten-, Alters-, Invaliden-, Lebensversicherung). Es kommt hier im besonderen darauf an, durch statistische Untersuchungen festzustellen, wie viel Brände (bzw. Brandverluste) in den einzelnen Gefahrenklassen als wahrscheinlich zu erwarten, welches die wahrscheinliche Lebensdauer von Personen in bestimmtem Alter ist usw.

Die Lösung der in §§ 30—36 behandelten Aufgaben aus der Renten- und Lebensversicherung läßt sich z. B. auch auf Wahrscheinlichkeitsrechnung stützen. Denn wenn jemand im Alter von $x$ Jahren eine solche Versicherung eingehen will, so muß die Versicherungsgesellschaft damit rechnen, daß von $l_x$ Personen des Alters $x$ $l_{x+1}$ das Alter von $x+1$, $l_{x+2}$ das von $x+2$ Jahren usw. erreichen. Die Wahrscheinlichkeit dafür daß der Versicherungsnehmer $x+1$, $x+2$ usw. Jahre alt wird, ist demnach $\frac{l_{x+1}}{l_x}, \frac{l_{x+2}}{l_x}$ usw. Diesen Wahrscheinlichkeiten entsprechend hat die Gesellschaft die Leistungen und Gegenleistungen abzuwägen.

## Vierter Abschnitt.

# Binomischer Satz.

### A. Der binomische Satz für positive ganze Exponenten.

§ 52. Es ist

$$\begin{aligned}(a+b)(a+b) &= a^2 + ab \\ &\quad\; + ab + b^2 \\ &= a^2 + 2ab + b^2;\\ (a+b)(a+b)(a+b) &= a^3 + 2a^2b + ab^2 \\ &\quad\; + a^2b + 2ab^2 + b^3 \\ &= a^3 + 3a^2b + 3ab^2 + b^3;\\ (a+b)(a+b)(a+b)(a+b) &= a^4 + 3a^3b + 3a^2b^2 + ab^3 \\ &\quad\; + a^3b + 3a^2b^2 + 3ab^3 + b^4 \\ &= a^4 + 4a^3b + 6a^2b^2 + 4ab^3 + b^4 \text{ usw.}\end{aligned}$$

Aus dieser Übersicht ersieht man leicht das Bildungsgesetz für die Binomialkoeffizienten:

```
1 1
  1 1
-----
1 2 1
  1 2 1
-------
1 3 3 1
  1 3 3 1
---------
1 4 6 4 1 usw.
```

Hierauf beruht das Paskalsche Dreieck der Binomialkoeffizienten:

```
                          1
                       1     1
                    1     2     1
                 1     3     3     1
              1     4     6     4     1
           1     5    10    10     5     1
        1     6    15    20    15     6     1
     1     7    21    35    35    21     7     1
  1     8    28    56    70    56    28     8     1
1    9    36    84   126   126    84    36     9     1
1   10   45   120   210   256   210   120    45    10    1
```

Demgemäß ist $(a+b)^{10} = a^{10} + 10a^9b + 45a^8b^2 + 120a^7b^3 + 210a^6b^4 + 256a^5b^5 + 210a^4b^6 + 120a^3b^7 + 45a^2b^8 + 10ab^9 + b^{10}$.

§ 53. Mit Hülfe des Paskalschen Dreiecks kann man die Koeffizienten für die $n^{te}$ Potenz eines Binoms finden, wenn die Koeffizienten der sämtlichen vorhergehenden Potenzen der Reihe nach gebildet sind. Will man aber die $n^{te}$ Potenz eines Binoms sofort niederschreiben, so ist zu beachten, daß nach der obigen Bildungsweise jedes Glied des Ergebnisses sich aus Faktoren zusammensetzt, die zu je einem den einzelnen Klammern auf der linken Seite entnommen sind. So sind die Glieder, die zusammen $4a^3b$ liefern, entstanden aus $aaab$, $aaba$, $abaa$, $baaa$, worin die Faktoren in ihrer Reihenfolge zugleich den Klammern entsprechen, aus denen sie stammen. Daher ist die Zahl der Glieder, die $a^3b$ ergeben, gleich der Anzahl der Permutationen von $aaab$, also gleich $\frac{4!}{3!}$, bei $a^2b^2$ (entstanden aus $aabb$, $abab$, $abba$, $baab$, $baba$, $bbaa$) gleich $\frac{4!}{2!\,2!}$ und allgemein bei $a^{n-p}b^p$ gleich $\frac{n!}{(n-p)!\,p!}$. Mithin ist

$$(a+b)^4 = a^4 + \frac{4!}{3!\,1!}a^3b^1 + \frac{4!}{2!\,2!}a^2b^2 + \frac{4!}{1!\,3!}ab^3 + b^4$$

und allgemein:

$$(1)\quad (a+b)^n = a^n + \frac{n!}{(n-1)!\,1!}a^{n-1}b^1 + \frac{n!}{(n-2)!\,2!}a^{n-2}b^2 + \cdots + \frac{n!}{(n-s)!\,s!}a^{n-s}b^s + \cdots \frac{n!}{1!\,(n-1)!}a^1b^{n-1} + b^n.$$

Da nun aber

$$\frac{n!}{(n-s)!\,s!} = \frac{1.2.3\ldots(n-s)(n-s+1)\ldots n}{1.2.3\ldots(n-s)\,1.2.3\ldots s} = \frac{n(n-1)(n-2)\ldots(n-s+1)}{1.2.3\ldots s} \text{ ist,}$$

so nimmt die obige Formel folgende Gestalt an:

$$(2)\quad (a+b)^n = a^n + \frac{n}{1}a^{n-1}b + \frac{n(n-1)}{1.2}a^{n-2}b^2 + \frac{n(n-1)(n-2)}{1.2.3}a^{n-3}b^3 + \cdots + b^n, \text{ oder}$$

wenn man die Binomialkoeffizienten kurz mit $\binom{n}{1}$, $\binom{n}{2}$ usw. bezeichnet:

(3) $(a+b)^n = a^n + \binom{n}{1} a^{n-1} b + \binom{n}{2} a^{n-2} b^2 + \binom{n}{3} a^{n-3} b^3 + \cdots + b^n.$

Für $a = 1$, $b = x$ entsteht hieraus:

(4) $$(1+x)^n = 1 + \frac{n}{1} x + \frac{n(n-1)}{1.2} x^2 + \frac{n(n-1)(n-2)}{1.2.3} x^3 + \cdots + x^n.$$

§ 54. Eigenschaften der Binomialkoeffizienten. 1) Die symmetrisch stehenden Binomialkoeffizienten sind gleich, denn es ist:

$$\binom{n}{s} = \frac{n!}{(n-s)!\,s!} \text{ und } \binom{n}{n-s} = \frac{n!}{s!\,(n-s)!}, \text{ demnach}$$

$$\binom{n}{s} = \binom{n}{n-s}.$$

2) Die Binomialkoeffizienten der $n$ten Potenz lassen sich aus solchen der $n-1$ten Potenz bilden; es ist nämlich

$$\binom{n}{s} = \binom{n-1}{s-1} + \binom{n-1}{s}.$$

Denn es ist

$$\binom{n-1}{s-1} + \binom{n-1}{s} = \frac{(n-1)!}{(n-s)!\,(s-1)!} + \frac{(n-1)!}{(n-1-s)!\,s!}$$

$$= \frac{(n-1)!\,.\,s}{(n-s)!\,s!} + \frac{(n-1)!\,(n-s)}{(n-s)!\,s!}$$

$$= \frac{(n-1)!\,.\,n}{(n-s)!\,s!} = \frac{n!}{(n-s)!\,s!} = \binom{n}{s}.$$

Vgl. hiermit das Paskalsche Dreieck.

## B. Bemerkungen über die Konvergenz unendlicher Reihen.

§ 55. Erklärungen: 1) Eine unendliche Reihe (d. h. eine aus unendlich vielen Gliedern bestehende Reihe) heißt konvergent, wenn die Summe ihrer ersten $m$ Glieder sich bei beständig wachsendem $m$ einem bestimmten endlichen Werte unbegrenzt nähert. Dieser Wert heißt die Summe der unendlichen Reihe. Wächst dagegen die Summe über jedes Maß hinaus, so heißt die Reihe divergent.

2) Eine Reihe heißt fallend, wenn die absoluten Werte der Glieder ständig abnehmen, steigend, wenn sie ständig zunehmen.

Beispiele: 1) Die unendliche Reihe

$$\frac{1}{1.2} + \frac{1}{2.3} + \frac{1}{3.4} + \cdots + \frac{1}{m(m+1)} + \cdots$$

ist konvergent. Denn schreibt man sie in der Form

$$\left(1-\frac{1}{2}\right)+\left(\frac{1}{2}-\frac{1}{3}\right)+\left(\frac{1}{3}-\frac{1}{4}\right)+\cdots+\left(\frac{1}{m}-\frac{1}{m+1}\right)+\cdots,$$

so sieht man, daß die Summe ihrer ersten $m$ Glieder gleich $1-\frac{1}{m+1}$ ist, also bei hinreichend groß gewähltem $m$ dem Werte 1 beliebig nahe gebracht werden kann.

2) Dagegen ist die Reihe $1+\frac{1}{2}+\frac{1}{3}+\frac{1}{4}+\cdots$, obgleich ihre Glieder zuletzt verschwindend klein werden, dennoch divergent. Denn schreibt man sie in der Form

$$1+\frac{1}{2}+\left(\frac{1}{3}+\frac{1}{4}\right)+\left(\frac{1}{5}+\frac{1}{6}+\frac{1}{7}+\frac{1}{8}\right)+\left(\frac{1}{9}+\frac{1}{10}+\cdots+\frac{1}{16}\right)+\cdots$$

und beachtet, daß jede der eingeklammerten Größen größer als $\frac{1}{2}$ ist, so sieht man, daß durch Addition einer hinreichend großen Zahl von Gliedern eine Zahl erhalten werden kann, die größer ist als ein beliebig großes Vielfaches von $\frac{1}{2}$, also größer als jede gegebene Zahl.

3) Die Reihe $1-\frac{1}{2}+\frac{1}{3}-\frac{1}{4}+\cdots$ aber ist konvergent. Denn bezeichnet $S_m$ die Summe ihrer ersten $m$ Glieder, so ist

$$S_1=1,\ S_3=\left(1-\frac{1}{2}\right)+\frac{1}{3},\ S_5=\left(1-\frac{1}{2}\right)+\left(\frac{1}{3}-\frac{1}{4}\right)+\frac{1}{5},\ldots,$$

Die Größen $S_1, S_3, S_5, \ldots$ sind also sämtlich positiv. Es ist aber auch $S_1=1,\ S_3=1-\left(\frac{1}{2}-\frac{1}{3}\right),\ S_5=1-\left(\frac{1}{2}-\frac{1}{3}\right)-\left(\frac{1}{4}-\frac{1}{5}\right),\ldots.$ Es bilden also $S_1, S_3, S_5, \ldots.$ eine Reihe immer kleiner werdender Zahlen, und da diese Zahlen positiv bleiben, so nähert sich $S_{2n+1}$ wenn die ungerade Zahl $2n+1$ unendlich groß wird, einem bestimmten Grenzwert. Nun ist $S_{2n}=S_{2n+1}-\frac{1}{2n+1}$; folglich nähert sich $S_{2n}$ demselben Grenzwerte wie $S_{2n+1}$. Die Reihe ist also konvergent.

§ 56. **Reihen aus positiven Gliedern.** 1) Eine aus lauter positiven Gliedern bestehende unendliche Reihe kann nur dann konvergent sein, wenn sie von vorn herein oder von einem bestimmten Gliede an fällt und die Glieder sich immer mehr der Null nähern

*a*) Ist die Reihe steigend oder besteht sie aus lauter gleichen Gliedern, so wird ihre Summe unendlich groß.

*b*) Nähern sich bei einer fallenden Reihe die Glieder nicht der Null, sondern einer positiven Zahl, so würde man die Summe der Reihe verkleinern, wenn man jedes Glied durch diese Zahl ersetzte, und doch würde dann schon die Summe unendlich werden.

*c*) Treffen die Bedingungen unter 1) ein, so kann die Reihe konvergent sein, ist es aber nicht in allen Fällen, vgl. § 55, Beispiel 2.

2) Jede fallende geometrische Reihe ist konvergent, vgl. § 24, (3').

3) Wenn bei einer Reihe $a_0 + a_1 + \cdots + a_m + a_{m+1} + \cdots$ der aus einem Gliede und dem vorhergehenden gebildete Quotient $\frac{a_{m+1}}{a_m}$ von vornherein oder von einem bestimmten Gliede an kleiner als 1 ist und sich bei wachsendem $m$ einer Zahl $q$ unter 1 (einem echten Bruch) nähert, so ist die Reihe konvergent.

Beweis. Es ist nicht nötig, daß der Quotient von vornherein kleiner als 1 ist, aber von einem bestimmten Gliede an muß er den Wert 1 nach unten hin überschreiten und sich dem Werte $q$ nähern. Von dem Gliede $a_m$ an möge er den zwischen 1 und $q$ liegenden Wert $k$ nach unten hin überschreiten und von da an beständig kleiner als $k$ bleiben. Dann ist

$$S = a_0 + a_1 + \cdots + a_{m-1} + a_m\left(1 + \frac{a_{m+1}}{a_m} + \frac{a_{m+2}}{a_m} + \frac{a_{m+3}}{a_m} + \cdots\right)$$

$$= a_0 + a_1 + \cdots + a_{m-1} + a_m\left(1 + \frac{a_{m+1}}{a_m} + \frac{a_{m+2}}{a_{m+1}} \cdot \frac{a_{m+1}}{a_m} + \frac{a_{m+3}}{a_{m+2}} \cdot \frac{a_{m+2}}{a_{m+1}} \cdot \frac{a_{m+1}}{a_m} + \cdots\right),$$

mithin $S < a_0 + a_1 + \cdots + a_{m-1} + a_m(1 + k + k^2 + k^3 + \cdots)$. $1 + k + k^2 + \cdots$ ist aber eine konvergente geometrische Reihe mit dem endlichen Summenwert $\frac{1}{1-k}$; daher ist $S < a_0 + a_1 + \cdots + a_{m+1} + \frac{a_m}{1-k}$. Da bei lauter positiven Gliedern die Summe der Glieder stetig wächst und doch kleiner als der angegebene endliche Wert bleiben muß, so muß die Summe sich einem unter dieser Grenze liegenden endlichen Wert nähern, die Reihe daher konvergent sein.

Anmerkung. Ist der Grenzwert des Quotienten größer als 1, so ist die Reihe divergent; ist er gleich 1, so bedarf es einer besonderen Untersuchung, ob die Reihe divergiert oder nicht.

§ 57. Reihen, die auch negative Glieder enthalten.

1) Eine fallende Reihe mit regelmäßigem Zeichenwechsel ist konvergent, wenn die Glieder sich immer mehr der Null nähern. Beweis wie im § 55, Beispiel 3.

2) Eine negative Glieder enthaltende Reihe ist konvergent, wenn sie mit lauter positiven Zeichen konvergent sein würde.

Beweis. Die Reihe $S = a_0 + a_1 + a_2 + a_3 + \cdots$ sei konvergent. Dann ist $R = a_0 - a_1 - a_2 + a_3 + a_4 + a_5 - a_6 + a_7 - a_8 - a_9 + \cdots = (a_0 + a_3 + a_4 + a_5 + a_7 + \cdots) - (a_1 + a_2 + a_6 + a_8 + a_9 + \cdots) = R_1 - R_2$. In den Reihen $R_1$ und $R_2$ wächst die Summe der Glieder ständig mit wachsender Gliederzahl, da sämtliche Glieder positiv sind. In beiden Reihen muß die Summe der Glieder aber unter der Grenze bleiben, der sich die Summe der Glieder in $S$ nähert. $R_1$ und $R_2$ sind also konvergent, daher ist auch die Differenz ihrer Summenwerte eine endliche Zahl; mithin ist auch die Reihe $R$ konvergent.

Bemerkung. Die Regel 3 in § 56 gilt also für alle Reihen, wenn man nur den absoluten Wert des Quotienten in Betracht zieht.

§ 58. Die binomische Reihe

$$1 + \frac{n}{1}x + \frac{n(n-1)}{1.2}x^2 + \cdots + \frac{n(n-1)\ldots(n-m+1)}{1.2\ldots m}x^m + \cdots$$

bricht, wenn $n$ eine positive ganze Zahl ist, mit dem Gliede $x^n$ ab, da dann die Koeffizienten von $x^{n+1}$, $x^{n+2}$, ... sämtlich Null werden. Ist aber $n$ eine negative oder gebrochene Zahl, so ist die Reihe eine unendliche, und sie ist dann für $-1 < x < 1$ sicher konvergent. Denn der Quotient des $m+1$ten und $m$ten Gliedes ist gleich

$$\frac{n-m+1}{m}x = -x + \frac{(n+1)x}{m},$$

nähert sich also bei wachsendem $m$ dem Grenzwerte $-x$, der nach der Voraussetzung ein echter Bruch ist. Für $x > 1$ und $x < -1$ ist die binomische Reihe divergent.

## C. Der binomische Satz für negative und gebrochene Exponenten.

§ 59. Bezeichnet man, indem man $-1 < x < 1$ voraussetzt, die Summe der binomischen Reihe durch $B(n)$ und die **Binomialkoeffizienten**

$$\frac{n}{1}, \quad \frac{n(n-1)}{1.2}, \quad \frac{n(n-1)(n-2)}{1.2.3}, \quad \ldots$$

durch $n_1, n_2, n_3, \ldots$, so ist:

$$B(n) = 1 + n_1 x + n_2 x^2 + n_3 x^3 + \cdots$$

Multipliziert man nun zwei binomische Reihen

$$B(\alpha) = 1 + \alpha_1 x + \alpha_2 x^2 + \alpha_3 x^3 + \cdots$$
$$B(\beta) = 1 + \beta_1 x + \beta_2 x^2 + \beta_3 x^3 + \cdots$$

miteinander, so entsteht die Gleichung

$$(1) \quad B(\alpha).B(\beta) = 1 + (\alpha_1 + \beta_1)x + (\alpha_2 + \alpha_1\beta_1 + \beta_2)x^2 + (\alpha_3 + \alpha_2\beta_1 + \alpha_1\beta_2 + \beta_3)x^3 + \cdots$$

In dem besonderen Falle, daß $\alpha$ und $\beta$ positive ganze Zahlen sind, ist nach § 53, (4): $B(\alpha) = (1+x)^\alpha$, $B(\beta) = (1+x)^\beta$, also $B(\alpha).B(\beta) = (1+x)^{\alpha+\beta} = 1 + (\alpha+\beta)_1 x + (\alpha+\beta)_2 x^2 + (\alpha+\beta)_3 x^3 + \cdots$ Folglich ist dann:

$$(2) \quad \alpha_1 + \beta_1 = (\alpha+\beta)_1; \quad \alpha_2 + \alpha_1\beta_1 + \beta_2 = (\alpha+\beta)_2;$$
$$\alpha_3 + \alpha_2\beta_1 + \alpha_1\beta_2 + \beta_3 = (\alpha+\beta)_3; \quad \ldots$$

das heißt:

$$\frac{\alpha}{1} + \frac{\beta}{1} = \frac{\alpha+\beta}{1}; \quad \frac{\alpha(\alpha-1)}{1.2} + \frac{\alpha}{1}\frac{\beta}{1} + \frac{\beta(\beta-1)}{1.2} = \frac{(\alpha+\beta)(\alpha+\beta-1)}{1.2}; \ldots$$

Die Gleichungen (2) sind identische; sie gelten auch für negative und gebrochene Werte von $\alpha$ und $\beta$. Die Gleichung (1) geht hiernach für **beliebige** Werte von $\alpha$ und $\beta$ über in

$$B(\alpha).B(\beta) = 1 + (\alpha+\beta)_1 x + (\alpha+\beta)_2 x^2 + (\alpha+\beta)_3 x^3 + \cdots,$$

das heißt in

$$(3) \quad B(\alpha).B(\beta) = B(\alpha+\beta).$$

Hieraus folgt weiter, daß

$$B(\alpha).B(\beta).B(\gamma)\ldots = B(\alpha+\beta+\gamma+\cdots),$$

und für $\beta = \gamma = \cdots = \alpha$, wenn die Anzahl der Faktoren $n$ ist:

$$(B(\alpha))^n = B(n\alpha).$$

Setzt man hierin $a = \frac{1}{n} m$ (wo $m$ eine positive ganze Zahl), so wird:

$$\left(B\left(\frac{m}{n}\right)\right)^n = B(m) = (1+x)^m,$$

und folglich ist:

$$(4) \quad B\left(\frac{m}{n}\right) = (1+x)^{\frac{m}{n}}.$$

Nimmt man $a$ positiv und setzt in (3) $\beta = -\alpha$, so folgt $B(\alpha)\, B(-\alpha) = B(0) = 1$, also $B(-\alpha) = 1 : B(\alpha) = 1 : (1+x)^a$, oder

$$(5) \quad B(-\alpha) = (1+x)^{-a}.$$

Die Gleichungen (4) und (5) zeigen, daß (für $-1 < x < 1$) die binomische Reihe $B(n)$ auch dann den Wert $(1+x)^n$ darstellt, wenn $n$ gebrochen oder negativ ist.

## Fünfter Abschnitt.
## Anwendungen des binomischen Satzes.

§ 60. Wird $\sqrt{-1}$ durch $i$ bezeichnet, so ist:

$$(\cos\alpha + i\sin\alpha)(\cos\beta + i\sin\beta) =$$
$$\cos\alpha\cos\beta - \sin\alpha\sin\beta + i(\sin\alpha\cos\beta + \cos\alpha\sin\beta);$$

also:

$$(1) \quad (\cos\alpha + i\sin\alpha)(\cos\beta + i\sin\beta) = \cos(\alpha+\beta) + i\sin(\alpha+\beta),$$

und allgemein:

$$(1') \quad (\cos\alpha + i\sin\alpha)(\cos\beta + i\sin\beta)(\cos\gamma + i\sin\gamma)\cdots =$$
$$\cos(\alpha+\beta+\gamma+\cdots) + i\sin(\alpha+\beta+\gamma+\cdots).$$

Für $\beta = \gamma = \cdots = \alpha$ ergibt sich hieraus, wenn $n$ die Anzahl der Faktoren bedeutet:

$$(2) \quad (\cos\alpha + i\sin\alpha)^n = \cos n\alpha + i\sin n\alpha.$$

Die Formeln bleiben richtig, wenn man überall $+i$ durch $-i$ ersetzt.

Man erhält jetzt weiter:

$$\left(\cos\frac{1}{n} m\alpha + i\sin\frac{1}{n} m\alpha\right)^n = \cos m\alpha + i\sin m\alpha = (\cos\alpha + i\sin\alpha)^m,$$

also, wenn man auf beiden Seiten die $n$te Wurzel auszieht:

$$(3) \quad (\cos\alpha + i\sin\alpha)^{\frac{m}{n}} = \cos\frac{m}{n}\alpha + i\sin\frac{m}{n}\alpha.$$

Es ist, wenn man in (1) $\beta = -\alpha$ setzt:

$$(\cos\alpha + i\sin\alpha)(\cos\alpha - i\sin\alpha) = 1,$$

folglich:

$$(4)\quad \frac{1}{\cos\alpha + i\sin\alpha} = \cos\alpha - i\sin\alpha.$$

Erhebt man diese Gleichung zur $n$ten Potenz, so folgt:
$(\cos\alpha + i\sin\alpha)^{-n} = (\cos\alpha - i\sin\alpha)^n = \cos n\alpha - i\sin n\alpha.$

$$(5)\quad (\cos\alpha + i\sin\alpha)^{-n} = \cos(-n\alpha) + i\sin(-n\alpha).$$

Aus (3) und (5) sieht man, daß die Formel (2) auch für gebrochene und negative Exponenten gilt.

Wenn in der Formel $\cos n\alpha + i\sin n\alpha = (\cos\alpha + i\sin\alpha)^n$ die rechte Seite nach § 53, (2) entwickelt wird, so ergibt sich (für jeden Wert von $\alpha$, falls $n$ eine positive ganze Zahl ist):

$$\cos n\alpha + i\sin n\alpha = (\cos\alpha)^n + i n_1 (\cos\alpha)^{n-1}\sin\alpha - n_2(\cos\alpha)^{n-2}(\sin\alpha)^2 - \ldots$$

$$(6)\quad \cos n\alpha = (\cos\alpha)^n - n_2(\cos\alpha)^{n-2}(\sin\alpha)^2 + n_4(\cos\alpha)^{n-4}(\sin\alpha)^4 - \ldots$$

$$(7)\quad \sin n\alpha = n_1(\cos\alpha)^{n-1}\sin\alpha - n_3(\cos\alpha)^{n-3}(\sin\alpha)^3 + n_5(\cos\alpha)^{n-5}(\sin\alpha)^5 - \ldots$$

Verwandelt man $\alpha$ in $\frac{1}{n}\alpha$, so wird:

$$\cos\alpha = \left(\cos\tfrac{1}{n}\alpha\right)^n - n_2\left(\cos\tfrac{1}{n}\alpha\right)^{n-2}\left(\sin\tfrac{1}{n}\alpha\right)^2 + \ldots$$

$$\sin\alpha = n_1\left(\cos\tfrac{1}{n}\alpha\right)^{n-1}\sin\tfrac{1}{n}\alpha - n_3\left(\cos\tfrac{1}{n}\alpha\right)^{n-3}\left(\sin\tfrac{1}{n}\alpha\right)^3 + \ldots$$

Läßt man nun $n$ unendlich groß werden, so ist $\frac{1}{n}\alpha$ statt $\sin\frac{1}{n}\alpha$ zu setzen, und es wird:

$$n_1\cdot\tfrac{1}{n} = \frac{1}{1!},\quad n_2\cdot\tfrac{1}{n^2} = \frac{1\,.\left(1-\frac{1}{n}\right)}{1\cdot 2} = \frac{1}{2!},$$

$$n_3\cdot\tfrac{1}{n^3} = \frac{1\,.\left(1-\frac{1}{n}\right)\left(1-\frac{2}{n}\right)}{1\cdot 2\cdot 3} = \frac{1}{3!}, \ldots$$

$$\left(\cos\tfrac{1}{n}\alpha\right)^n = \left(1-\left(\sin\tfrac{1}{n}\alpha\right)^2\right)^{\frac{n}{2}} = 1 - \tfrac{n}{2}\left(\sin\tfrac{1}{n}\alpha\right)^2 + \cdots = 1 - \frac{n}{2}\cdot\frac{\alpha^2}{n^2} + \cdots,$$

d. h. $\left(\cos\frac{1}{n}\alpha\right)^n = 1$, $\left(\cos\frac{1}{n}\alpha\right)^{n-1} = 1$, usw.;

also:

$$(8)\quad \cos\alpha = 1 - \frac{\alpha^2}{2!} + \frac{\alpha^4}{4!} - \frac{\alpha^6}{6!} + \cdots$$

$$(9)\quad \sin\alpha = \frac{\alpha}{1!} - \frac{\alpha^3}{3!} + \frac{\alpha^5}{5!} - \frac{\alpha^7}{7!} + \cdots$$

§ 61. Verwandelt man in der binomischen Reihe $x$ in $\frac{x}{n}$, so ist nach § 59 für jeden gegebenen Wert von $n$, falls $x$ zwischen den Grenzen $-n$ und $n$ enthalten ist:

$$\left(1+\frac{x}{n}\right)^n = 1 + n_1\frac{x}{n} + n_2\frac{x^2}{n^2} + n_3\frac{x^3}{n^3} + \cdots$$

Erteilt man $x$ einen beliebigen endlichen Wert und läßt dann $n$ in $+\infty$ oder in $-\infty$ übergehen, so erhält man:

$$\lim_{n=\infty}\left(1+\frac{x}{n}\right)^n = 1 + \frac{x}{1!} + \frac{x^2}{2!} + \frac{x^3}{3!} + \cdots$$

Der hieraus für $x = 1$ sich ergebende Wert möge durch $e$ bezeichnet werden, so daß:

$$(1)\quad e = \lim_{n=\infty}\left(1+\frac{1}{n}\right)^n = 1 + \frac{1}{1!} + \frac{1}{2!} + \frac{1}{3!} + \cdots$$
$$= 2{,}718281828459\ldots$$

Aus $\left(1+\frac{1}{n}\right)^n$ wird aber, wenn $n$ in $\frac{n}{x}$ verwandelt wird,

$$\left(1+\frac{x}{n}\right)^{\frac{n}{x}},\ \text{also ist}\ e^x = \lim_{n=\infty}\left(1+\frac{x}{n}\right)^n,$$

$$(2)\quad e^x = 1 + \frac{x}{1!} + \frac{x^2}{2!} + \frac{x^3}{3!} + \cdots$$

Aus der Vergleichung dieser Reihe mit den Reihen (8) und (9) in § 60 ist nun leicht ersichtlich, daß:

$$(3)\quad \cos\alpha + i\sin\alpha = e^{i\alpha},$$

$$(4)\quad \cos\alpha - i\sin\alpha = e^{-i\alpha},$$

$$(5)\quad \cos\alpha = \frac{e^{i\alpha} + e^{-i\alpha}}{2},$$

$$(6)\quad \sin\alpha = \frac{e^{i\alpha} - e^{-i\alpha}}{2i}.$$

§ 62. In der Gleichung $e^x = y$ heißt $x$ der natürliche Logarithmus von $y$ und wird bezeichnet durch:

$$x = \overset{y}{\underset{e}{\times}} = \log\operatorname{nat}(y) = \mathrm{l}(y).$$

Da nun die Gleichung $e^x = y$ identisch ist mit $\left(1 + \frac{x}{n}\right)^n = y$. so folgt:

$$1 + \frac{x}{n} = y^{\frac{1}{n}}, \quad x = \frac{y^{\frac{1}{n}} - 1}{\frac{1}{n}},$$

$$(1) \quad l(y) = \frac{y^{\frac{1}{n}} - 1}{\frac{1}{n}},$$

oder, wenn $\frac{1}{n} = \delta$ gesetzt wird, also $\delta$ unendlich klein ist:

$$(1') \quad l(y) = \frac{y^{\delta} - 1}{\delta}.$$

Schreibt man hierin $1 + x$ an Stelle von $y$ und wendet dann, unter der Voraussetzung, daß $x$ zwischen $-1$ und $+1$ liegt, den binomischen Satz an, so ergibt sich:

$$l(1 + x) = \frac{(1 + x)^{\delta} - 1}{\delta}$$

$$l(1 + x) = x + \frac{(\delta - 1)}{1.2} x^2 + \frac{(\delta - 1)(\delta - 2)}{1.2.3} x^3 + \cdots$$

Läßt man jetzt $\delta$ in Null übergehen, so erhält man:

$$(2) \quad l(1 + x) = x - \frac{x^2}{2} + \frac{x^3}{3} - \frac{x^4}{4} + \cdots$$

$$l(1 - x) = -x - \frac{x^2}{2} - \frac{x^3}{3} - \frac{x^4}{4} - \cdots$$

$$(3) \quad l\left(\frac{1 + x}{1 - x}\right) = 2\left(x + \frac{x^3}{3} + \frac{x^5}{5} + \frac{x^7}{7} + \cdots\right).$$

Für $\frac{1 + x}{1 - x} = 1 + z$ wird $x = \frac{z}{2 + z}$, also, wenn $z$ zwischen $-1$ und $+\infty$ liegt:

$$l(1 + z) = 2\left\{\frac{z}{2 + z} + \frac{1}{3}\frac{z^3}{(2 + z)^3} + \frac{1}{5}\frac{z^5}{(2 + z)^5} + \cdots\right\},$$

und hieraus folgt für $z = \frac{y}{x}$:

$$(4) \quad l(x + y) = l(x) + 2\left\{\frac{y}{2x + y} + \frac{1}{3}\frac{y^3}{(2x + y)^3} + \frac{1}{5}\frac{y^5}{(2x + y)^5} + \cdots\right\}.$$

Nach U. II § 15, 6 ist:

$$(5)\qquad \overset{a}{\underset{10}{\times}} = \overset{a}{\underset{e}{\times}}\,\overset{e}{\underset{10}{\times}} = \overset{a}{\underset{e}{\times}} : \overset{10}{\underset{e}{\times}}.$$

Nun ist:

$$\overset{10}{\underset{e}{\times}} = 2{,}302585092994, \text{ also}$$

$$\overset{e}{\underset{10}{\times}} = 0{,}434294481903.$$

Man findet also den Briggischen Logarithmus irgend einer Zahl wenn man ihren natürlichen Logarithmus mit der Zahl 0,4342944819 (dem Modulus des Briggischen Systems) multipliziert.

§ 63. Durch die Division der Gleichungen (3) und (4) in § 61 erhält man:

$$e^{2i\alpha} = \frac{\cos\alpha + i\sin\alpha}{\cos\alpha - i\sin\alpha} = \frac{1 + i\operatorname{tg}\alpha}{1 - i\operatorname{tg}\alpha},$$

und wenn man von beiden Seiten die Logarithmen nimmt:

$$(1)\qquad \alpha = \frac{1}{2i}\,\mathrm{l}\left(\frac{1 + i\operatorname{tg}\alpha}{1 - i\operatorname{tg}\alpha}\right).$$

Wird nun in der Formel (3) in § 62 $x$ in $i\operatorname{tg}\alpha$ verwandelt, so geht sie über in:

$$\frac{1}{2i}\,\mathrm{l}\left(\frac{1 + i\operatorname{tg}\alpha}{1 - i\operatorname{tg}\alpha}\right) = \operatorname{tg}\alpha - \tfrac{1}{3}\operatorname{tg}^3\alpha + \tfrac{1}{5}\operatorname{tg}^5\alpha - \cdots,$$

folglich ist:

$$(2)\qquad \alpha = \operatorname{tg}\alpha - \tfrac{1}{3}\operatorname{tg}^3\alpha + \tfrac{1}{5}\operatorname{tg}^5\alpha - \tfrac{1}{7}\operatorname{tg}^7\alpha + \cdots$$

Für $\alpha = \frac{1}{4}\pi$ ergibt sich hieraus die Leibnitzische Reihe:

$$(3)\qquad \tfrac{1}{4}\pi = 1 - \tfrac{1}{3} + \tfrac{1}{5} - \tfrac{1}{7} + \cdots.$$

Für $\alpha = \frac{1}{6}\pi$ erhält man, da $\operatorname{tg} 30^0 = \frac{1}{\sqrt{3}}$ ist,

$$\tfrac{1}{6}\pi = \frac{1}{\sqrt{3}} - \frac{1}{3}\cdot\frac{1}{3\sqrt{3}} + \frac{1}{5}\cdot\frac{1}{3^2\cdot\sqrt{3}} - \frac{1}{7}\cdot\frac{1}{3^3\sqrt{3}} + \cdots.$$

oder

$$(4)\qquad \tfrac{1}{6}\pi = \frac{\sqrt{3}}{3}\left(1 - \frac{1}{3\,.\,3} + \frac{1}{5\,.\,3^2} - \frac{1}{7\,.\,3^3} + \cdots\right),$$

die Lagnysche Reihe, die rascher konvergiert als (3) und sich daher für das praktische Ausrechnen besser eignet.

Wenn $\alpha > \frac{1}{4}\pi$ oder $< -\frac{1}{4}\pi$, so verliert die Reihe (2) ihre Gültigkeit. Für $\operatorname{tg}\alpha = x$, also $\alpha = \operatorname{arctg} x$ nimmt sie die Form an:

$$(2') \quad \operatorname{arctg} x = \frac{x}{1} - \frac{x^3}{3} + \frac{x^5}{5} - \frac{x^7}{7} + \cdots \quad (-1 \leqq x \leqq 1).$$

## Sechster Abschnitt.

# Wiederholender Aufbau des arithmetischen Lehrgangs

## (Erweiterung des Zahlbegriffs durch die algebraischen Operationen von der ganzen positiven bis zur komplexen Zahl).

### § 64. Übersicht über die arithmetischen Bezeichnungen.

| | Rechnungsart | Ausdruck | | Bestandteile |
|---|---|---|---|---|
| Erste Stufe. | 1. Addition | $a + b$ | Summe | Summanden $\begin{cases} a \text{ Augend} \\ b \text{ Addend} \end{cases}$ |
| | 2. Subtraktion | $a - b$ | Differenz | $a$ Minuend<br>$b$ Subtrahend |
| | | $a + b - c$ | Polynom, Aggregat, algebraische Summe | Glieder |
| Zweite Stufe. | 3. Multiplikation | $a \cdot b$ | Produkt | Faktoren $\begin{cases} a \text{ Multiplikand} \\ b \text{ Multiplikator} \end{cases}$ |
| | 4. Division | $a : b$ oder $\frac{a}{b}$ | Quotient, Bruch | $a$ Dividend, Zähler<br>$b$ Divisor, Nenner |
| Dritte Stufe. | 5. Potenzierung | $a^b$ | Potenz | $a$ Basis<br>$b$ Exponent |
| | 6. Radizierung | $\sqrt[b]{a}$ | Wurzel | $a$ Radikand<br>$b$ Exponent |
| | 7. Logarithmierung | $\log a_{(b)}$ | Logarithmus | $a$ Logarithmand, Numerus<br>$b$ Basis |

§ 65. In der nachstehenden Übersicht bedeutet 1. ein Strich | vor dem Formelausdruck, daß eine Berechnung nach einem der bisherigen Lehrsätze erfolgen kann, 2. eine gestrichelte Linie ⋮, daß eine solche Berechnung möglich ist, wenn $c$ eine besondere Beschaffenheit besitzt, 3. eine geschlängelte Linie ≀, daß es eine, aber nicht einfache Berechnungsart gibt.

Übersicht über die Verwendung der links stehenden Ausdrücke als

| | Augend od. Addend | Minuend od. Subtrahend | Multiplikand od. Multiplikator | Dividend od. Divisor | Basis od. Exponent | Radikand od. Exponent | Logarithmand od. Basis |
|---|---|---|---|---|---|---|---|
| Summe | $(a+b)+c$<br>$c+(a+b)$ | $(a+b)-c$<br>$c-(a+b)$ | $(a+b)\cdot c$<br>$c\cdot(a+b)$ | $(a+b):c$<br>$c:(a+b)$ | $(a+b)^c$<br>$c^{a+b}$ | $\sqrt[c]{a+b}$ | |
| Differenz | $(a-b)+c$<br>$c+(a-b)$ | $(a-b)-c$<br>$c-(a-b)$ | $(a-b)\cdot c$<br>$c\cdot(a-b)$ | $(a-b):c$<br>$c:(a-b)$ | $(a-b)^c$<br>$c^{a-b}$ | $\sqrt[c]{a-b}$ | |
| Produkt | $ab+c$<br>$c+ab$ | $ab-c$<br>$c-ab$ | $(ab)\cdot c$<br>$c\cdot(ab)$ | $(ab):c$<br>$c:(ab)$ | $(ab)^c$<br>$c^{ab}$ | $\sqrt[c]{ab}$<br>$\sqrt[ab]{c}$ | $\log(ab)_{(c)}$ |
| Quotient | $\frac{a}{b}+c$<br>$c+\frac{a}{b}$ | $\frac{a}{b}-c$<br>$c-\frac{a}{b}$ | $\frac{a}{b}\cdot c$<br>$c\cdot\frac{a}{b}$ | $\frac{a}{b}:c$<br>$c:\frac{a}{b}$ | $\left(\frac{a}{b}\right)^c$<br>$c^{\frac{a}{b}}$ | $\sqrt[c]{\frac{a}{b}}$<br>$\sqrt[\frac{a}{b}]{c}$ | $\log\frac{a}{b}_{(c)}$ |
| Potenz | | | $a^b\cdot c$<br>$c\cdot a^b$ | $a^b:c$<br>$c:a^b$ | $(a^b)^c$ | $\sqrt[c]{a^b}$ | $\log a^b_{(c)}$ |
| Wurzel | | | $\sqrt[b]{a}\cdot c$<br>$c\cdot\sqrt[b]{a}$ | $\sqrt[b]{a}:c$<br>$c:\sqrt[b]{a}$ | $(\sqrt[b]{a})^c$ | $\sqrt[c]{\sqrt[b]{a}}$ | $\log\sqrt[b]{a}_{(c)}$ |
| Logarithmus | $\log a_{(b)}+c$<br>$c+\log a_{(b)}$ | $\log a_{(b)}-c$<br>$c-\log a_{(b)}$ | $\log a_{(b)}\cdot c$<br>$c\cdot\log a_{(b)}$ | $\log a_{(b)}:c$ | | | |

## § 66. Durch den Gegensatz der Rechnungsarten bedingte Regeln.

$$\left.\begin{array}{ll}(1) & (a+b)-b \\ (2) & (a-b)+b\end{array}\right\} = a$$

$$\left.\begin{array}{ll}(3) & \frac{ab}{b} \\ (4) & \frac{a}{b}\cdot b\end{array}\right\} = a$$

$$\left.\begin{array}{ll}(5) & \sqrt[b]{a^b} \\ (6) & (\sqrt[b]{a})^b\end{array}\right\} = a$$

$$\left.\begin{array}{ll}(7) & \log b^a_{(b)} \\ (8) & b^{\log a_{(b)}}\end{array}\right\} = a$$

## § 67. Veränderung von Ausdrücken ohne Änderung des Wertes.

(1) $a-b=(a+c)-(b+c)=(a-c)-(b-c)$

(2) $\frac{a}{b}=\frac{a\,.\,c}{b\,.\,c}=\frac{a:c}{b:c}$

(3) $\sqrt[b]{a^n}=\sqrt[bc]{a^{nc}}=\sqrt[b:c]{a^{n:c}}$

## § 68. Übersicht über die Zahlenarten.

Natürliche Zahlen (absolute ganze Zahlen) + Relative ganze Zahlen (einschl. der Null)
= Ganze Zahlen.

Ganze Zahlen + Absolute u. relative gebrochene Zahlen
= Rationale Zahlen

Rationale Zahlen + Irrationale Zahlen
= Reelle Zahlen

Reelle Zahlen + Imaginäre Zahlen
= Komplexe Zahlen.

§ 69. Durch Zählen von gleichen oder wenigstens gleichartigen Größen entstehen die Zahlen der natürlichen Zahlenreihe 1, 2, 3, 4 usw. Die Zahlen sind also ihrem Ursprung nach ganze und zwar benannte Zahlen. Durch Addition solcher Zahlen (von gleicher Benennung) können nur Zahlen derselben Art, also ganze (und benannte) Zahlen hervorgehen. Da für die sich hierbei ergebenden Rechenregeln die Benennung gleichgültig ist, insofern sie auf den Zahlenwert des Ergebnisses ohne Einfluß bleibt, so pflegt man sie gewöhnlich wegzulassen. Bei der Multiplikation als besonderer Form der Addition treten wiederum nur natürliche Zahlen auf, desgleichen beim Potenzieren als besonderer Art des Multiplizierens.

Hinsichtlich der Auswahl der Zahlen aus obiger Reihe sind diese Rechnungsarten keiner anderen Beschränkung unterworfen, als daß der Multiplikator gemäß der Erklärung der Multiplikation eine unbenannte Zahl und größer als 1 sein muß, was dann für die Basis und den Exponenten der Potenz die gleiche Bedingung nach sich zieht.

Beschränkungen aber treten bei den sogenannten umgekehrten Rechnungsarten auf, so bei der Subtraktion, wenn der Subtrahend größer als der Minuend, bei der Division, wenn der Dividend durch den Divisor nicht teil- oder meßbar, beim Radizieren, wenn bei der $n^{\text{ten}}$ Wurzel der Radikand nicht die $n^{\text{te}}$ Potenz einer natürlichen Zahl ist; wollte man sich mit der Reihe der natürlichen Zahlen begnügen, so würde die Verwendbarkeit dieser Rechnungsarten sich in recht engen Grenzen halten. Für das Radizieren würden beispielsweise nur die folgenden Wurzeln in Betracht kommen: $\sqrt{4}$, $\sqrt[3]{8}$, $\sqrt{9}$, $\sqrt{16}$, $\sqrt[4]{16}$, $\sqrt{25}$, $\sqrt[3]{27}$, $\sqrt[5]{32}$, $\sqrt{36}$, $\sqrt{49}$, usw. Es könnten sich daher die für diese Rechnungsarten abgeleiteten Regeln auch nur auf solche ausgezeichneten Fälle beziehen. Es ist demnach in gleicher Weise ein Bedürfnis des praktischen Lebens, das die Anwendbarkeit der Rechnungsarten in allen Fällen verlangt, wie der reinen Wissenschaft, die nach ausnahmsloser Gültigkeit ihrer Gesetze strebt, die hier vorhandene Kluft durch Ersinnen neuer Zahlenarten auszufüllen. Dies sind (vgl. die vorstehende Übersicht) die negativen Zahlen (einschließlich der Null), die gebrochenen, irrationalen und imaginären (komplexen) Zahlen.

§ 70. Bei der Einführung einer neuen Zahlenart ist diese zunächst genau zu definieren. Dann ist festzustellen, wie man mit ihr rechnet, d. h. wie sie als Summand, Minuend, Subtrahend usw. verwandt werden kann. Hierbei können zwei Fälle eintreten: 1. Die Verwendung bedarf keiner besonderen Erklärung mehr, nachdem der Sinn des neuen Zahlbegriffs festgelegt worden ist, wie z. B. die Verwendung einer gebrochenen Zahl als Multiplikand, oder 2. die Verwendung ist trotzdem an und für sich noch sinnlos, wie z. B. die einer gebrochenen Zahl als Multiplikator oder einer negativen Zahl als Potenzexponent. Dann ist der Sinn so zu deuten, daß auch diese Ausdrücke sich den Rechenregeln fügen, deren ausnahmslose Gültigkeit ja gerade der Grund für die Aufstellung der neuen Zahlenart ist. In allen Fällen aber ist nachzuweisen, daß bei der Verwendung der neuen Zahlenformen nach den für die natürliche Zahlenreihe geltenden Regeln keine Widersprüche zutage treten.

§ 71. Einführung der Null und der negativen (relativen) Zahlen.

Sobald in einer Differenz der Subtrahend gleich oder größer als der Minuend wird, ergibt sich das Bedürfnis neuer Zahlenformen. Im ersten Fall ist

$$(1) \quad a - a = 0$$

die Definitionsgleichung des neuen Zahlbegriffs, der Null. Im zweiten Fall, z. B. in der Differenz 3—7, läßt sich die Subtraktion nur teilweise ausführen, indem man 3 statt 7 subtrahiert; es bleibt dann noch 4 zu subtrahieren übrig. Das Ergebnis — 4 bezeichnet daher zunächst eine noch nicht ausgeführte und nicht ausführbare Subtraktion; bei dieser Auffassung ist das — Zeichen ein Rechenzeichen. — 4 kann aber auch eine selbständige Zahl bedeuten, eine negative Zahl, wie $-n$ in der Definitionsgleichung:

$$(2) \quad a - (a + n) = -n.$$

Die Auffassung von — 4, bzw. $-n$ als einer Zahl hat aber nur dann Sinn, wenn es sich im vorliegenden Falle um zwei Sorten von Dingen handelt (oder handeln kann), die (wie Vermögen und Schulden, Wärme- und Kältegrade, Schritte vorwärts und rückwärts) in einem ebensolchen Gegensatz zueinander stehen, wie die Addition und Subtraktion selbst, so daß eine Anzahl der einen Art durch eine gleiche Anzahl der andern aufgehoben oder — anders ausgedrückt — durch Hinzufügen (oder Wegnehmen) einer gleichen Anzahl von Größen der einen und der anderen Art an dem vorhandenen Bestande nichts geändert wird.

Dann läßt sich die Aufgabe 3—7, d. h. die Aufgabe zu dem Wert der Summe, 3, und dem einen Summanden, 7, den andern zu suchen, lösen, denn durch Hinzufügung von 4 Dingen der entgegengesetzten Art werden von den 7 vorhandenen der ersten Art 4 aufgehoben, so daß in der Tat 3 übrig bleiben.

Um den Gegensatz noch besser hervorzuheben, bezeichnet man die bisherigen Zahlen als positive und versieht sie mit einem besonderen + Zeichen, das alsdann wie das — Zeichen nun nicht mehr als Rechenzeichen gelten kann und **Vorzeichen** genannt wird. Positive und negative Zahlen heißen **relative** oder **algebraische** Zahlen zum Unterschiede von den bisherigen **absoluten** Zahlen. Ihr Gegensatz ist definiert durch die Gleichungen:

$$(3)\ (+a) + (-a) = 0,$$
$$(4)\ m + (+a) + (-a) = m,$$
$$(5)\ m - (+a) - (-a) = m.$$

Sie sind (abgesehen von der sonstigen Benennung) als **gegensätzlich benannte** Zahlen aufzufassen.

§ 72. Verwendung der Null und der relativen Zahlen in den Rechnungsarten der ersten Stufe.

Die Verwendung der Null als Summand und Minuend auf Grund der Definitionsgleichung macht keine Schwierigkeiten; bei $0 - x = -x$ tritt als Ergebnis eine negative Zahl auf.

Die Verwendung der relativen Zahlen in den Beispielen

$$(+7) + (+3) = +10,$$
$$(-7) + (-3) = -10,$$
$$(+7) - (+3) = +4,$$
$$(-7) - (-3) = -4$$

ergibt sich von selbst, wenn man die positiven Zahlen als benannte (und zwar gleichartig benannte) Zahlen auffaßt und ebenso die negativen Zahlen.

Es ist aber ferner bei Benutzung von § 71, (5) z. B.

$$(+7) - (-3) = (+10) - (+3) - (-3) = +10,$$

so daß sich auch bei gegensätzlicher Benennung mit relativen Zahlen addieren und subtrahieren läßt.

§ 73. Einführung der gebrochenen Zahlen.

Die Division entsteht aus der Multiplikation, wenn man den Wert des Produkts und einen Faktor (den Multiplikator oder den Multiplikanden) als gegeben annimmt und den fehlenden Faktor sucht. Der Dividend ist also in eine Anzahl von gleichen Summanden zu zerlegen, wobei entweder die Anzahl (Teilen) oder die Größe der Summanden (Messen) vorgeschrieben ist.

Neue Zahlenarten treten demgemäß nicht auf, solange der Dividend ein Vielfaches des Divisors ist, andernfalls aber entstehen beim **Teilen** die **gebrochenen** Zahlen, ihrem Ursprung nach unausgeführte Teilungen darstellend, die aber ausführbar sind, wenn die betrachteten Dinge sich wirklich in die vorgeschriebene Anzahl gleicher Teile zerlegen lassen. Die Definitionsgleichung ist

$$(1) \quad \frac{a}{b} \cdot b = a, \text{ d. h.}$$

wenn man von den $\frac{a}{b}$ genannten Teilstücken $b$ zusammenfügt, so erhält man $a$. Eine zweite Definitionsgleichung ist

$$(2) \quad \frac{a}{b} = \frac{1}{b} \cdot a, \text{ d. h.}$$

man erhält auch $\frac{a}{b}$, wenn man die Einheit in $b$ gleiche Teile zerlegt und von diesen $a$ zusammenfügt. Die gebrochenen Zahlen können daher (abgesehen von ihrer sonstigen Benennung) als durch den Nenner benannte Zahlen aufgefaßt werden. Für ihre Verwendung ist von besonderer Bedeutung, daß man sie durch Erweitern oder Kürzen auf andere Benennungen bringen, insbesondere zwei verschieden benannte gleichnamig machen kann.

§ 74. Verwendung der gebrochenen Zahlen in den Rechnungsarten der ersten und zweiten Stufe.

Die Verwendung der gebrochenen Zahlen in Summen und Differenzen macht keine Schwierigkeit, da sie entweder gleichartig benannt sind oder dazu gemacht werden können; ebensowenig die Verwendung als Multiplikand und Dividend, wenn der Multiplikator oder der Divisor eine natürliche Zahl ist.

Dagegen hat ein Bruch als Multiplikator zunächst keinen Sinn. Die dem Ausdruck $7 \times \frac{2}{3}$ notwendig beizulegende Bedeutung läßt sich aber in folgender Weise ermitteln. In der Reihe

$$\left.\begin{array}{l} 7 \times 54 = 378 \\ 7 \times 18 = 126 \\ 7 \times 6 = 42 \\ 7 \times 2 = 14 \end{array}\right\}$$

ist der Multiplikator jedesmal der dritte Teil des vorhergehenden und das Ergebnis gleichfalls jedesmal der dritte Teil des vorhergehenden. Die ausnahmslose Gültigkeit der Rechenregeln kann also nur dann gewährleistet werden, wenn auch $7 \times \frac{2}{3} = \frac{14}{3}$ gesetzt wird. Oder: Da $\frac{2}{3} \times 7$ nach der Erklärung der Multiplikation $\frac{14}{3}$ gibt, so muß der gleiche Wert für $7 \times \frac{2}{3}$ gesetzt werden, wenn die Regel über die Vertauschung der Faktoren allgemeingültig sein soll. Der Sinn der Aufgabe $7 \times \frac{2}{3}$ kann also dahin festgesetzt werden, daß man den dritten

Teil von 7 zweimal nehmen soll. Tritt eine gebrochene Zahl als Divisor auf, so kann von Teilen keine Rede sein, doch kann die Aufgabe als ein Messen (s. § 75) aufgefaßt werden.

§ 75. Einführung der irrationalen Zahlen.

Geht beim Messen das Maß nicht in dem gemessenen Gegenstand auf, bleibt also noch von dem letzteren ein zu messender Rest übrig, so ist immerhin die Möglichkeit vorhanden, daß irgend ein Teiler des Maßes in dem Rest enthalten ist. Dann ist das Ergebnis der Messung eine gebrochene Zahl, die aber noch zu deuten ist. $\frac{17\,m}{3\,m} = 5\frac{2}{3}$ soll heißen, daß das Maß (3 m) in dem gemessenen Gegenstand (17 m) fünfmal und der dritte Teil des Maßes außerdem noch zweimal enthalten ist. Diese Deutung entspricht der Art und Weise, wie in § 74 eine gebrochene Zahl als Multiplikator aufgefaßt worden ist. Es ist aber auch die Möglichkeit nicht ausgeschlossen, daß man selbst bei der weitestgehenden Teilung des Maßes keinen Teiler erhält, der ohne Rest in dem gemessenen Gegenstand aufgeht. Man kann dann zwar durch Messung mit immer kleineren Teilern des Maßes dem richtigen Ergebnis immer näher kommen, es aber nie genau durch ganze und gebrochene Zahlen ausdrücken (so z. B. wenn man die Diagonale eines Quadrates durch die Seite messen will). Das Ergebnis der Messung ist dann eine irrationale Zahl, d. h. eine Zahl, die man zwar durch ganze und gebrochene Zahlen nicht genau darstellen, aber durch solche Zahlen von oben und unten her in beliebig enge Grenzen einschließen kann. Im Gegensatz dazu nennt man die ganzen und die gebrochenen Zahlen rationale Zahlen.

Anm. 1. Die periodischen Dezimalbrüche sind keine irrationalen Zahlen, denn die Periode weist nur darauf hin, daß der Wert der Zahl durch Zehntel, Hundertstel, Tausendstel nicht genau dargestellt werden kann, wohl aber durch andere Brüche, wie 0,333 . . . durch $\frac{1}{3}$.

2. Dagegen läßt sich eine irrationale Zahl als ein unendlicher, nicht periodischer Dezimalbruch darstellen, dessen Wert durch rationale Zahlen in beliebig enge Grenzen einschließbar ist. Wesentlich für den Begriff der irrationalen Zahl ist also, daß man ein Verfahren kennt, nach dem man eine beliebig große Anzahl von Dezimalstellen der Zahl wirklich berechnen kann, da ein unendlicher Dezimalbruch, der sich aus Ziffern in willkürlicher Reihenfolge zusammensetzt, überhaupt keine Zahl darstellt. Der unendliche Dezimalbruch

0,123456789 11 22 33 44 55 66 77 88 99 111 222 . . . .

läßt das Bildungsgesetz deutlich erkennen, und sein Wert liegt zwischen den Grenzen 0,1 und 0,2, 0,12 und 0,13, 0,123 und 0,124 usw., die immer näher aneinander rücken; er stellt daher eine irrationale Zahl dar.

3. Im Gebiet der reinen Zahlenlehre, wo es sich nicht um Messen wirklicher Gegenstände (wie z. B. von Strecken) handelt, treten die irrationalen Zahlen erst beim Radizieren auf, wenn bei der $n^{ten}$ Wurzel aus einer Zahl diese nicht die $n^{te}$ Potenz einer rationalen Zahl ist. So ist $\sqrt{3}$ eine irrationale Zahl, die sich auch als Wurzel der Gleichung $x^2 = 3$ auffassen läßt. Hiernach unterscheidet man algebraische und transzendente irrationale Zahlen, von denen die ersteren als Wurzeln algebraischer Gleichungen, d. h. einer Gleichung $x^n + a_1 x^{n-1} + a_2 x^{n-2} + \cdots + a_n = 0$ mit rationalen Koeffizienten, aufgefaßt werden können, die letzteren (wie $e$ und $\pi$) nicht.

§ 76. Verwendung der irrationalen Zahlen.

Für praktische Zwecke kommen die irrationalen Zahlen als solche nicht in Betracht, da man sich mit mehr oder weniger genauen Näherungswerten begnügt. Für die wissenschaftliche Verwendung muß man sich die irrationale Zahl durch zwei rationale Grenzwerte eingeschlossen und mit den letzteren die eigentlich mit der ersteren auszuführende Rechnung vorgenommen denken. Kann man dann dadurch, daß man jene Grenzwerte immer näher zusammenrücken läßt, auch die Ergebnisse der beiden Rechnungen einander beliebig nahe bringen, so ist damit der Beweis für die Verwendbarkeit der irrationalen Zahlen erbracht, auf den hier im einzelnen verzichtet werden muß.

§ 77. Verwendung der Null und der relativen Zahlen in den Rechnungsarten der zweiten Stufe.

Bei der Verwendung dieser Zahlen als Multiplikanden ergibt sich keine Schwierigkeit, sofern der Multiplikator eine natürliche Zahl ist, denn es ist: $0 \cdot 4 = 0 + 0 + 0 + 0 = 0$; $(-a) \cdot 3 = (-a) + (-a) + (-a) = -3a$. Dagegen haben diese Zahlen als Multiplikator an und für sich keinen Sinn, der vielmehr erst auf eine der im § 74 dargelegten Arten zu ermitteln ist. (Dabei ergibt sich zugleich die Bedeutung, die der Zahl 1 als Multiplikator zukommt.) Von besonderem Interesse ist noch der Fall, wo beide Faktoren eines Produkts relative Zahlen sind, wie in $(+a) \cdot (+x)$, $(+a) \cdot (-x)$ usw. Nun ist aber $(a - b)(x - y) = ax - bx - ay + by$ oder mit algebraischen Zahlen geschrieben: $[(+a) + (-b)]\,[(+x) + (-y)] = (+ax) + (-bx) + (-ay) + (+by)$. Soll nun die Regel über die Multiplikation zweier Summen allgemein gültig sein, so muß offenbar $(+a)\cdot(+x) = +ax$, $(+a)\cdot(-y) = -ay$, $(-b)\cdot(+x) = -bx$ und $(-b)\cdot(-y) = +by$ gesetzt werden.

Bei der Division kann $\frac{0}{a}$, sofern $a$ von 0 verschieden ist, als eine Teilungsaufgabe aufgefaßt werden und ergibt 0, während $\frac{a}{0}$ aus $\frac{a}{b}$ hervorgeht, wenn $b$ immer kleiner wird und z. B. die Reihe 16, 8, 4, 2, 1, $\frac{1}{2}$, $\frac{1}{4}$, $\frac{1}{8}$, $\frac{1}{16}$ usw. durchläuft. Das Ergebnis ist dann der Reihe nach $\frac{a}{16}$, $\frac{a}{8}$, $\frac{a}{4}$, $\frac{a}{2}$, $a$, $2a$, $4a$, $8a$, $16a \cdots$ und wächst über jedes Maß hinaus, wenn $b$ sich immer mehr der Null nähert; dies drückt man aus durch die Schreibweise $\frac{a}{0} = \infty$. Der Bruch $\frac{0}{0}$ kann, wie die Probe zeigt, jede beliebige Zahl bedeuten.

Die Verwendung relativer Zahlen als Dividenden bedarf keiner Erläuterung, wenn der Divisor eine absolute oder eine gleichartige Zahl ist, da es sich dann um einfaches Teilen oder Messen handelt. Bei Verschiedenartigkeit des Dividenden und Divisor (wie in $\frac{+21}{-3}$) entscheidet die Probe.

§ 78. Verwendung der Null, der relativen und der gebrochenen Zahlen in den Rechnungsarten der dritten Stufe.

Hier soll nur das Wichtigste hervorgehoben werden. Der Verwendung der Null und der relativen Zahlen als Potenzbasen steht nichts im Wege, sofern der Potenzexponent eine natürliche Zahl ist, da $0^n = 0$, $(+a)^n = +a^n$, $(-a)^n = \pm a^n$ (je nachdem $n$ eine gerade oder eine ungerade Zahl) ist. Ferner bedeutet $a^0$ die Zahl 1, $a^{-n} = \frac{1}{a^n}$, $0^0$ ist vieldeutig, $\sqrt[n]{0} = 0$. Über die Wurzel aus negativen Zahlen vgl. § 79.

Als Potenzbasen und Radikanden können gebrochene Zahlen ohne weiteres zugelassen werden; als Potenz- und Wurzelexponenten fordern sie eine Erklärung. Es ist nun

$a^{\frac{m}{n}} = \sqrt[n]{a^m}$ und $\sqrt[\frac{n}{m}]{a} = \sqrt[n]{a^m}$ zu setzen, entsprechend $a^{-\frac{m}{n}} = \frac{1}{a^{\frac{m}{n}}} = \frac{1}{\sqrt[n]{a^m}}$

und $\sqrt[-\frac{n}{m}]{a} = \frac{1}{\sqrt[n]{a^m}}$.

Als Basis des natürlichen Logarithmensystems hat die irrationale Zahl $e = 2{,}71828\,..$ Bedeutung erlangt (vgl. § 43, 61, 62).

§ 79. Einführung der imaginären und komplexen Zahlen.

Bei der Radizierung treten irrationale Zahlen als Ergebnis auf, sobald bei der $n^{\text{ten}}$ Wurzel der Radikand nicht die $n^{\text{te}}$ Potenz einer rationalen Zahl ist. Die Einführung einer ganz neuen Zahlenart aber wird notwendig, wenn aus einer negativen Zahl eine gerade Wurzel gezogen werden soll. Bezeichnet man $\sqrt{-1}$ mit $i$, so ist $\sqrt{-9} = 3i$, $\sqrt{-\frac{4}{9}} = \frac{2}{3}\,i$, $\sqrt{-3} = i\sqrt{3}$, so daß $i$ Faktor einer ganzen, gebrochenen oder auch irrationalen Zahl sein kann. In jedem Fall heißt die neue Zahlenart eine **imaginäre** Zahl zum Unterschied von den bisherigen **reellen** Zahlen, $i$ selbst die imaginäre Einheit, und wenn eine reelle Zahl als Summand hinzutritt, wie in $a + bi$, so entsteht die **komplexe** Zahl.

Ebenso lassen sich alle andern geraden Wurzeln aus negativen Zahlen behandeln; so ist $\sqrt[2n]{-a} = \sqrt[2n]{a} \cdot \sqrt[2n]{-1}$. Nun ist aber, wenn $\sqrt[2n]{-1} = x$ gesetzt wird, $x^{2n} = -1$, woraus sich $x$ nach § 6, 2 als komplexe Zahl von der Form $a + bi$ ergibt. Die komplexe Zahl $a + bi$ erscheint daher als die allgemeinste Zahlenform, die sowohl die reellen (für $b = 0$) wie die rein imaginären Zahlen (für $a = 0$) mitumfaßt*).

§ 80. Die Verwendung der komplexen Zahlen in den Rechnungsarten der verschiedenen Stufen.

Die Anwendung der Addition, Subtraktion, Multiplikation und Division auf komplexe Zahlen lehrt *U.* II § 14. Für die übrigen Rechnungsarten ist die Moivresche Darstellung $a + bi = \varrho\,(\cos\varphi + i\sin\varphi)$, $\varrho = \sqrt{a^2 + b^2}$, $\cos\varphi = \frac{a}{\varrho}$, $\sin\varphi = \frac{b}{\varrho}$ von großer Wichtigkeit. Hiernach (oder nach dem binomischen Lehrsatz) läßt sich $(a + bi)^n$ und $\sqrt[n]{a + bi} = (a + bi)^{\frac{1}{n}}$ (vgl. § 7) entwickeln. Für die sonstige Verwendung der komplexen Zahlen in den Rechnungsarten dritter Stufe kann die Formel § 61 (3) als Ausgangspunkt dienen.

*) Der scharfe Gegensatz zwischen reellen und imaginären Zahlen spricht sich darin aus, daß, wenn $a + bi = p + qi$ ist, $a = p$ und $b = q$ sein muß.

§ 81. Geometrische Darstellung der Zahlen in der Zahlenlinie und Zahlenebene.

Eine Veranschaulichung der natürlichen Zahlenreihe gewinnen wir dann, wenn wir jede Zahl als Maßzahl einer Strecke auffassen und infolgedessen die Zahl $n$ dem Punkt einer Geraden zuordnen, der von einem angenommenen Anfangspunkt 0 um $n$ Längeneinheiten entfernt ist.

Fig. 7.

Die Verlängerung dieser Geraden nach der entgegengesetzten Richtung liefert alsdann die negativen ganzen Zahlen.

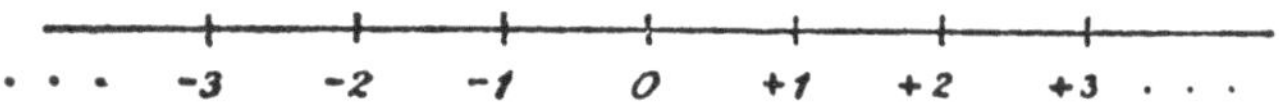


Fig. 8.

Während nun aber die Gerade selbst von 0 aus nach beiden Seiten stetig wächst, folgen die den ganzen Zahlen entsprechenden Punkte unstetig, sprungweise aufeinander. In die Lücken treten zunächst die positiven und negativen gebrochenen Zahlen.

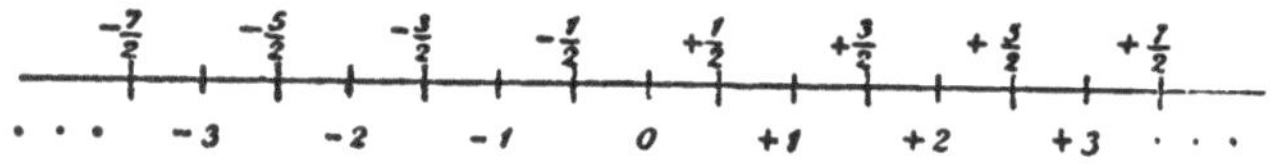


Fig. 9.

So nahe aber auch durch die Einführung aller gebrochenen Zahlen die Zahlpunkte zusammenrücken, so beweist doch das Vorhandensein der irrationalen Zahlen, daß immer noch Lücken vorhanden sind, in die nun diese eintreten. Eine solche Lücke erhält man z. B., wenn man in + 1 die Senkrechte gleich der Längeneinheit errichtet, ihren Endpunkt mit 0 verbindet und die Verbindungsstrecke ($\sqrt{2}$) von 0 aus nach beiden Seiten auf die Zahlenlinie abträgt.

Für die Darstellung der imaginären und komplexen Zahlen ist auf der Zahlenlinie, die nur die reellen Zahlen veranschaulicht, kein Raum mehr. Zu ihrer Veranschaulichung errichtet man im Anfangspunkt die Senkrechte und betrachtet in der Ebene der Zeichnung den Punkt als zu der Zahl $a+bi$ gehörig, der die Abszisse $a$ und die Ordinate $b$ hat; danach würde der Punkt $A$ zu der Zahl $3+2i$ gehören. Die Senkrechte im Anfangspunkt enthält dementsprechend die positiven und negativen rein imaginären Zahlen, insbesondere die positive und negative imaginäre Einheit und deren Vielfache.

Diese Art der Veranschaulichung ergibt zugleich eine Deutung für $\varrho$ und $\varphi$ in der Darstellung $a+bi=\varrho(\cos\varphi + i\sin\varphi)$. Denn da hiernach $a = \varrho\cos\varphi$ und $b=\varrho\sin\varphi$ ist, so ist, wenn $A$ der der komplexen Zahl entsprechende Punkt der Zahlenebene ist, $OA=\varrho$ und der Winkel dieser Strecke mit der positiven Richtung der reellen Achse gleich $\varphi$.

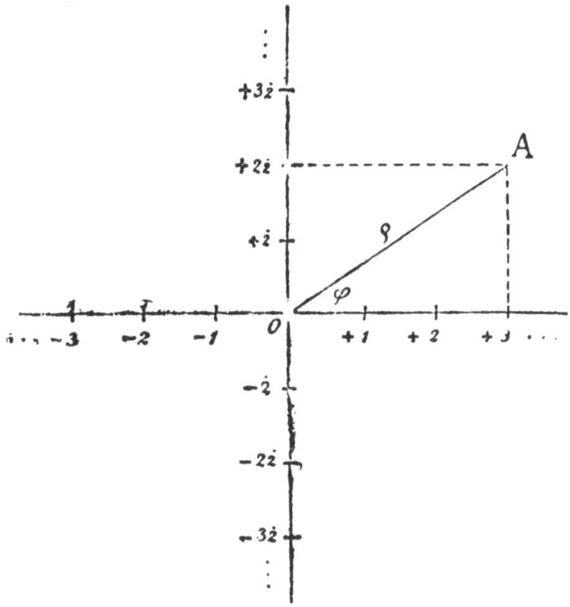

Fig. 10.

§ 82. Darstellung der Addition und Subtraktion komplexer Zahlen in der Zahlenebene.

Ist $(a_1+b_1 i)+(a_2+b_2 i) = p+qi$, so ist $p=a_1+a_2$ und $q=b_1+b_2$. Hieraus ergibt sich ohne weiteres die Darstellung in Figur 11. Entspricht $A_1$ der Zahl $a_1+b_1 i$, $A_2$ der Zahl $a_2+b_2 i$ und $P$ der Zahl $p+qi$, so ist $P$ die vierte Ecke des Parallelogramms, dessen übrige Ecken $O$, $A_1$ und $A_2$ sind.

Hieraus geht die Subtraktion hervor, wenn $P$ und $A_2$ als gegeben, $A_1$ als gesucht angenommen wird.

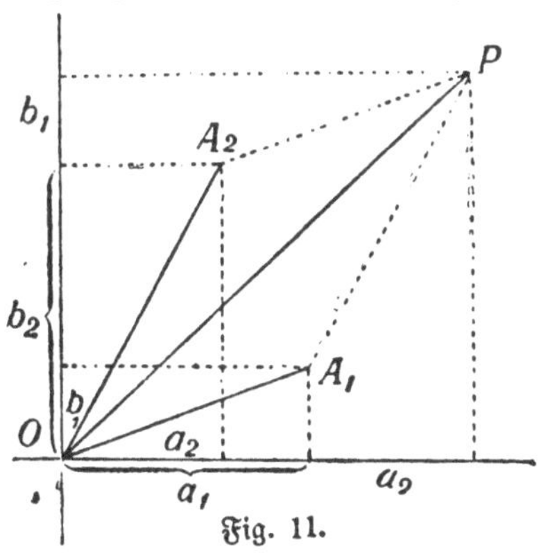

Fig. 11.

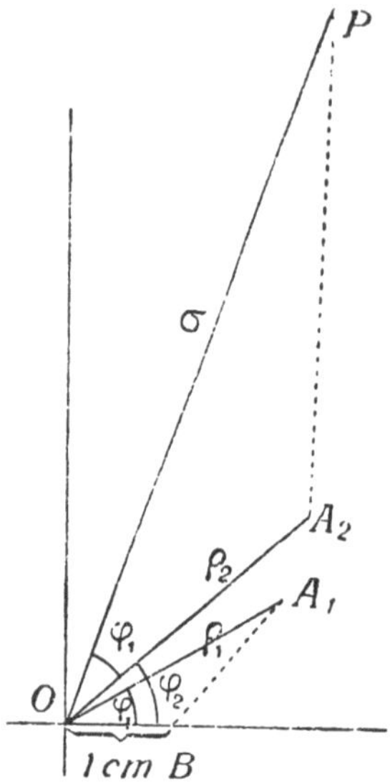

Fig. 12.

§ 83. Darstellung der Multiplikation komplexer Zahlen. Ist $a_1 + b_1 i = \varrho_1 (\cos \varphi_1 + i \sin \varphi_1)$ und $a_2 + b_2 i = \varrho_2 (\cos \varphi_2 + i \sin \varphi_2)$, so ist, wenn $(a_1 + b_1 i)(a_2 + b_2 i) = p + qi = \sigma (\cos \psi + i \sin \psi)$, $\sigma = \varrho_1 \varrho_2$ und $\psi = \varphi_1 + \varphi_2$. Daher verhält sich $1 : \varrho_1 = \varrho_2 : \sigma$, und es ist, wenn $OB = 1$, $\Delta POA_2 \sim A_1 OB$. Ebenso sind natürlich auf Grund von $1 : \varrho_2 = \varrho_1 : \sigma$ und $\sphericalangle POA_1 = \varphi_2$ die Dreiecke $POA_1$ und $A_2 OB$ ähnlich.

Hieraus geht die Division hervor, wenn $P$ und $A_2$ als gegeben, $A_1$ als gesucht angenommen wird.

§ 84. Darstellung der Potenzierung und Radizierung komplexer Zahlen in der Zahlenebene.

Ist $a + bi = \varrho (\cos \varphi + i \sin \varphi)$ und $(a + bi)^2 = p + qi = \sigma (\cos \psi + i \sin \psi)$, so ist $\sigma = \varrho^2$ und $\psi = 2\varphi$. Daher verhält sich $1 : \varrho = \varrho : \sigma$ und aus Figur 12 wird Figur 13, in der $P$ die Zahl $p + qi = (a + bi)^2$ darstellt, ebenso $U$ die Zahl $u + vi = (a + bi)^3$ usw.

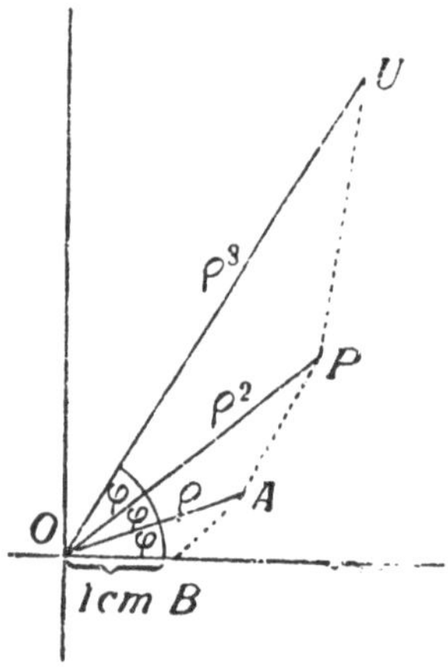

Fig. 13.

Hieraus geht die Radizierung hervor, wenn man $U$ als gegeben, $A$ als gesucht annimmt. Es bedarf also bei der Radizierung durch 3 der Dreiteilung eines Winkels, die nur in besonderen Fällen mit Zirkel und Lineal ausführbar ist. Ist $\varrho = 1$, so liegen die Punkte $B$, $A$, $P$, $U$... auf einem Kreise um $O$. Über die Mehrdeutigkeit der Radizierung vgl. § 7.

# Zweiter Teil: Ebene Trigonometrie.

## Erster Abschnitt.

## Ausdehnung des Begriffs der trigonometrischen Funktionen auf beliebige Winkel.

§ 1. Sinus und Kosinus. Um den Funktionsbegriff auf Winkel von beliebiger Größe zu übertragen, denkt man sich um den Mittelpunkt $O$ eines rechtwinkligen Achsenkreuzes einen Kreis mit der Längeneinheit als Halbmesser geschlagen, der die Achsen in $A$, $B$, $C$ und $D$ schneidet. Die Drehung der Winkel erfolge dann von $OA$ aus in der Richtung nach $OC$ hin. Es bestehen dann die Definitionen ($U$. III § 10):

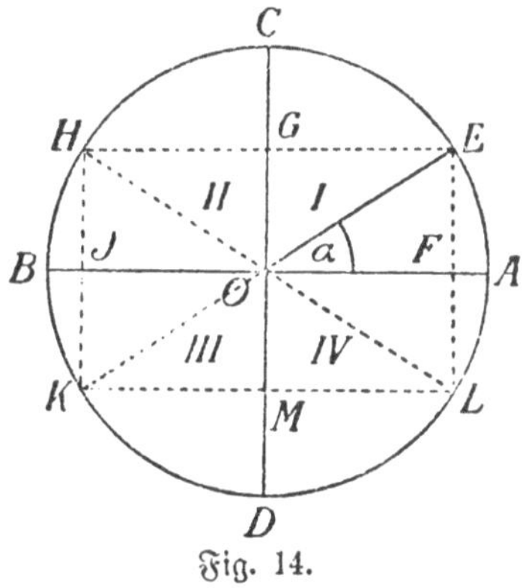

Fig. 14.

Der Sinus eines Winkels ist gleich der Maßzahl der Projektion des beweglichen Schenkels auf den senkrechten Durchmesser, der Kosinus gleich der Maßzahl der Projektion des beweglichen Schenkels auf den wagerechten Durchmesser.

$$(1)\quad \sin\alpha = \frac{EF}{1} = \frac{OG}{1}, \quad \cos\alpha = \frac{OF}{1}.$$

Da diese Definitionen für alle Quadranten passen, so erhellt unmittelbar aus der Figur:

Der Sinus von 0° ist gleich 0; bei wachsendem Winkel nimmt der Sinus stetig zu und erreicht bei 90° den Wert 1. Von 90° bis 180° nimmt der Sinus wieder ab, erreicht bei 180° den Wert 0 und wird alsdann negativ. Von 180° bis 270° nimmt er im Negativen weiter ab bis —1 und von 270° bis 360° im Negativen wieder zu bis 0.

Der Kosinus von 0° ist gleich 1; bei wachsendem Winkel nimmt der Kosinus stetig ab, erreicht bei 90° den Wert 0 und wird alsdann negativ. Von 90° bis 180° nimmt er im Negativen weiter ab bis —1 und wächst alsdann von 180° bis 270° im Negativen wieder bis 0. Von 270° bis 360° ist der Kosinus wieder positiv und wächst weiter bis 1.

Der Sinus und der Kosinus eines Winkels sind also stets (positive oder negative) echte Brüche. Die Grenzwerte und Vorzeichen gibt die folgende Tafel wieder.

(2)

| | 0° | I. Qu. | 90° | II. Qu. | 180° | III. Qu. | 270° | IV. Qu. | 360° |
|---|---|---|---|---|---|---|---|---|---|
| Sinus | 0 | + | 1 | + | 0 | — | —1 | — | 0 |
| Kosinus | 1 | + | 0 | — | —1 | — | 0 | + | 1 |

§ 2. Ist in Fig. 14 $\widehat{AE} = \widehat{BH} = \widehat{BK} = \widehat{AL}$, so sind die Dreiecke $FOE$, $JOH$, $JOK$, $FOL$ kongruent und, wenn $\sphericalangle AOE = \alpha$, so ist $\sphericalangle AOH = 180° - \alpha$, $\sphericalangle AOK = 180° + \alpha$, $\sphericalangle AOL = 360° - \alpha$. Mithin ist

(3) $\sin(180^0 - \alpha) = \sin\alpha$ | $\sin(180^0 + \alpha) = -\sin\alpha$ | $\sin(360^0 - \alpha) = -\sin\alpha$
$\cos(180^0 - \alpha) = -\cos\alpha$ | $\cos(180^0 + \alpha) = -\cos\alpha$ | $\cos(360^0 - \alpha) = \cos\alpha$

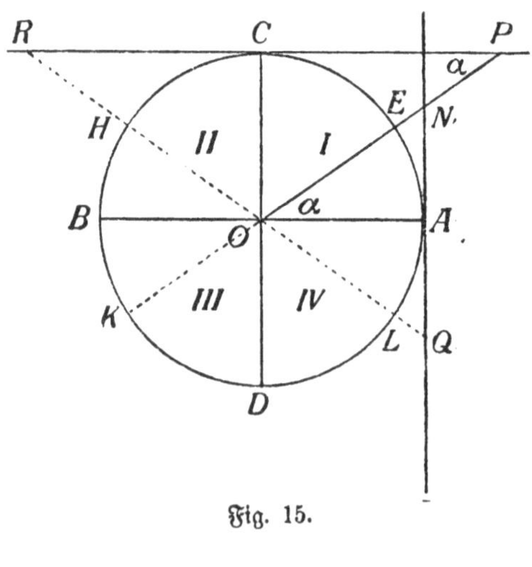

Fig. 15.

§ 3. **Tangens und Kotangens.** Für die Tangente und Kotangente benutzt man dasselbe Achsenkreuz mit der senkrechten Tangente in $A$ und der wagerechten in $C$. Es gelten dann die Definitionen (vgl. $U$. III § 10):

**Die trigonometrische Tangente eines Winkels ist gleich der Maßzahl der Strecke, die der bewegliche Schenkel**

(oder seine Verlängerung) auf der senkrechten Tangente abschneidet, die Kotangente gleich der Maßzahl der Strecke, die der bewegliche Schenkel (oder seine Verlängerung) auf der wagerechten Tangente abschneidet.

$$(4) \quad \operatorname{tg} \alpha = \frac{AN}{1}, \quad \cot \alpha = \frac{CP}{1}.$$

Aus der Figur geht alsdann hervor:

Die trigonometrische Tangente von $0^\circ$ ist gleich 0; bei wachsendem Winkel nimmt sie stetig zu und wird bei $90^\circ$ unendlich groß; von $90^\circ$ bis $180^\circ$ ist sie negativ und nimmt im Negativen von $-\infty$ bis 0 zu. Im dritten Quadranten verhält sie sich genau so wie im ersten, im vierten wie im zweiten. Die Kotangente von $0^\circ$ ist unendlich groß; bei wachsendem Winkel nimmt sie stetig ab und wird bei $90^\circ$ gleich 0; von $90^\circ$ bis $180^\circ$ ist sie negativ und nimmt im Negativen weiter ab bis $-\infty$. Im dritten Quadranten verhält sie sich genau so wie im ersten, im vierten wie im zweiten. Die Tangente und die Kotangente eines Winkels können jeden beliebigen Wert annehmen; bei wachsendem Winkel nimmt die Tangente (im Positiven oder Negativen) stets zu, die Kotangente stets ab.

Für die Grenzwerte und die Vorzeichen gilt die Tafel:

| | | $0^\circ$ | I. Qu. | $90^\circ$ | II. Qu. | $180^\circ$ | III. Qu. | $270^\circ$ | IV. Qu. | $360^\circ$ |
|---|---|---|---|---|---|---|---|---|---|---|
| (5) | Tangens | 0 | + | $\infty$ (+ −) | − | 0 | + | $\infty$ (+ −) | − | 0 |
| | Kotangens | $\infty$ | + | 0 | − | $\infty$ (− +) | + | 0 | − | $\infty$ (−) |

§ 4. Unter denselben Bedingungen wie in § 2 ergeben sich die Formeln:

$$(6) \quad \begin{array}{l|l|l} \operatorname{tg}(180^0 - \alpha) = -\operatorname{tg}\alpha & \operatorname{tg}(180^0 + \alpha) = \operatorname{tg}\alpha & \operatorname{tg}(360^0 - \alpha) = -\operatorname{tg}\alpha \\ \cot(180^0 - \alpha) = -\cot\alpha & \cot(180^0 + \alpha) = \cot\alpha & \cot(360^0 - \alpha) = -\cot\alpha \end{array}$$

§ 5. Mit Hilfe der Formeln (3) und (6) lassen sich die Funktionen eines jeden Winkels zwischen $90^\circ$ und $360^\circ$ durch Funktionen eines spitzen Winkels $\alpha$ ausdrücken, den man erhält, wenn man feststellt, wieviel dem betreffenden Winkel noch an $180^\circ$ oder $360^\circ$ fehlt oder um wieviel er $180^\circ$ übertrifft, wenn man also, um es kurz auszudrücken, den gegebenen Winkel mittels des spitzen Winkels $\alpha$ auf den wagerechten Durchmesser bezieht. Ebenso gut kann man aber auch einen Winkel auf den senkrechten Durchmesser beziehen und erhält leicht (mit Hülfe von kongruenten Dreiecken) die folgenden Formeln:

$$(7)\begin{cases}\sin(90^0-\alpha)=\cos\alpha \\ \cos(90^0-\alpha)=\sin\alpha \\ \operatorname{tg}(90^0-\alpha)=\cot\alpha \\ \cot(90^0-\alpha)=\operatorname{tg}\alpha\end{cases}\quad\begin{aligned}\sin(90^0+\alpha)&=\cos\alpha\\ \cos(90^0+\alpha)&=-\sin\alpha\\ \operatorname{tg}(90^0+\alpha)&=-\cot\alpha\\ \cot(90^0+\alpha)&=-\operatorname{tg}\alpha\end{aligned}$$

$$(8)\begin{cases}\sin(270^0-\alpha)=-\cos\alpha \\ \cos(270^0-\alpha)=-\sin\alpha \\ \operatorname{tg}(270^0-\alpha)=\cot\alpha \\ \cot(270^0-\alpha)=\operatorname{tg}\alpha\end{cases}\quad\begin{aligned}\sin(270^0+\alpha)&=-\cos\alpha\\ \cos(270^0+\alpha)&=\sin\alpha\\ \operatorname{tg}(270^0+\alpha)&=-\cot\alpha\\ \cot(270^0+\alpha)&=-\operatorname{tg}\alpha\end{aligned}$$

§ 6. Rechnet man eine Drehung in dem bisherigen Sinne als positiv, so muß sie, wenn sie im entgegengesetzten Sinne erfolgt, als negativ angesehen werden. Daher ist $\sphericalangle AOL$ (gemessen durch den Bogen $AL$) gleich $-\alpha$ und

$$(9)\quad\begin{aligned}\sin(-\alpha)&=-\sin\alpha\\ \cos(-\alpha)&=\cos\alpha\end{aligned}\quad\Bigg|\quad\begin{aligned}\operatorname{tg}(-\alpha)&=-\operatorname{tg}\alpha\\ \cot(-\alpha)&=-\cot\alpha\end{aligned}$$

§ 7. Die Formeln (3) und (6) bis (9) lassen sich zu folgender Tabelle zusammenstellen:

| | I | II | II | III | III | IV | IV |
|---|---|---|---|---|---|---|---|
| | $90^0-\alpha$ | $90^0+\alpha$ | $180^0-\alpha$ | $180^0+\alpha$ | $270^0-\alpha$ | $270^0+\alpha$ | $360^0-\alpha$ od. $-\alpha$ |
| sin | $\cos\alpha$ | $\cos\alpha$ | $\sin\alpha$ | $-\sin\alpha$ | $-\cos\alpha$ | $-\cos\alpha$ | $-\sin\alpha$ |
| cos | $\sin\alpha$ | $-\sin\alpha$ | $-\cos\alpha$ | $-\cos\alpha$ | $-\sin\alpha$ | $+\sin\alpha$ | $+\cos\alpha$ |
| tg | $\cot\alpha$ | $-\cot\alpha$ | $-\operatorname{tg}\alpha$ | $+\operatorname{tg}\alpha$ | $+\cot\alpha$ | $-\cot\alpha$ | $-\operatorname{tg}\alpha$ |
| cot | $\operatorname{tg}\alpha$ | $-\operatorname{tg}\alpha$ | $-\cot\alpha$ | $+\cot\alpha$ | $+\operatorname{tg}\alpha$ | $-\operatorname{tg}\alpha$ | $-\cot\alpha$ |

Für diese Formeln gelten allgemein die Regeln:

a) Wird ein beliebiger Winkel mittels eines spitzen Winkels auf den wagerechten Durchmesser bezogen, so tritt für eine Funktion des ersteren dieselbe Funktion des letzteren ein, und zwar mit dem Vorzeichen, das der Funktion des ersteren in dem betreffenden Quadranten zukommt.

b) Wird ein beliebiger Winkel mittels eines spitzen Winkels auf den senkrechten Durchmesser bezogen, so tritt für eine Funktion des ersteren die Kofunktion des letzteren (und umgekehrt) ein, und zwar mit dem Vorzeichen, das der Funktion des ersteren in dem betreffenden Quadranten zukommt.

Anmerkung. Die Drehung des beweglichen Schenkels kann natürlich auch über 360° hinaus fortgesetzt werden. Es ist dann klar, daß sich im fünften Quadranten die Funktionen genau so verhalten wie im ersten, im sechsten wie im zweiten usw. Insbesondere sind die Funktionen eines Winkels von $360° + \alpha$, $720° + \alpha$ usw. für jeden beliebigen Wert von $\alpha$ gleich denselben Funktionen von $\alpha$ selbst. Die trigonometrischen Funktionen sind also periodische Funktionen der Winkel.

§ 8. Aus dem vorigen folgt, daß, wenn der Wert einer Funktion gegeben und der zugehörige Winkel gesucht ist, es stets unzählig viele Winkel gibt, die der Bedingung entsprechen. Ist z. B. $\cos x = p$, und zwar $p$ ein positiver echter Bruch, so gibt es je einen Winkel in den Quadranten I, IV, V, VIII, IX usw., dessen Kosinus den vorgeschriebenen Wert hat, und ist der erste Winkel $\alpha$ so sind die übrigen $360° - \alpha$, $360° + \alpha$, $720° - \alpha$ usw. Ist dagegen $\cos x = -p$, so kommt je ein Winkel in den Quadranten II, III, VI, VII, X usw. in Betracht, und zwar $180° - \alpha$, $180° + \alpha$, $540° - \alpha$, $540° + \alpha$, usw. Kommen auch noch negative Winkel in Betracht, so ergeben sich noch mehr Lösungen gemäß § 6.

§ 9. 1) Die früher abgeleiteten Formeln

$$\frac{\sin\alpha}{\cos\alpha} = \operatorname{tg}\alpha, \frac{\cos\alpha}{\sin\alpha} = \cos\alpha, \operatorname{tg}\alpha\cos\alpha = 1$$

gelten allgemein für jeden Winkel, wie sich folgendermaßen zeigen läßt. Bezieht man den Winkel $\alpha$ mittels des spitzen Winkels $\beta$ auf den wagerechten Durchmesser, so ist je nach dem Quadranten $\sin\alpha = \pm\sin\beta$ und $\cos\alpha = \pm\cos\beta$, daher $\frac{\sin\alpha}{\cos\alpha} = \pm\frac{\sin\beta}{\cos\beta}$, je nachdem $\sin\alpha$ und $\cos\alpha$ gleiche oder entgegengesetzte Vorzeichen haben Im ersten und dritten Quadranten ist daher $\frac{\sin\alpha}{\cos\alpha} = \frac{\sin\beta}{\cos\beta} = \operatorname{tg}\beta$, $\operatorname{tg}\alpha$ aber auch gleich $\operatorname{tg}\beta$. Im zweiten und vierten Quadranten ist $\frac{\sin\alpha}{\cos\alpha} = -\frac{\sin\beta}{\cos\beta} = -\operatorname{tg}\beta$, $\operatorname{tg}\alpha$ hier aber gleich $-\operatorname{tg}\beta$. In beiden Fällen ist mithin $\frac{\sin\alpha}{\cos\alpha} = \operatorname{tg}\alpha$. Die zweite Formel läßt sich in derselben Weise nachweisen, und die dritte folgt aus den beiden ersten.

2) Ebenso gilt die Formel $\sin^2\alpha + \cos^2\alpha = 1$ allgemein. Es ist nämlich $\sin\alpha = \pm\sin\beta$ und $\cos\alpha = \pm\cos\beta$, mithin $\sin^2\alpha + \cos^2\alpha$

$= \sin^2\beta + \cos^2\beta = 1$. Dagegen ist je nach dem betreffenden Quadranten

$$\sin\alpha = \pm\sqrt{1-\cos^2\alpha},\quad \cos\alpha = \pm\sqrt{1-\sin^2\alpha}.$$

§ 10. **Übungen.** 1. Wie groß sind die Funktionen der Winkel a) 135°, b) 300°, c) 240°, d) 315°, e) 150°, f) 210°, g) 330°, h) 120°, i) 225°?

2. Durch Funktionen spitzer Winkel auszudrücken: a) sin 158°, b) cot 348°, c) tg 213°, d) cos 568°, e) tg 173°, f) sin (— 13°), g) tg (— 166°).

3. Desgl. a) cos 179°48′52″, b) sin 238°23′45″, c) cot 298°0′27″, d) tg 840°29′36″.

4. Für welche Winkel ist a) $\sin\alpha = \cos\alpha$, b) $\sin\alpha = -\cos\alpha$, c) $\sin\alpha = \operatorname{tg}\alpha$, d) $\sin\alpha = -\operatorname{tg}\alpha$, e) $\sin\alpha = \cot\alpha$, f) $\sin\alpha = -\cot\alpha$, g) $\cos\alpha = \operatorname{tg}\alpha$, h) $\cos\alpha = -\operatorname{tg}\alpha$, i) $\cos\alpha = \cot\alpha$, k) $\cos\alpha = -\cot\alpha$, l) $\operatorname{tg}\alpha = \cot\alpha$, m) $\operatorname{tg}\alpha = -\cot\alpha$?

5. Welche Winkel ergeben sich a) aus der Gleichung $\sin\alpha = 0{,}9397$ außer $\alpha = 70°$, b) aus $\operatorname{tg}\beta = -1{,}192$, wenn $\operatorname{tg} 50° = 1{,}192$ ist, c) aus $\cos\gamma = 0{,}8192$ außer $\gamma = 35°$, d) aus $\cot\delta = -5{,}671$, wenn $\cot 10° = 5{,}671$ ist?

6. Welche Winkel ergeben sich in Aufgabe 5, wenn a) $\cot\alpha$ negativ, b) $\sin\beta$ negativ, c) $\operatorname{tg}\gamma$ negativ, d) $\cos\delta$ positiv ist?

# Zweiter Abschnitt.

## A. Weitere Ausführung der Lehre von den trigonometrischen Funktionen (Goniometrie).

### § 11. Sinus und Kosinus der Summe zweier Winkel.

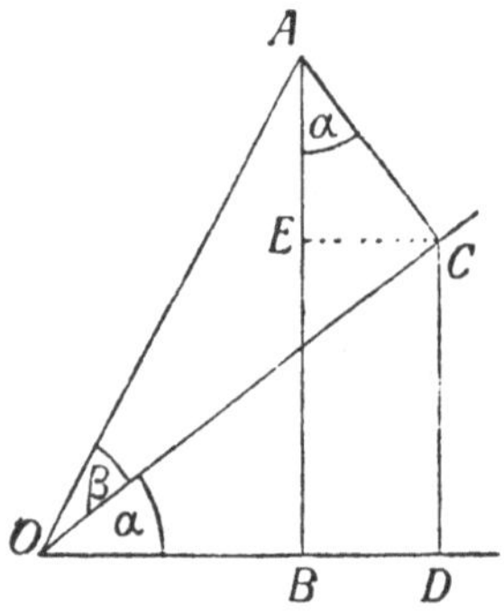


Fig. 16.

In Fig. 16 sei $AB \perp OB$, $AC \perp OC$, $CD \perp OD$ und $CE \parallel DO$, dann ist $\sphericalangle EAC = COD = \alpha$ und

$$\sin(\alpha+\beta) = \frac{AB}{OA} = \frac{AE}{OA} + \frac{CD}{OA}$$

$$= \frac{AE}{AC}\cdot\frac{AC}{OA} + \frac{CD}{OC}\cdot\frac{OC}{OA}, \text{ also}$$

$$(1)\quad \sin(\alpha+\beta) = \sin\alpha\,.\,\cos\beta + \cos\alpha\,.\,\sin\beta\,.$$

$$\cos(\alpha+\beta) = \frac{OB}{OA} = \frac{OD}{OA} - \frac{CE}{OA}$$

$$= \frac{OD}{OC}\cdot\frac{OC}{OA} - \frac{CE}{CA}\cdot\frac{CA}{OA}, \text{ oder}$$

$$(2)\quad \cos(\alpha+\beta) = \cos\alpha\,.\,\cos\beta - \sin\alpha\,.\,\sin\beta\,.$$

§ 12. 1) Der Figur entsprechend gilt die vorstehende Ableitung zunächst nur, wenn $\alpha$ und $\beta$ spitze Winkel sind und zusammen weniger als $90^\circ$ betragen. Machen die spitzen Winkel $\alpha$ und $\beta$ aber zusammen mehr als $90^\circ$ aus, so ist, wenn $\alpha = 90^\circ - \gamma$ und $\beta = 90^\circ - \delta$, jedenfalls $\gamma + \delta < 90^\circ$ und demnach $\sin(\alpha + \beta) = \sin[180^\circ - (\gamma + \delta)]$ $= \sin(\gamma + \delta) = \sin\gamma\cos\delta + \cos\gamma\sin\delta = \cos\alpha \,.\, \sin\beta + \sin\alpha\cos\beta$ und $\cos(\alpha + \beta) = \cos[180^\circ - (\gamma + \delta)] = -\cos(\gamma + \delta) = -\cos\gamma$ $\cos\delta + \sin\gamma\sin\delta = -\sin\alpha\sin\beta + \cos\alpha\cos\beta$. Demnach gelten auch dann die Formeln (1) und (2).

2) Daß die Formeln (1) und (2) für beliebige Winkel gelten, soll an einem Beispiel gezeigt werden. $\alpha$ sei ein Winkel im dritten, $\beta$ ein solcher im vierten Quadranten. Dann kann man entweder $\alpha = 180^\circ + \gamma$, $\beta = 270^\circ + \delta$ oder $\alpha = 270^\circ - \varepsilon$, $\beta = 360^\circ - \zeta$ setzen, worin $\gamma, \delta, \varepsilon$ und $\zeta$ spitze Winkel bedeuten.

Ist dabei $\gamma + \delta < 90^\circ$, so wählt man die erste Darstellung, andernfalls die zweite, da alsdann $\varepsilon + \zeta < 90^\circ$ ist. Man erhält im ersten Fall z. B.: $\cos(\alpha + \beta) = \cos(180^\circ + \gamma + 270^\circ + \delta)$ $= \cos[450^\circ + (\gamma + \delta)] = \cos[90^\circ + (\gamma + \delta)] = -\sin(\gamma + \delta)$ $= -\sin\gamma\cos\delta - \cos\gamma\sin\delta = -\sin(180^\circ + \gamma)\sin(270^\circ + \delta)$ $+ \cos(180^\circ + \gamma)\cos(270^\circ + \delta) = \cos\alpha\cos\beta - \sin\alpha\sin\beta$.

3) Wendet man die Formeln (1) und (2) auch dann an, wenn $\alpha$ gleich $90^\circ$ oder einem Vielfachen von $90^\circ$ ist, so erhält man Ergebnisse, die den betreffenden Formeln in § 7 entsprechen, ein Beweis, daß die Formeln (1) und (2) auch in diesen Fällen anwendbar sind.

4) Nunmehr läßt sich zeigen, daß die Formeln in § 7 für $90^\circ + \alpha$, $180^\circ + \alpha$ usw. auch dann anwendbar sind, wenn $\alpha$ ein beliebiger Winkel ist. Denn ist $\alpha$ ein Winkel im dritten Quadranten, also $\alpha = 180^\circ + \delta$, wobei $\delta$ ein spitzer Winkel, so ist z. B. $\sin(270^\circ + \alpha)$ $= \sin(450^\circ + \delta) = \sin(90^\circ + \delta) = \cos\delta = -\cos(180^\circ + \delta) = -\cos\alpha$.

## § 13. Sinus und Kosinus der Differenz zweier Winkel.

In Fig. 17 sei $AB \perp OB$, $AC \perp OC$, $CD \perp OD$, $AE \parallel BD$, dann ist $\sphericalangle ECA = \alpha$ und

$$\sin(\alpha - \beta) = \frac{AB}{OA} = \frac{CD}{OA} - \frac{CE}{OA}$$

$$= \frac{CD}{OC} \cdot \frac{OC}{OA} - \frac{CE}{CA} \cdot \frac{CA}{OA} \quad \text{oder}$$

$$(3) \quad \sin(\alpha - \beta) = \sin\alpha \,.\, \cos\beta - \cos\alpha \,.\, \sin\beta; \text{ ferner}$$

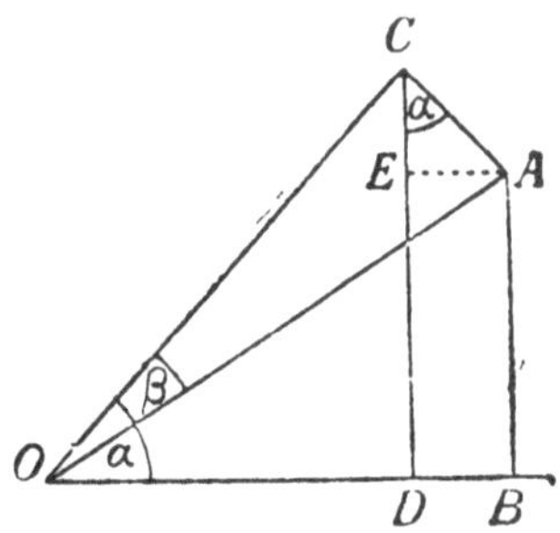

Fig. 17.

$$\cos(\alpha-\beta)=\frac{OB}{OA}=\frac{OD}{OA}+\frac{EA}{OA}=\frac{OD}{OC}\cdot\frac{OC}{OA}+\frac{EA}{CA}\cdot\frac{CA}{OA} \text{ oder}$$

$$(4)\quad \cos(\alpha-\beta)=\cos\alpha\,.\,\cos\beta+\sin\alpha\,.\,\sin\beta.$$

§ 14. 1) Die Formeln (3) und (4) gelten auch dann, wenn $\alpha<\beta$, $\alpha-\beta$ also negativ ist; denn es ist dann $\sin(\alpha-\beta)=\sin[-(\beta-\alpha)]=-\sin(\beta-\alpha)=-\sin\beta\cos\alpha+\cos\beta\sin\alpha$.

2) Die Allgemeingültigkeit der Formeln (3) und (4) für beliebige Winkel läßt sich ähnlich zeigen wie in § 12,2 und 3, desgleichen die Gültigkeit der Formeln in § 7 für $90^\circ-\alpha$, $180^\circ-\alpha$ usw. für den Fall, daß $\alpha$ ein beliebiger Winkel ist.

§ 15. **Tangens und Kotangens der Summe oder Differenz zweier Winkel.**

Aus den Formeln (1) und (2) folgt durch Division $\frac{\sin(\alpha+\beta)}{\cos(\alpha+\beta)}$ $=\frac{\sin\alpha\cos\beta+\cos\alpha\sin\beta}{\cos\alpha\cos\beta-\sin\alpha\sin\beta}$ und, wenn man die rechte Seite durch $\cos\alpha\cos\beta$ kürzt:

$$(5)\quad \begin{cases} \operatorname{tg}(\alpha+\beta)=\dfrac{\operatorname{tg}\alpha+\operatorname{tg}\beta}{1-\operatorname{tg}\alpha\operatorname{tg}\beta}, \text{ und ähnlich} \\ \cot(\alpha+\beta)=\dfrac{\cot\beta\,.\,\cot\alpha-1}{\cot\beta+\cot\alpha}, \end{cases}$$

$$(6)\quad \begin{cases} \operatorname{tg}(\alpha-\beta)=\dfrac{\operatorname{tg}\alpha-\operatorname{tg}\beta}{1+\operatorname{tg}\alpha\operatorname{tg}\beta}, \\ \cot(\alpha-\beta)=\dfrac{\cot\beta\cot\alpha+1}{\cot\beta-\cot\alpha}. \end{cases}$$

§ 16. **Funktionen des doppelten Winkels.**

1) Ist in den Formeln (1) und (2) $\beta=\alpha$, so ergibt sich

$$(7)\quad \begin{cases} \sin 2\alpha=2\sin\alpha\cos\alpha, \\ \cos 2\alpha=\cos^2\alpha-\sin^2\alpha=2\cos^2\alpha-1=1-2\sin^2\alpha. \end{cases}$$

2) Ebenso ergibt sich aus (5):

$$(8)\quad \operatorname{tg}2\alpha=\frac{2\operatorname{tg}\alpha}{1-\operatorname{tg}^2\alpha},\quad \cot 2\alpha=\frac{\cot^2\alpha-1}{2\cot\alpha}.$$

§ 17. **Funktionen des halben Winkels.**

Aus den beiden letzten Werten für $\cos 2\alpha$ in (7) folgt:

$$(9)\quad \cos\alpha=\pm\sqrt{\frac{1+\cos 2\alpha}{2}},\quad \sin\alpha=\pm\sqrt{\frac{1-\cos 2\alpha}{2}},$$

worin die Vorzeichen nach den Vorzeichen der Funktion von $\alpha$ zu bestimmen sind.

§ 18. Summe und Differenz von Funktionen.

Nach (1) bis (4) ist

$$\begin{aligned}
\sin(x+y) &= \sin x \cos y + \cos x \sin y, \\
\sin(x-y) &= \sin x \cos y - \cos x \sin y, \\
\cos(x+y) &= \cos x \cos y - \sin x \sin y, \\
\cos(x-y) &= \cos x \cos y + \sin x \sin y.
\end{aligned}$$

Setzt man nun $x + y = \alpha$ und $x - y = \beta$, so ist $x = \frac{\alpha+\beta}{2}$, $y = \frac{\alpha-\beta}{2}$ und man erhält durch Addition oder Subtraktion:

$$(10) \quad \begin{cases}
\sin\alpha + \sin\beta = 2\sin\frac{\alpha+\beta}{2}\cos\frac{\alpha-\beta}{2}, \\
\sin\alpha - \sin\beta = 2\cos\frac{\alpha+\beta}{2}\sin\frac{\alpha-\beta}{2}, \\
\cos\alpha + \cos\beta = 2\cos\frac{\alpha+\beta}{2}\cos\frac{\alpha-\beta}{2}, \\
\cos\alpha - \cos\beta = -2\sin\frac{\alpha+\beta}{2}\sin\frac{\alpha-\beta}{2}.
\end{cases}$$

§ 19. Besondere Formeln für die Funktionen der Winkel eines Dreiecks.

Unter der Voraussetzung, daß $\alpha, \beta, \gamma$ die Winkel eines Dreiecks sind, zusammen also 180° betragen, ist

$$1) \sin\alpha + \sin\beta + \sin\gamma = \sin\alpha + \sin\beta + \sin(\alpha+\beta)$$

$$= 2\sin\frac{\alpha+\beta}{2}\cos\frac{\alpha-\beta}{2} + 2\sin\frac{\alpha+\beta}{2}\cos\frac{\alpha+\beta}{2}$$

$$= 2\sin\frac{\alpha+\beta}{2}\left(\cos\frac{\alpha+\beta}{2} + \cos\frac{\alpha-\beta}{2}\right)$$

$$= 2\sin\frac{\alpha+\beta}{2}\cdot 2\cos\frac{\alpha}{2}\cos\frac{\beta}{2} \text{ oder}$$

$$(11) \quad \sin\alpha + \sin\beta + \sin\gamma = 4\cos\frac{\alpha}{2}\cos\frac{\beta}{2}\cos\frac{\gamma}{2}.$$

$$2)\ \sin\alpha + \sin\beta - \sin\gamma = 2\sin\frac{\alpha+\beta}{2}\cos\frac{\alpha-\beta}{2}$$
$$-2\sin\frac{\alpha+\beta}{2}\cos\frac{\alpha+\beta}{2}$$
$$= -2\sin\frac{\alpha+\beta}{2}\left(\cos\frac{\alpha+\beta}{2} - \cos\frac{\alpha-\beta}{2}\right)$$
$$= 2\sin\frac{\alpha+\beta}{2}\cdot 2\sin\frac{\alpha}{2}\sin\frac{\beta}{2} \text{ oder}$$

$$(12)\quad \sin\alpha + \sin\beta - \sin\gamma = 4\sin\frac{\alpha}{2}\sin\frac{\beta}{2}\cos\frac{\gamma}{2}.$$

$$3)\ \operatorname{tg}\alpha + \operatorname{tg}\beta + \operatorname{tg}\gamma = \operatorname{tg}\alpha + \operatorname{tg}\beta - \operatorname{tg}(\alpha+\beta)$$
$$= \operatorname{tg}\alpha + \operatorname{tg}\beta - \frac{\operatorname{tg}\alpha + \operatorname{tg}\beta}{1 - \operatorname{tg}\alpha \,.\, \operatorname{tg}\beta}$$
$$= \frac{-(\operatorname{tg}\alpha + \operatorname{tg}\beta)\operatorname{tg}\alpha\operatorname{tg}\beta}{1 - \operatorname{tg}\alpha \,.\, \operatorname{tg}\beta} = -\operatorname{tg}(\alpha+\beta)\,.\,\operatorname{tg}\alpha\,.\,\operatorname{tg}\beta \text{ oder}$$

$$(13)\quad \operatorname{tg}\alpha + \operatorname{tg}\beta + \operatorname{tg}\gamma = \operatorname{tg}\alpha\operatorname{tg}\beta\,.\,\operatorname{tg}\gamma.$$

§ 20. **Übungen.** 1. Mit Hülfe der Formeln in § 11 und 13 zu berechnen: a) $\sin(180^0+\alpha)$, b) $\cos(360^0-\alpha)$, c) $\sin(90^0-\alpha)$, d) $\cos(90^0+\alpha)$, e) $\sin(360^0-\alpha)$, f) $\cos(270^0+\alpha)$, g) $\sin(\alpha-90^0)$, h) $\cos(\alpha-180^0)$.

2. Mit Hülfe der Formeln in § 9 oder der Formeln in § 15 zu berechnen a) $\operatorname{tg}(270^0+\alpha)$, b) $\cot(180^0-\alpha)$, c) $\operatorname{tg}(360^0-\alpha)$, d) $\cot(\alpha-90^0)$.

3. Zu berechnen a) $\sin(60^0+\alpha)$, b) $\cos(\alpha-30^0)$, c) $\operatorname{tg}(45^0+\alpha)$, d) $\cot(\alpha-45^0)$.

4. Zu berechnen, wenn $\sin\alpha = \frac{3}{5}$ und $\cos\beta = \frac{12}{13}$ ist, a) $\sin(\alpha+\beta)$, b) $\sin(\alpha-\beta)$, c) $\cos(\alpha+\beta)$, d) $\cos(\alpha-\beta)$, e) $\operatorname{tg}(\alpha+\beta)$, f) $\cot(\alpha-\beta)$, g) $\sin 2\alpha$, h) $\cos 2\beta$, i) $\operatorname{tg} 2\alpha$, k) $\cot 2\beta$, l) $\sin\frac{\alpha}{2}$, m) $\cos\frac{\beta}{2}$.

5. Zu entwickeln a) $\sin(\alpha+\beta+\gamma)$, b) $\sin(\alpha-\beta+\gamma)$, c) $\cos(\alpha+\beta+\gamma)$, d) $\cos(\alpha+\beta-\gamma)$.

6. Nachstehende Formeln abzuleiten: a) $\sin 3\alpha = 3\sin\alpha - 4\sin^3\alpha$, b) $\cos 3\alpha = 4\cos^3\alpha - 3\cos\alpha$.

7. Auf Grund der Funktionen von $30^0$, $45^0$, $60^0$, Formeln zu bilden für die Funktionen von a) $22\frac{1}{2}^0$, b) $15^0$, c) $67\frac{1}{2}^0$, d) $75^0$.

8. Zu entwickeln: a) $\sin 60^0 + \sin 30^0$, b) $\sin 60^0 - \sin 30^0$, c) $\cos 60^0 + \cos 30^0$, d) $\cos 60^0 - \cos 30^0$.

9. Zu entwickeln: a) $\sin(45^0+\alpha) + \sin(45^0-\alpha)$, b) $\cos(60^0+\alpha) - \cos(60^0-\alpha)$, c) $\sin(\alpha+30^0) - \sin(\alpha-30^0)$, d) $\cos(\alpha-30^0) + \cos(a+30^0)$, e) $\sin(67\frac{1}{2}^0-\alpha) + \sin(22\frac{1}{2}^0+\alpha)$.

10. Zu entwickeln: a) $\sin\alpha + \sin(\beta+\gamma)$, b) $\sin\alpha - \sin(\beta+\gamma)$, c) $\cos\alpha + \cos(\beta+\gamma)$, d) $\cos\alpha - \cos(\beta+\gamma)$, e) $\sin\alpha + \sin(\beta-\gamma)$, f) $\sin\alpha - \sin(\beta-\gamma)$, g) $\cos\alpha + \cos(\beta-\gamma)$, h) $\cos\alpha - \cos(\beta-\gamma)$.

11. Formeln zu bilden für a) $\sin\alpha + \cos\alpha$, b) $\sin\alpha - \cos\alpha$, c) $\sin\alpha + \cos\beta$, d) $\sin\alpha - \cos\beta$.

12. Formeln zu bilden für a) $\operatorname{tg}\alpha + \operatorname{tg}\beta$ b) $\operatorname{tg}\alpha - \operatorname{tg}\beta$, c) $\cot\alpha + \cot\beta$ d) $\cot\alpha - \cot\beta$.

13. Für den Fall, daß $\alpha$, $\beta$ und $\gamma$ die Winkel eines Dreiecks sind, die nachstehenden Formeln als richtig nachzuweisen:

a) $\sin 2\alpha + \sin 2\beta + \sin 2\gamma = 4\sin\alpha\sin\beta\sin\gamma$,

b) $\cos\alpha + \cos\beta + \cos\gamma = 1 + 4\sin\frac{\alpha}{2}\sin\frac{\beta}{2}\sin\frac{\gamma}{2}$,

c) $\cot\frac{\alpha}{2} + \cot\frac{\beta}{2} + \cot\frac{\gamma}{2} = \cot\frac{\alpha}{2}\cot\frac{\beta}{2}\cot\frac{\gamma}{2}$.

## B. Auflösung goniometrischer Gleichungen.

### § 21. Gleichungen mit einer Unbekannten.

1) Die Unbekannte kommt nur in einer Funktion vor.

Beispiel 1. $3\sin^2 x - 2 = 5\sin x$; $\sin^2 x - \frac{5}{3}\sin x = \frac{2}{3}$;

$\sin x = \frac{5}{6} \pm \sqrt{\frac{49}{36}}$; $\sin x = -\frac{1}{3}$; $x = ?$

Beispiel 2. $\sin x + \sin(x+\alpha) = p$; $2\sin\frac{2x+\alpha}{2}\cos\frac{\alpha}{2} = p$;

$$\sin\frac{2x+\alpha}{2} = \frac{p}{2\cos\frac{\alpha}{2}}.$$

2) Die Unbekannte kommt in zwei verschiedenen Funktionen vor.

Beispiel 3. $a\sin x + b\cos x = p$.

Erste Lösung. $b^2\cos^2 x = (p - a\sin x)^2$; $b^2 - b^2\sin^2 x = p^2 - 2ap\sin x + a^2\sin^2 x$; $(a^2+b^2)\sin^2 x - 2ap\sin x = b^2 - p^2$;

$$\sin x = \frac{ap \pm b\sqrt{a^2+b^2-p^2}}{a^2+b^2}.$$

Zweite Lösung. $\sin x + \frac{b}{a}\cos x = \frac{p}{a}$; man setzt $\frac{b}{a} = \operatorname{tg}\alpha$;

$\sin x + \operatorname{tg}\alpha\cos x = \frac{p}{a}$; $\sin x\cos\alpha + \cos x\sin\alpha = \frac{p\cos\alpha}{a}$; $\sin(x+\alpha) = \frac{p\cos\alpha}{a}$.

## § 22. Gleichungen mit zwei Unbekannten.

### 1) Die Unbekannten nur in trigonometrischen Funktionen.

**Beispiel 4.**

$$\left.\begin{array}{l}\sin x + \sin y = p \\ \cos x + \cos y = q\end{array}\right\} \quad \left.\begin{array}{l} 2\sin\frac{x+y}{2}\cos\frac{x-y}{2} = p \\ 2\cos\frac{x+y}{2}\cos\frac{x-y}{2} = q\end{array}\right\} \operatorname{tg}\frac{x+y}{2} = \frac{p}{q}.$$

$$\sin\frac{x+y}{2} = \pm\frac{p}{q} : \sqrt{1+\frac{p^2}{q^2}} = \pm\frac{p}{\sqrt{p^2+q^2}},$$

$$\cos\frac{x-y}{2} = \frac{p}{2\sin\frac{x+y}{2}} = \pm\frac{1}{2}\sqrt{p^2+q^2}.$$

### 2) Die Unbekannten kommen auch außerhalb der trigonometrischen Funktionen vor.

**Beispiel 5.** $\sin x + \sin y = p;\ x + y = q.$

$$2\sin\frac{x+y}{2}\cos\frac{x-y}{2} = p;\ \cos\frac{x-y}{2} = \frac{p}{2\sin\frac{q}{2}}.$$

**Beispiel 6.** $\sin x : \sin y = p : q;\ x - y = d.$

$$(\sin x + \sin y) : (\sin x - \sin y) = (p+q) : (p-q);$$

$$2\sin\frac{x+y}{2}\cos\frac{x-y}{2} : 2\cos\frac{x+y}{2}\sin\frac{x-y}{2} = (p+q) : (p-q);$$

$$\operatorname{tg}\frac{x+y}{2} : \operatorname{tg}\frac{x-y}{2} = (p+q) : (p-q);\ \operatorname{tg}\frac{x+y}{2} = \frac{(p+q)\operatorname{tg}\frac{d}{2}}{p-q}.$$

§ 23. **Übungen.** 1. $\sin^5 x - 1\frac{5}{12}\sin^3 x + \frac{1}{3}\sin x = 0.$

2. $\sin x = 2\cos x.$
3. $3\sin x = 2\operatorname{tg} x.$
4. $\sin(60^0 + x) = 3 . \sin(60^0 - x).$
5. $\sin(x+\alpha) = p . \sin(x-\alpha).$
6. $\sin(x+\alpha) = \cos(x-\beta).$
7. $\cos x + \cos(x+\alpha) = \sin(2x+\alpha).$
8. $\sin x + \sin(x+\alpha) = \cos(2x+\alpha).$
9. $6\sin^4 x + 5\sin^3 x\cos x - 38\sin^2 x\cos^2 x + 5\sin x\cos^3 x + 6\cos^4 x = 0.$
10. $2\sin 2x = 3\sin x.$
11. $\cos 2x = \frac{1}{2}\cos x.$
12. $\sin 2x + 2\sin^2 x + \cos 2x = p.$
13. $\operatorname{tg} 2x = 3\operatorname{tg} x.$

14. $3 \operatorname{tg} 2x = 4 \cot x$.
15. $3 \sin^2 x + 4 \cos^2 x = \frac{1}{2} \sin 2x$.
16. $\sin 3x + \cos 2x + \sin x = 1$.
17. $\cot x + \cot 2x + \cot 3x = 0$.
18. $\cot x + \cot 2x + \operatorname{tg} 3x = 0$.
19. $\sin x + \sin y = p$; $\cos x - \cos y = q$.
20. $\sin x - \sin y = p$; $\cos x + \cos y = q$.
21. $\sin x - \sin y = p$; $\cos x - \cos y = q$.
22. $\sin x + \cos y = p$; $\cos x + \sin y = q$.
23. $\sin x + \cos y = p$; $\cos x - \sin y = q$.
24. $\sin x - \cos y = p$; $\cos x - \sin y = q$.
25. $\sin x + \sin y = p$; $x - y = q$.
26. $\cos x + \cos y = p$; $x + y = q$.
27. $\cos x - \cos y = p$; $x - y = q$.
28. $\sin x + \cos y = p$; $x - y = q$.

# Dritter Abschnitt.

# Dreiecksberechnung.

## A. Formeln und Methoden.

### § 24. Zusammenstellung früher abgeleiteter Formeln.

$$(1) \quad a : b : c = \sin\alpha : \sin\beta : \sin\gamma \quad \text{(Sinussatz)}$$

$$(2) \quad \begin{cases} a^2 = b^2 + c^2 - 2bc\cos\alpha \\ b^2 = c^2 + a^2 - 2ca\cos\beta \\ c^2 = a^2 + b^2 - 2ab\cos\gamma \end{cases} \quad \text{(Kosinussatz)}$$

$$(3) \quad \frac{a+b}{a-b} = \frac{\operatorname{tg}\frac{1}{2}(\alpha+\beta)}{\operatorname{tg}\frac{1}{2}(\alpha-\beta)} \quad \text{(Tangentensatz)}$$

$$(4) \quad \begin{cases} \operatorname{tg}\frac{1}{2}\alpha = \sqrt{\dfrac{(s-b)(s-c)}{s\,.\,(s-a)}} \\ \operatorname{tg}\frac{1}{2}\beta = \sqrt{\dfrac{(s-c)(s-a)}{s\,.\,(s-b)}} \\ \operatorname{tg}\frac{1}{2}\gamma = \sqrt{\dfrac{(s-a)(s-b)}{s\,.\,(s-c)}} \end{cases} \quad \text{(Halbwinkelsatz)}$$

$$(5) \quad I = \tfrac{1}{2} bc\sin\alpha = \tfrac{1}{2} ca\sin\beta = \tfrac{1}{2} ab\sin\gamma.$$

### § 25. Analytische Ableitung des Tangentensatzes; Mollweidesche Gleichungen.

Nach dem Sinussatz ist

$$\frac{a}{c} = \frac{\sin\alpha}{\sin\gamma} \text{ und } \frac{b}{c} = \frac{\sin\beta}{\sin\gamma}, \text{ mithin ist}$$

$$\frac{a+b}{c}=\frac{\sin\alpha+\sin\beta}{\sin\gamma}=\frac{2\sin\frac{\alpha+\beta}{2}\cos\frac{\alpha-\beta}{2}}{2\sin\frac{\gamma}{2}\cos\frac{\gamma}{2}}=\frac{\cos\frac{\alpha-\beta}{2}}{\sin\frac{\gamma}{2}} \text{ und}$$

$$\frac{a-b}{c}=\frac{\sin\alpha-\sin\beta}{\sin\gamma}=\frac{2\cos\frac{\alpha+\beta}{2}\sin\frac{\alpha-\beta}{2}}{2\sin\frac{\gamma}{2}\cdot\cos\frac{\gamma}{2}}=\frac{\sin\frac{\alpha-\beta}{2}}{\cos\frac{\gamma}{2}}.$$

$$(6)\quad \frac{a+b}{c}=\frac{\cos\frac{\alpha-\beta}{2}}{\sin\frac{\gamma}{2}},\quad \frac{a-b}{c}=\frac{\sin\frac{\alpha-\beta}{2}}{\cos\frac{\gamma}{2}}\quad \left(\begin{array}{c}\text{Mollweidesche}\\ \text{Gleichungen}\end{array}\right)$$

Durch Division ergibt sich

$$\frac{a+b}{a-b}=\frac{\cos\frac{\alpha-\beta}{2}\cdot\cos\frac{\gamma}{2}}{\sin\frac{\gamma}{2}\sin\frac{\alpha-\beta}{2}}=\frac{\cos\frac{\alpha-\beta}{2}\sin\frac{\alpha+\beta}{2}}{\cos\frac{\alpha+\beta}{2}\sin\frac{\alpha-\beta}{2}}=\frac{\operatorname{tg}\frac{\alpha+\beta}{2}}{\operatorname{tg}\frac{\alpha-\beta}{2}}.$$

§ 26. **Analytische Ableitung des Halbwinkelsatzes.** Nach dem Kosinussatz ist $\cos\alpha=\frac{b^2+c^2-a^2}{2bc}$, daher

$$2\cos^2\frac{\alpha}{2}=1+\cos\alpha=\frac{2bc+b^2+c^2-a^2}{2bc}=\frac{(b+c)^2-a^2}{2bc} \text{ und}$$

$$2\sin^2\frac{\alpha}{2}=1-\cos\alpha=\frac{2bc-b^2-c^2+a^2}{2bc}=\frac{a^2-(b-c)^2}{2bc}, \text{ mithin}$$

$$\cos\frac{\alpha}{2}=\sqrt{\frac{(b+c+a)(b+c-a)}{4bc}} \text{ und } \sin\frac{\alpha}{2}=\sqrt{\frac{(a+b-c)(a-b+c)}{4bc}}.$$

Setzt man nun $a+b+c=2s$, so ist $-a+b+c=2s-2a=2(s-a)$ usw., und es ergibt sich

$$(7)\quad \begin{cases}\cos\frac{\alpha}{2}=\sqrt{\frac{s(s-a)}{bc}},\ \sin\frac{\alpha}{2}=\sqrt{\frac{(s-b)(s-c)}{bc}} \text{ und ebenso}\\ \cos\frac{\beta}{2}=\sqrt{\frac{s(s-b)}{ca}},\ \sin\frac{\beta}{2}=\sqrt{\frac{(s-c)(s-a)}{ca}},\\ \cos\frac{\gamma}{2}=\sqrt{\frac{s(s-c)}{ab}},\ \sin\frac{\gamma}{2}=\sqrt{\frac{(s-a)(s-b)}{ab}}.\end{cases}$$

Durch Division ergeben sich alsdann die Formeln (4) für $\operatorname{tg}\frac{1}{2}\alpha$, $\operatorname{tg}\frac{1}{2}\beta$ und $\operatorname{tg}\frac{1}{2}\gamma$.

§ 27. Auflösungsmethoden.

a) Geometrische Methode. Die geometrische Methode der Dreiecksberechnung ist dann anwendbar, wenn Hülfsdreiecke unmittelbar gegeben sind oder gezeichnet werden können, in denen man genügend viel Seiten und Winkel kennt. Die Auflösung folgt alsdann der geometrischen Analysis und schreitet von Dreieck zu Dreieck fort.

b) Rein analytische Methode (ohne Benutzung von $r$). Bei der rein analytischen Methode sucht man die gegebenen und die gesuchten Stücke durch Gleichungen zu verbinden, aus denen die letzteren Stücke berechnet werden können.

c) Analytische Methode mit Benutzung von $r$. Bei der $r$-Methode sucht man die gegebenen Stücke durch $r$, den Halbmesser des umbeschriebenen Kreises, und die Dreieckswinkel auszudrücken und die erhaltenen Gleichungen in Bezug auf $r$ und die Winkel aufzulösen. Die Seiten ergeben sich alsdann aus den Gleichungen $a = 2r \sin\alpha$, $b = 2r\sin\beta$, $c = 2r\sin\gamma$. Es kommen hauptsächlich folgende Formeln in Betracht:

$$(1) \quad a = 2r\sin\alpha;\ b = 2r\sin\beta;\ c = 2r\sin\gamma.$$

$$(2) \quad a+b = 4r\cos\frac{\gamma}{2}\cos\frac{\alpha-\beta}{2};\ a-b = 4r\sin\frac{\gamma}{2}\sin\frac{\alpha-\beta}{2}.$$

$$(3) \quad s = 4r\cos\frac{\alpha}{2}\cos\frac{\beta}{2}\cos\frac{\gamma}{2}.$$

$$(4) \quad \begin{cases} s-a = 4r\cos\frac{\alpha}{2}\sin\frac{\beta}{2}\sin\frac{\gamma}{2}; \\ s-b = 4r\sin\frac{\alpha}{2}\cos\frac{\beta}{2}\sin\frac{\gamma}{2}; \\ s-c = 4r\sin\frac{\alpha}{2}\sin\frac{\beta}{2}\cos\frac{\gamma}{2}. \end{cases}$$

$$(5) \quad \triangle = 2r^2\sin\alpha\sin\beta\sin\gamma.$$

$$(6) \quad h_a = 2r\sin\beta\sin\gamma;\ h_b = 2r\sin\alpha\sin\gamma;\ h_c = 2r\sin\alpha\sin\beta.$$

$$(7) \quad \begin{cases} \varrho = 4r\sin\frac{\alpha}{2}\sin\frac{\beta}{2}\sin\frac{\gamma}{2}; \\ \varrho_a = 4r\sin\frac{\alpha}{2}\cos\frac{\beta}{2}\cos\frac{\gamma}{2}; \\ \varrho_b = 4r\cos\frac{\alpha}{2}\sin\frac{\beta}{2}\cos\frac{\gamma}{2}; \\ \varrho_c = 4r\cos\frac{\alpha}{2}\cos\frac{\beta}{2}\sin\frac{\gamma}{2}. \end{cases}$$

Bemerkungen: In den nachfolgenden Aufgaben wie in den vorstehenden Formeln bedeuten im Dreieck $ABC$:

$a, b, c$ die Seiten, $\alpha, \beta, \gamma$ die Winkel, $h_a, h_b, h_c$ die Höhen, $t_a, t_b, t_c$ die Seitenhalbierenden, $w_a, w_b, w_c$ die Winkelhalbierenden, $r$ den Radius des umbeschriebenen, $\varrho$ den Radius des einbeschriebenen, $\varrho_a, \varrho_b, \varrho_c$ die Radien der anbeschriebenen Kreise. Ferner ist $\delta = \alpha - \beta$, $s = \frac{1}{2}(a + b + c)$ und, wo nichts anderes bemerkt, $k = a + b$, $d = a - b$. $u$ und $v$ sind die Abschnitte der Winkelhalbierenden auf $c$ ($u$ an $A$, $v$ an $B$), $p$ und $q$ die Höhenabschnitte auf $c$ ($p$ an $A$, $q$ an $B$).

Im Viereck $ABCD$ ist $a = AB, b = BC, c = CD, d = DE$, $e = AC, f = BD$. $\varepsilon$ ist der Winkel $AEB$ am Diagonalenschnittpunkt $E$. Im Trapez sind $AB$ und $CD$ die parallelen Seiten.

## B. Aufgaben.

§ 28. a) Dreiecks- und Vierecksaufgaben, die sich unmittelbar auf eine der 4 Grundaufgaben über das Dreieck zurückführen lassen.

[In den Aufgaben der Gruppe I kommt nur der Sinussatz, in denen der Gruppe II der Tangentensatz und in denen der Gruppe III der Halbwinkelsatz zur Anwendung. Die Aufgaben, die 2 Lösungen ergeben, sind mit einem Stern (*) bezeichnet.]

I. Ein Dreieck zu berechnen aus:

1) $c = 85{,}442$; $h_a = 55{,}255$; $\gamma = 67^0 17' 13''$
2)* $c = 746{,}18$; $h_a = 617{,}17$; $\gamma = 41^0 47' 11''$
3) $a = 35{,}173$; $h_b = 19{,}214$; $\beta = 69^0 38' 35''$
4)* $a = 24{,}129$; $h_b = 17{,}816$; $\beta = 27^0 56' 1''$
5)* $a = 57{,}812$; $r = 31{,}083$; $\gamma = 55^0 18' 7''$
6)* $a = 78{,}822$; $h_c = 56{,}921$; $r = 40{,}851$
7) $u = 17{,}396$; $v = 10{,}541$; $\alpha = 57^0 36' 37''$
8)* $u = 14{,}156$; $v = 28{,}046$; $\alpha = 20^0 16' 38''$.

II. Ein Dreieck zu berechnen aus:

1) $a = 108$; $h_a = 58{,}8$; $\beta = 61^0 21' 28''$
2) $h_a = 87{,}292$; $h_c = 69{,}664$; $\beta = 75^0 2' 34''$
3) $c = 38{,}059$; $k = 55{,}143$; $\alpha = 31^0 39' 21''$
4) $c = 80{,}449$; $d = 58{,}827$; $\alpha = 110^0 31' 28''$
5) $h_a = 28{,}616$; $k = 166{,}78$; $\beta = 33^0 23' 18''$
6) $h_a = 44{,}857$; $d = 64{,}568$; $\beta = 28^0 34' 24''$
7) $b = 13{,}544$; $t_c = 22{,}697$; $\gamma = 46^0 32' 8''$
8) $h^a = 24{,}909$; $t_c = 33{,}207$; $\gamma = 41^0 5' 16''$
9) $a : b = m : n\ (53 : 35)$; $t_c = 45{,}587$; $\alpha = 50^0 10' 5''$
10) $a : b = m : n\ (32 : 15)$; $t_c = 91{,}285$; $\gamma = 32^0 10' 22''$.

III. Ein Dreieck zu berechnen aus:

1) $a = 159{,}78$; $c = 116{,}95$; $t_a = 54{,}32$
2) $c = 15{,}618$; $t_a = 10{,}305$; $t_c = 9{,}597$
3) $a = 30{,}945$; $b = 19{,}619$; $t_c = 21{,}8$
4) $c = 79{,}312$; $t_a = 39{,}621$; $t_b = 87{,}651$
5) $t_a = 6{,}652$; $t_b = 14{,}595$; $t_c = 11{,}587$
6) $a = 87{,}334$; $w_c = 52{,}36$; $u = 43{,}89$.

IV. Ein Trapez zu berechnen aus:

1) $b = 53{,}371$; $e = 95{,}216$; $\alpha = 43^0 33' 45''$; $\beta = 66^0 27' 27''$
2) $a = 103{,}05$; $e = 109{,}71$; $\alpha = 59^0 16' 29''$; $\beta = 74^0 55' 45''$
3) $\alpha = R$; $a = 13{,}311$; $c = 6{,}248$; $f = 15{,}757$
4) $\alpha = R$; $a = 39{,}261$; $d = 17{,}046$; $e = 22{,}427$
5) $\alpha = R$; $d = 8{,}429$; $e = 10{,}524$; $f = 26{,}891$
6) $a = 140{,}845$; $d = 51{,}841$; $e = 76{,}038$; $\alpha = 73^0 29' 10''$
7) $b = 11{,}486$; $c = 6{,}526$; $e = 14{,}963$; $\beta = 71^0 7' 36''$
8) $a = 58{,}057$; $c = 26{,}565$; $e = 64{,}239$; $\beta = 78^0 4' 17''$
9) $a = 84{,}607$; $b = 57{,}161$; $e = 54{,}338$; $\alpha = 50^0 25'$
10) $a = 15{,}902$; $b = 9{,}173$; $c = 9{,}189$; $e = 13{,}231$.

§ 29. b) **Dreiecksaufgaben, die nach der rein geometrischen Methode zu lösen sind.**

[In den Aufgaben der Gruppe VI und den Aufgaben 6 bis 10 in Gruppe VII ist ein Ausdruck von der Form $x = m \pm n \operatorname{tg} \varphi$ dadurch zur logarithmischen Berechnung geeignet zu machen, daß man ihm die Form gibt $x = n \cdot \left(\frac{m}{n} \pm \operatorname{tg} \varphi\right)$ und $\frac{m}{n} = \operatorname{tg} \psi$ setzt; es wird alsdann $x = n \cdot \frac{\sin(\psi \pm \varphi)}{\cos \psi \cos \varphi}$. In den Aufgaben der Gruppe VIII treten Ausdrücke von der Form $x = m \sin \varphi \pm n \cos \varphi$ auf, die dadurch auf eine zur logarithmischen Berechnung geeignetere Form gebracht werden, daß man für $\frac{m}{n}$ oder $\frac{n}{m}$ die Tangente oder Kotangente eines Hülfswinkels einführt. In den Aufgaben der Gruppe IX kommen die Eigenschaften harmonischer Punkte zur Anwendung.]

V. Ein Dreieck zu berechnen aus:

1) $\rho = 91{,}652$; $\alpha = 105^0 15' 26''$; $\beta = 32^0 56' 26''$
2) $\rho_c = 23{,}317$; $\alpha = 81^0 14' 34''$; $\beta = 59^0 24' 4''$
3) $c = 37{,}189$; $d = 14{,}147$; $\rho = 9{,}724$
4) $c = 111{,}45$; $k = 170{,}37$; $\rho_a = 82{,}992$
5) $c = 21{,}915$; $d = 8{,}477$; $\rho_c = 17{,}078$
6) $h_c = 7{,}408$; $\rho = 2{,}527$; $\gamma = 59^0 30' 56''$
7) $h_c = 10{,}516$; $\rho_c = 24{,}537$; $\gamma = 87^0 47' 46''$
8) $h_c = 27{,}6$; $\rho_a = 59{,}339$; $\gamma = 96^0 5' 3''$.

VI. Ein Dreieck zu berechnen aus:

1) $c = 33{,}836$; $\rho = 9{,}245$; $\alpha = 67^0 11' 19''$
2) $c = 27$; $\rho_c = 19{,}45$; $\alpha = 93^0 22' 34''$

3) $c = 92{,}176$; $\rho_a = 97{,}092$; $\alpha = 74^0 6' 38''$
4) $c = 33{,}814$; $\rho_a = 32{,}506$; $\beta = 49^0 48' 46''$
5) $h_c = 11{,}606$; $\rho = 4{,}469$; $\alpha = 60^0 27' 20''$
6) $h_a = 28{,}038$; $\rho_a = 30{,}327$; $\gamma = 69^0 9' 49''$
7) $h_a = 23{,}726$; $\rho_b = 19{,}695$; $\gamma = 57^0 55' 24''$
8) $k = 213$; $\rho_a = 143$; $\alpha = 81^0 58' 38''$
9) $d = 2{,}088$; $\rho_c = 2{,}936$; $\alpha = 100^0 43' 10''$
10) $s = 14{,}156$; $\rho_a = 5{,}929$; $\beta = 56^0 3' 10''$.

VII. Ein Dreieck zu berechnen aus:

1) $c = 6{,}819$; $k = 14{,}767$; $\gamma = 40^0 50' 9''$
2) $c = 8{,}297$; $d = 5{,}905$; $\gamma = 39^0 50' 45''$
3) $c = 70{,}619$; $k = 239{,}117$; $\rho = 21{,}235$
4) $c = 50$; $k = 95$; $\rho_c = 41{,}437$
5) $c = 120{,}45$; $d = 22{,}23$; $\rho_a = 52{,}430$
6) $k = 105$; $\rho = 14{,}62$; $\gamma = 60^0 38' 20''$
7) $k = 16{,}392$; $\rho_c = 18{,}684$; $\gamma = 103^0 37' 34''$
8) $d = 14{,}262$; $\rho_a = 43{,}881$; $\gamma = 50^0 21' 40''$
9) $d = 4$; $\rho_b = 4{,}867$; $\gamma = 85^0 30' 44''$
10) $s = 31{,}709$; $\rho = 4{,}692$; $\gamma = 45^0 25' 40''$.

VIII. Ein Dreieck zu berechnen aus:

1) $c = 39{,}618$; $\rho = 9{,}967$; $\gamma = 64^0 50' 50''$
2) $c = 24{,}134$; $\rho_c = 21{,}904$; $\gamma = 67^0 2' 32''$
3) $c = 38{,}734$; $\rho_a = 44{,}766$; $\gamma = 61^0 56' 28''$
4) $r = 87{,}042$; $\rho = 38{,}449$; $\gamma = 51^0 54' 14''$
5) $r = 38{,}222$; $\rho_c = 32{,}311$; $\gamma = 37^0 56' 21''$
6) $r = 70{,}663$; $\rho_a = 72{,}902$; $\gamma = 102^0 27' 14''$
7) $c = 56{,}351$; $h_c = 36{,}215$; $\gamma = 68^0 25' 56''$
8) $s = 31{,}643$; $h_c = 19{,}904$; $\gamma = 30^0 50' 44''$.

IX. Ein Dreieck zu berechnen aus:*)

1) $c = 49{,}836$; $h_c = 45{,}704$; $\rho = 14{,}523$
2) $c = 51{,}974$; $h_c = 49{,}11$; $\rho_c = 40{,}498$
3) $c = 67{,}416$; $h_c = 52{,}076$; $\rho_a = 69{,}635$
4) $k = 69{,}738$; $h_c = 20{,}759$; $\rho = 9{,}153$
5) $d = 13{,}738$; $h_c = 20{,}759$; $\rho_a = 27{,}67$
6) $s = 101{,}118$; $h_c = 58{,}709$: $\rho = 17{,}998$
7) $k = 115{,}738$; $h_c = 34{,}143$; $\rho_a = 55{,}514$
8) $d = 34{,}262$; $h_c = 34{,}143$; $\rho = 14{,}842$
9) $r = 5{,}506$; $\rho = 2{,}527$; $h_c = 7{,}408$
10) $r = 37{,}283$; $\rho_a = 82{,}064$; $h_c = 56{,}566$.

---

*) Bei der rein geometrisch-trigonometrischen Lösung der Aufgaben dieser Gruppe ist in den Aufgaben, in denen $\rho$ gegeben ist, der Kreis mit dem Radius $\rho_c$ zu Hülfe zu nehmen, und umgekehrt; ebenso nimmt man zu $\rho_a$ den

§ 30. c). **Dreiecksaufgaben, die nach der rein analytischen Methode zu lösen sind.**

[In den Aufgaben der Gruppe X sollen entweder erst die Winkel und dann die Seiten oder auf algebraischem Wege erst die Seiten nnd dann die Winkel berechnet werden. Die Aufgaben der Gruppe XII führen auf quadratische Gleichungen.]

X. Ein **rechtwinkliges** Dreieck zu berechnen aus

1) $(a+c)=k=16{,}057$ u. $(b+c)=k'=13{,}507$
2) $(a+c)=k=\phantom{1}7{,}486$ u. $(c-b)=d=\phantom{1}1{,}387$
3) $(a+b)=k=15{,}785$ u. $(b+c)=k'=19{,}645$
4) $(a-b)=d=\phantom{1}2{,}279$ u. $(c-b)=d'=\phantom{1}3{,}123$
5) $(a+b)=k=57{,}91$ u. $(c-a)=d=\phantom{1}5{,}37$
6) $(a+c)=k=70{,}65$ u. $(a-b)=d=\phantom{1}7{,}65$
7) $(a-b)=d=\phantom{1}1{,}35$ u. $(c-a)=d'=14{,}67$
8) $(a-b)=d=\phantom{1}2{,}191$ u. $(b+c)=k=11{,}776$.

XI. Ein Dreieck zu berechnen aus

1) $\beta=2\alpha$; $a=30{,}52$; $b=56{,}48$
2) $\beta=2\alpha$; $b=396{,}03$; $(a+c)=k=521{,}06$
3) $\beta=3\alpha$; $c=93{,}866$; $(b-a)=d=55{,}985$
4) $\beta=2\alpha$; $a=60{,}043$; $c=36{,}156$
5) $\beta=3\alpha$; $a=92{,}332$; $b=243{,}372$
6) $\beta=2\alpha$; $c=21{,}837$; $(a+b)=k=38{,}507$
7) $\beta=2\alpha$; $c=47{,}046$; $(b-a)=d=17{,}138$
8) $\beta=2\alpha$; $h_c=19{,}799$; $c:a=p:q$ $(5:3)$.

XII. Ein Dreieck zu berechnen aus

1) $\beta=3\alpha$; $c=24{,}291$; $(a+b)=k=150{,}14$
2) $\beta=2\alpha$; $b=4{,}536$; $(c-a)=d=3{,}5615$
3) $\beta=2\alpha$; $b=84{,}334$; $p=18{,}727$
4) $\beta=3\alpha$; $b=90{,}818$; $v=42{,}995$
5) $\beta=3\alpha$; $v=85{,}904$; $w_c=144{,}82$
6) $\beta=2\alpha$; $b=44{,}409$; $c=16{,}3$
7) $\beta=2\alpha$; $v=56{,}973$; $w_c=27{,}383$
8) $\beta=2\alpha$; $a=78{,}47$; $w_b=30{,}184$.

§ 31. d) **Dreiecksaufgaben zur Einübung der $r$-Methode.**

[Die Aufgaben der Gruppe XIII lassen sich ohne Einführung eines Hülfswinkels lösen. In den Aufgaben der Gruppe XIV ist ein Ausdruck von der Form $m \pm n \operatorname{tg} \varphi$ und in den Aufgaben der Gruppe XV ein Ausdruck von der Form $m \sin\varphi \pm n \cos\varphi$ auf eine zur logarithmischen Berechnung geeignetere Form zu bringen.]

---

Kreis mit $\rho_b$. Die Aufgaben 1) bis 6) lassen sich einfacher auf teilweise analytischem Wege lösen, indem man von den Beziehungen

$$c \cdot h_c = 2\,\rho\, s = 2\,\rho_a\,(s-a) = 2\,\rho_b\,(s-b) = 2\,\rho_c\,(s-c)$$

Gebrauch macht.

XIII. Die Aufgaben $V_6$ bis $V_8$ und $VI_5$ bis $VI_7$ sind auch nach der $r$-Methode zu lösen, außerdem noch folgende Aufgaben:

Ein Dreieck zu berechnen aus

1) $k = 14{,}309;\quad r = 5{,}505;\quad \gamma = 42^0 13' 43''$
2) $k = 15{,}434;\quad r = 4{,}513;\quad \delta = 57^0 11' 20''$
3) $d = 26{,}688;\quad r = 42{,}739;\quad \gamma = 40^0 55' 52''$
4) $d = 3{,}678;\quad r = 5{,}906;\quad \delta = 87^0\, 6' 15''$
5) $h_c = 31{,}24;\quad \rho = 12{,}56;\quad \delta = 19^0 40' 38''$
6) $h_c = 57{,}987;\quad \rho_c = 37{,}191;\quad \delta = 53^0\, 2' 16''$
7) $h_c = 21{,}935;\quad \rho_a = 37{,}604;\quad \delta = 32^0\, 3' 20''$
8) $\rho = 9{,}914;\quad \rho_c = 19{,}891;\quad \gamma = 34^0 56' 27''$
9) $\rho = 1{,}336;\quad \rho_c = 12{,}756;\quad \delta = 21^0 56' 42''$
10) $\rho_a = 47{,}123;\quad \rho_b = 27{,}071;\quad \gamma = 112^0 28' 52''$.

XIV. Ein Dreieck zu berechnen aus

1) $c = 33{,}836;\quad \rho = 9{,}245;\quad \alpha = 67^0 11' 19''$
2) $c = 92{,}176;\quad \rho_a = 97{,}092;\quad \alpha = 74^0\, 6' 38''$
3) $c = 33{,}814;\quad \rho_a = 32{,}506;\quad \beta = 49^0 48' 46''$
4) $c = 27;\quad \rho_c = 19{,}45;\quad \alpha = 93^0 22' 34''$
5) $k = 213;\quad \rho_a = 143;\quad \alpha = 81^0 58' 38''$
6) $k = 199{,}12;\quad \rho_b = 98{,}62;\quad \alpha = 39^0\, 8' 29''$
7) $d = 17;\quad \rho = 14{,}62;\quad \alpha = 75^0\, 9' 18''$
8) $d = 5{,}688;\quad \rho = 5{,}744;\quad \beta = 36^0 38' 50''$
9) $d = 2{,}088;\quad \rho_c = 2{,}936;\quad \alpha = 100^0 43' 10''$
10) $d = 4{,}7;\quad \rho_c = 4{,}352;\quad \beta = 26^0 18' 24''$

XV. Ein Dreieck zu berechnen aus

1) $c = 17{,}352;\quad \rho = 2{,}5623;\quad \gamma = 109^0\, 6' 32''$ (vgl. $VIII_1$)
2) $c = 32{,}068;\quad \rho_a = 80{,}085;\quad \gamma = 33^0 24' 34''$ (vgl. $VIII_3$)
3) $d = 99{,}34;\quad \rho = 23{,}379;\quad \gamma = 43^0 27' 34''$
4) $k = 16{,}392;\quad \rho_a = 6{,}215;\quad \gamma = 103^0 37' 33''$
5) $k = 23{,}752;\quad \rho = 3{,}1353;\quad \gamma = 60^0 30' 10''$
6) $d = 6{,}276;\quad \rho_a = 21{,}513;\quad \gamma = 39^0\, 5' 37''$
7) $h_c = 106{,}386;\quad r = 93{,}057;\quad \gamma = 68^0 29' 47''$
8) $r = 63{,}503;\quad \Delta = 3166{,}15;\quad \gamma = 46^0 21' 36''$
9) $r = 32{,}374;\quad \rho = 13{,}733;\quad \gamma = 81^0 16' 50''$
10) $r = 49{,}174;\quad \rho_a = 45{,}028;\quad \gamma = 104^0\, 3' 54''$.

XVI. Die Aufgaben der Gruppe IX sind auch nach der $r$-Methode zu lösen.

§ 32. e) **Aufgaben mit besonderer Anleitung.** (Gruppe XVII).

1. **Aufgabe:** Ein gleichschenkliges Dreieck zu berechnen aus $h_c = 9{,}025$ und $(a + c) = k = 17{,}154$.

a) **Analytische Lösung:** Bezeichnet man die Grundlinie mit $x$, die Schenkelseite mit $y$, so erhält man

$$x = \frac{2}{3}\left(2k - \sqrt{k^2 + 3h^2}\right) \text{ und } y = \frac{2}{3}\left(-\frac{k}{2} + \sqrt{k^2 + 3h^2}\right).$$

b) Geom.-trigonometrische Lösung: Verlängert man die Grundlinie $AB$ um die Schenkelseite $BC$ bis $E$, halbiert $BE$ in $F$ und verbindet $F$ mit $C$, so ist das rechtwinklige Dreieck $CDF$ konstruierbar; da sich $BC:BF=2:1$ verhält, so läßt sich der Punkt $B$ mit Hülfe des apollonischen Kreises bestimmen. Bezeichnet man $\sphericalangle DCF$ mit $\varphi$, so ist $\operatorname{tg}\varphi = \frac{k}{2h_c}$ und $\sin\left(\varphi - \frac{\gamma}{2}\right) = \frac{1}{2} \cdot \cos\varphi$.

2. Aufgabe: Ein gleichschenkliges Dreieck zu berechnen aus

$\alpha$) $a=3{,}88$ und $(c+h_c)=k=5{,}982$;
$\beta$) $a=2{,}739$ „ $(c+h_c)=k=6{,}012$.

a) Analytische Lösung: Bezeichnet man die Grundlinie mit $x$, die Höhe mit $y$, so erhält man

$$x=\frac{2}{5}\left(2k \pm \sqrt{5a^2-k^2}\right) \text{ und } y=\frac{2}{5}\left(\frac{k}{2} \mp \sqrt{5a^2-k^2}\right).$$

Ist $a > \frac{k}{2}$, so gilt nur das obere Vorzeichen; ist $a < \frac{k}{2}$, so haben beide Vorzeichen Geltung.

b) Geom.-trigonometrische Lösung: Verlängert man die Höhe $CD$ über $D$ hinaus um $AB$ von $D$ bis $E$ und zieht die Verbindungslinie $EB$, deren Verlängerung die durch $C$ zu $AB$ gezogene Parallele in $F$ schneidet, so ist das rechtwinklige Dreieck $ECF$ konstruierbar. Bezeichnet man $\sphericalangle DEB$ mit $\varphi$, so ist $\operatorname{tg}\varphi=\frac{1}{2}$ und $\sin\left(\frac{\gamma}{2}+\varphi\right)=\frac{k}{a} \cdot \sin\varphi$.

3. Aufgabe: Ein rechtwinkliges Dreieck zu berechnen, wenn von ihm die Abschnitte $u=3{,}7$ und $v=1{,}2$ bekannt sind, in welche eine Kathete durch die Halbierungslinie des ihr gegenüberliegenden Winkels geteilt wird.

a) Analytische Lösung: Bezeichnet man die Hypotenuse $BC$ mit $x$ die unbekannte Kathete $AC$ mit $y$, so ergibt sich

$$x=u \cdot \sqrt{\frac{u+v}{u-v}} \text{ und } y=v \cdot \sqrt{\frac{u+v}{u-v}}.$$

b) Geom.-trigonometrische Lösung: Ist $CD$ die Halbierungslinie des Winkels $ACB$ und fällt man von $D$ auf die Hypotenuse $BC$ das Lot $DE$, so ist dieses gleich $v$ und daher $\sin\beta=\cos\gamma=\frac{v}{u}$; $y=v \cdot \cot\frac{\gamma}{2}$ und $x=u \cdot \cot\frac{\gamma}{2}$.

4. Aufgabe: Ein Parallelogramm zu berechnen aus $(a+b)=k=9{,}3$; $\alpha=65^0$ und $\varepsilon=122^0 35' 43''$.

Lösung: Zur Bestimmung der 4 Unbekannten $a$, $b$, $e$ und $f$ bestehen die 4 Gleichungen

1) $a+b=k$

2) $2ab\sin\alpha=ef\sin\varepsilon$

3) $a^2=\frac{e^2+f^2}{4}-\frac{ef}{2}\cos\varepsilon$

4) $b^2=\frac{e^2+f^2}{4}+\frac{ef}{2}\cos\varepsilon$.

Durch Elimination von $e$ und $f$ erhält man die Gleichung

$$a-b=-\frac{2ab}{k}\cdot\frac{\sin\alpha}{\operatorname{tg}\varepsilon}$$

und diese gibt in Verbindung mit $a+b=k$ zur Bestimmung von $a-b$ die quadratische Gleichung

$$(a-b)^2-2k\frac{\operatorname{tg}\varepsilon}{\sin\alpha}.(a-b)=k^2.$$

Setzt man $\cot\varphi=-\frac{\operatorname{tg}\varepsilon}{\sin\alpha}$, so wird $a-b=k.\operatorname{tg}\frac{\varphi}{2}$.

5. Aufgabe: Ein Parallelogramm zu berechnen aus $(e+f)=k=15{,}928$; $\alpha=69^0 5'13''$ und $\varepsilon=122^0 14'38''$.

1te Lösung: Man bestimmt zunächst die beiden Diagonalen $e$ und $f$. Es ist

$$1)\ ef\sin\varepsilon=2ab\sin\alpha;$$

ferner ergibt sich aus den beiden Gleichungen

$$e^2=a^2+b^2+2ab\cos\alpha \text{ und } f^2=a^2+b^2-2ab\cos\alpha,$$

daß $e^2-f^2=4ab\cos\alpha$ oder

$$2)\ k(e-f)=4ab\cos\alpha$$

ist. Aus 1) und 2) folgt $\frac{ef}{e-f}=\frac{k}{2}.\frac{\operatorname{tg}\alpha}{\sin\varepsilon}$. Diese Gleichung liefert in Verbindung mit $e+f=k$ zur Bestimmung von $e-f$ die quadratische Gleichung

$$(e-f)^2+2k\frac{\operatorname{tg}\alpha}{\sin\varepsilon}.(e-f)=k^2.$$

Setzt man $\cot\varphi=\frac{\operatorname{tg}\alpha}{\sin\varepsilon}$, so wird $e-f=k.\operatorname{tg}\frac{\varphi}{2}$.

2te Lösung: Man bestimmt unmittelbar die Seiten $a$ und $b$. Zur Bestimmung der 4 Unbekannten $a$, $b$, $e$ und $f$ bestehen die 4 Gleichungen

$$1)\ e+f=k \qquad 3)\ 4a^2=e^2+f^2-2ef\cos\varepsilon$$

$$2)\ 2ab\sin\alpha=ef\sin\varepsilon \qquad 4)\ 4b^2=e^2+f^2+2ef\cos\varepsilon.$$

Durch Elimination von $e$ und $f$ lassen sich hieraus zunächst die beiden Gleichungen ableiten

$$5)\ a^2+ab\sin\alpha\cot\frac{\varepsilon}{2}=\frac{k^2}{4} \text{ und } b^2+ab\sin\alpha\operatorname{tg}\frac{\varepsilon}{2}=\frac{k^2}{4},$$

aus denen sich zur Bestimmung von $\frac{a}{b}$ die quadratische Gleichung ergibt

$$6)\ \frac{a}{b}-\frac{b}{a}=-2\frac{\sin\alpha}{\operatorname{tg}\varepsilon}.$$

Setzt man

$$7)\ \cot\varphi=-\frac{\sin\alpha}{\operatorname{tg}\varepsilon}, \text{ so wird}$$

$\frac{a}{b}=\cot\frac{\varphi}{2}$ und es ergeben sich hieraus in Verbindung mit 5) für $a$ und $b$ schließlich die Werte

$$a=\frac{k}{2}\cos\frac{\varphi}{2}\cdot\sqrt{\frac{-\cos\varepsilon}{\sin\frac{\varepsilon+\varphi}{2}\cdot\sin\frac{\varepsilon-\varphi}{2}}};\quad b=\frac{k}{2}\sin\frac{\varphi}{2}\cdot\sqrt{\frac{-\cos\varepsilon}{\sin\frac{\varepsilon+\varphi}{2}\cdot\sin\frac{\varepsilon-\varphi}{2}}}.$$

6. Aufgabe: In einem Viereck, dessen 4 Seiten gegeben sind, ist $\sphericalangle\ \alpha+\gamma=90^0$. Wie groß sind die Winkel und der Flächeninhalt des Vierecks? [$a=18; b=13; c=11$ und $d=16$].

Lösung: Aus $f^2=a^2+d^2-2\,ad\cos\alpha$ und $f^2=b^2+c^2-2\,bc\sin\alpha$ folgt

$$2\,ad\cos\alpha-2\,bc\sin\alpha=a^2-b^2-c^2+d^2.$$

Setzt man

$$\operatorname{tg}\varphi=\frac{bc}{ad},\ \text{so wird}\ \cos(\alpha+\varphi)=\frac{a^2-b^2-c^2+d^2}{2ad}$$

$$\text{und ferner}\ F=\tfrac{1}{2}\,ad\cdot\frac{\sin(\alpha+\varphi)}{\cos\varphi}.$$

Ebenso bestimmt man den Winkel $\beta$.

In ähnlicher Weise sind die beiden folgenden Aufgaben zu lösen:

7. Aufgabe: In einem Viereck, in dem $\gamma-\alpha=90^0$ ist, kennt man die vier Seiten $a=14$, $b=3$, $c=5$ und $d=12$. Wie groß sind die Winkel $\alpha$ und $\gamma$ und der Flächeninhalt des Vierecks?

8. Aufgabe: Zur Bestimmung der unzugänglichen Entfernung zweier Punkte $A$ und $B$ mißt man von zwei Standpunkten $C$ und $D$ aus, von denen man ungehindert nach $A$ und $B$ gelangen kann, die Entfernungen

$$BC=b=48m;\ AD=d=61m;\ AC=e=76m\ \text{und}\ BD=f=97m;$$

außerdem ergibt die Messung, daß die Summe der Winkel $ACB$ und $ADB$ einen Rechten beträgt. Wie lang ist die Strecke $AB$?

§ 33. f) Aufgaben aus der Feldmeßkunst und vermischte Aufgaben.

1) Die Pothenotsche Aufgabe: Die Lage eines Punktes zu bestimmen, an dem die Visierwinkel nach drei gegebenen Punkten gemessen sind, oder die Entfernung eines Punktes $X$ von den drei gegebenen Punkten $A$, $B$, $C$ zu bestimmen, wenn $\sphericalangle\ AXC=\beta$, $\sphericalangle\ BXC=\alpha$, $AC=b$, $CB=a$, $\sphericalangle\ ACB=\gamma$ bekannt sind.

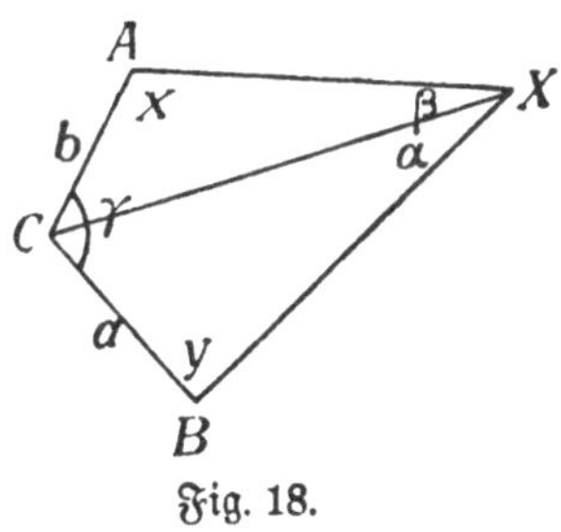

Fig. 18.

Plan: $\underbrace{b,\beta,CX}_{x}\frown\underbrace{CX,a,\alpha}_{y}$

$$x+y=360^0-(\gamma+\beta+\alpha).$$

$$\sin x:\sin\beta=CX:b,\quad \sin y:\sin\alpha=CX:a;$$

$$\sin x=\frac{CX\cdot\sin\beta}{b},\quad \sin y=\frac{CX\cdot\sin\alpha}{a};$$

$$\frac{\sin x}{\sin y}=\frac{a\sin\beta}{b\sin\alpha},\quad \frac{\sin x+\sin y}{\sin x-\sin y}=\frac{a\sin\beta+b\sin\alpha}{a\sin\beta-b\sin\alpha},$$

$$\operatorname{tg}\frac{x+y}{2}\cdot\cot\frac{x-y}{2}=\frac{a\sin\beta+b\cdot\sin\alpha}{a\sin\beta-b\sin\alpha}.$$

Da $\frac{x+y}{2}$ aber bekannt ist, läßt sich $\frac{x-y}{2}$ und alsdann $x$ und $y$ selbst berechnen. Die Dreiecke $XAC$ und $XBC$ lassen sich nunmehr in einfacher Weise berechnen.

2) Die Hansensche Aufgabe. Die Entfernung zweier Punkte $A$ und $B$ zu berechnen, wenn man die Visierwinkel $CAD=\alpha_1$, $DAB=\alpha_2$, $CBD=\beta_1$, $CBA=\beta_2$ gemessen hat und die Länge von $CD=g$ bekannt ist.

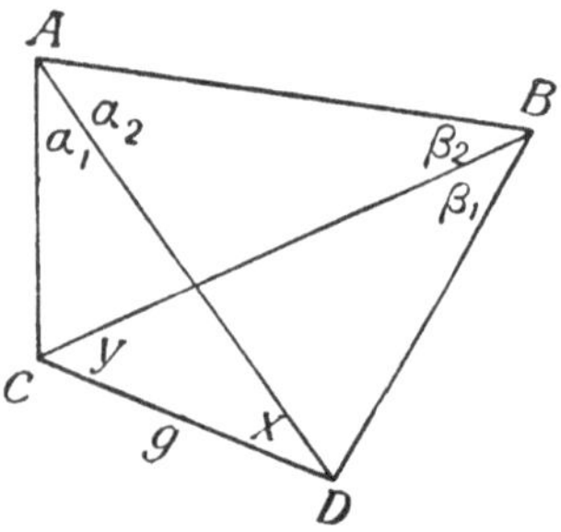

Fig. 19.

Plan: $\alpha_1+\alpha_2,\ \beta_2,\ AB \frown AB,\ \alpha_2,\ \beta_1+\beta_2$

$g,\ \alpha_1,\ AC \qquad BD,\ \beta_1,\ g$

$x \qquad y$

$$x+y=\alpha_2+\beta_2$$

$$AC=\frac{AB\sin\beta_2}{\sin(\alpha_1+\alpha_2+\beta_2)},\quad BD=\frac{AB\sin\alpha_2}{\sin(\beta_1+\beta_2+\alpha_2)};$$

$$\sin x=\sin\alpha_1\cdot\frac{AC}{g}=\frac{AB}{g}\cdot\frac{\sin\alpha_1\sin\beta_2}{\sin(\alpha_1+\alpha_2+\beta_2)},$$

$$\sin y=\sin\beta_1\cdot\frac{BD}{g}=\frac{AB}{g}\cdot\frac{\sin\alpha_2\sin\beta_1}{\sin(\beta_1+\beta_2+\alpha_2)};$$

$$\frac{\sin x}{\sin y}=\frac{\sin\alpha_1\sin\beta_2\sin(\beta_1+\beta_2+\alpha_2)}{\sin\alpha_2\sin\beta_1\sin(\alpha_1+\alpha_2+\beta_2)}.$$

Da $x+y=\alpha_2+\beta_2$ bekannt ist, so sind $x$ und $y$ in derselben Weise zu bestimmen wie in der vorigen Aufgabe. Die Berechnung von $AB$ ist dann einfach.

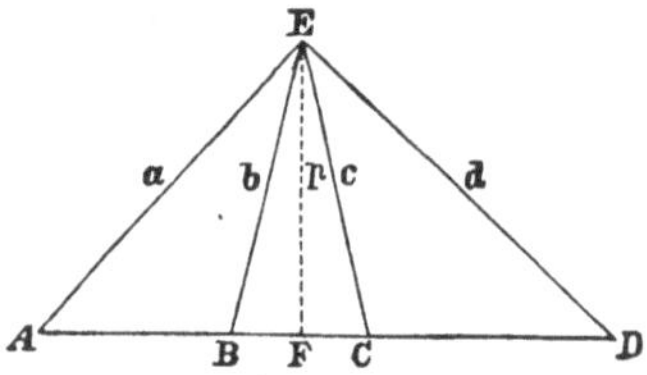

Fig. 20.

3) Von einem Punkte $E$ sind nach den in gerader Linie liegenden Punkten $A, B, C, D$ die Strahlen $a, b, c, d$ gezogen. Der doppelte Flächeninhalt des Dreiecks $EAB$ ist gleich $AB\,.\,p$ und gleich $ab\sin(ab)$, wenn die Höhe $EF$ durch $p$ und der Winkel $AEB$ durch $(ab)$ bezeichnet wird. Daher ist:

$$AB\,.\,p=ab\sin(ab),\ \text{ebenso}\ CD\,.\,p=cd\sin(cd)\ \text{usw.},$$

also:

$$\frac{abcd}{p^2}=\frac{AB\,.\,CD}{\sin(ab)\sin(cd)}=\frac{AC\,.\,BD}{\sin(ac)\sin(bd)}=\frac{AD\,.\,BC}{\sin(ad)\sin(bc)}.$$

Beispiele: a) Man kennt die Strecken $AB=q$, $BC=r$, $CD=s$ und soll den Punkt $E$ finden, von dem aus diese Strecken gleich groß erscheinen. Man hat dann

$$\frac{qs}{\sin x\sin x}=\frac{(q+r)(r+s)}{\sin 2x\sin 2x},\quad \text{also: } \cos x=\sqrt{\frac{(q+r)(r+s)}{4qs}}.$$

Setzt man Winkel $EBC=z$, so findet man

$$b \sin x = q \sin(z-x) = r \sin(z+x)$$

und hieraus leicht $z$ und die Strecken $a, b, c, d$; nämlich:

$$\operatorname{tg} z = \frac{q+r}{q-r} \operatorname{tg} x, \quad a = \frac{q \sin z}{\sin x}, \quad b = \frac{q \sin(z-x)}{\sin x} \text{ usw.}$$

Ebenso läßt sich die Aufgabe lösen, wenn die Winkel bei $E$ sich wie $1:2:3$ verhalten oder andere Bedingungen erfüllen müßten.

b) Die Winkel $AEB=\alpha$, $BEC=\beta$, $CED=\gamma$, sind gemessen, und aus den Strecken $q$ und $s$ soll die mittelste $r=x$ bestimmt werden. Man erhält $x$ aus der Formel:

$$\frac{(q+x)(s+x)}{\sin(\alpha+\beta)\sin(\beta+\gamma)} = \frac{qs}{\sin\alpha \sin\gamma}.$$

c) Der Kanal $ABCD$ schneidet die Straße $ED$. Von $E$ aus wird der Mastbaum eines Schiffes, das mit der Geschwindigkeit $g$ nach $D$ hin segelt, zuerst in $A$ beobachtet; nach $t$ Sekunden wird er in $B$ und nach Verlauf von weiteren $t'$ Sekunden in $C$ erblickt. Die Winkel $\alpha$, $\beta$, $\gamma$ werden gemessen. Man soll die Strecken $CD=x$, $ED=z$ und den Winkel $ECB=y$ bestimmen. — Es ist $AB=gt$, $BC=gt'$, also:

$$\frac{gt \cdot x}{\sin\alpha \sin\gamma} = \frac{g(t+t')(gt'+x)}{\sin(\alpha+\beta)\sin(\beta+\gamma)}.$$

Hieraus ergibt sich $x$ und dann

$$z = \frac{x \cdot \sin y}{\sin\gamma} = \frac{(x+gt')\sin(\beta+y)}{\sin(\beta+\gamma)}, \text{ also}$$

$$\frac{\sin(\beta+y)}{\sin y} = \frac{x \cdot \sin(\beta+\gamma)}{(x+gt')\sin\gamma},$$

woraus $y$ und dann $z$ gefunden wird.

# Dritter Teil: Stereometrie.

## Erster Abschnitt.

## Systematische Begründung der Stereometrie.

### A. Einleitung.

§ 1. Erklärung. Die Stereometrie ist die Lehre von solchen Raumgebilden, die in ihrer ganzen Erstreckung nicht einer einzigen Ebene angehören. Ihre einfachsten Gebilde sind der Punkt, die Gerade und die Ebene. Eine Ebene hat die Eigenschaft, daß man nach allen Richtungen gerade Linien hineinlegen kann (oder daß eine Gerade, die zwei beliebige Punkte der Ebene verbindet, ganz in sie hineinfällt). Eine Ebene läßt sich durch eine Gerade erzeugen, die durch einen Punkt geht und an einer anderen Geraden entlang gleitet.

§ 2. Punkt und Gerade. a) Durch einen Punkt lassen sich im Raum unzählig viele Gerade legen.

b) Durch zwei Punkte ist auch im Raum eine Gerade bestimmt.

§ 3. Punkt und Ebene. a) Durch einen Punkt lassen sich unzählig viele Ebenen legen.

b) Durch zwei Punkte lassen sich unzählig viele Ebene legen, die alle die Verbindungslinie der beiden Punkte gemeinsam haben und durch Drehung um sie als Achse entstanden gedacht werden können. Diese Drehung ist aber nicht möglich, sobald noch ein Punkt außerhalb der Achse oder eine die Achse schneidende Gerade oder eine zur Achse parallele Gerade gegeben ist, die in der Ebene liegen sollen. Es ist daher

c) eine Ebene bestimmt durch drei nicht in einer Geraden liegende Punkte oder durch eine Gerade und einen außerhalb gelegenen Punkt oder durch zwei sich schneidende Gerade oder durch zwei parallele Gerade.

Anmerkung. 4 Punkte liegen nicht immer in einer Ebene. Vorteil dreibeiniger Tische, Stühle, Gestelle.

§ 4. Gerade und Gerade. Zwei Gerade im Raume können gemeinsam haben

a) zwei Punkte; dann fallen sie ganz zusammen.

b) einen Punkt; dann schneiden sie sich.

c) keinen Punkt; dann sind sie parallel, wenn sie einer Ebene angehören, windschief oder gekreuzt, wenn dies nicht der Fall ist.

§ 5. Gerade und Ebene. Eine Gerade kann mit einer Ebene gemeinsam haben

a) zwei Punkte; dann fällt sie ganz in die Ebene hinein.

b) einen Punkt; dann schneidet sie die Ebene (im Schnittpunkt).

c) keinen Punkt; dann ist sie der Ebene parallel.

§ 6. Ebene und Ebene. Zwei Ebenen können keinen Punkt gemeinsam haben und heißen dann parallel. Wenn sie sich aber schneiden, so ist die Schnittlinie stets eine Gerade. Denn wäre sie krumm oder gebrochen, so könnte man darauf drei Punkte annehmen, die nicht in gerader Linie liegen; solche Punkte können aber die beiden Ebenen nicht gemeinsam haben, ohne ganz zusammenzufallen (§ 3c).

## B. Gerade und Ebene.

§ 7. Lehrsatz. Steht eine Gerade auf zwei sich schneidenden Geraden einer Ebene in deren Schnittpunkt senkrecht, so steht sie auf allen durch den Schnittpunkt gehenden Geraden der Ebene senkrecht.

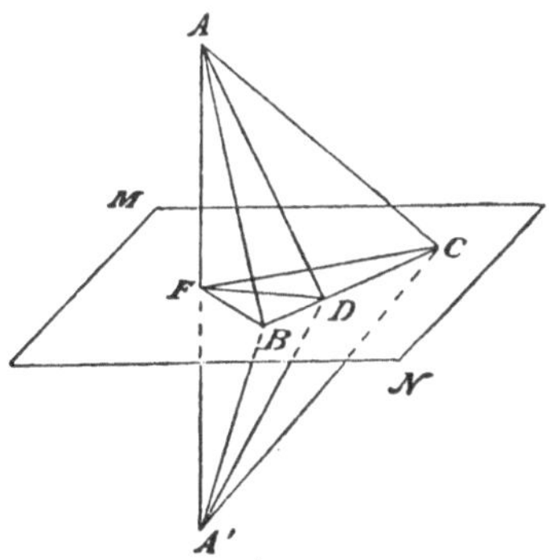


Fig. 21.

Beweis. $AF$ sei senkrecht auf $FB$ und $FC$; es ist zu beweisen, daß $AF$ dann auch auf jeder andern durch $F$ gehenden Geraden der Ebene $MN$ senkrecht steht. Macht man $FA = FA'$ und verbindet wie in Fig. 21, so ist $\triangle AFB \cong A'FB$, daher $AB$

$= A'B$, und $\Delta\, AFC \cong A'FC$, mithin $AC = A'C$, demnach auch $\Delta\, ABC \cong A'BC$. Hieraus folgt, wenn man diese beiden Dreiecke zur Deckung bringt, $AD = A'D$ und demgemäß $\Delta\, AFD \cong A'FD$, $AA' \perp FD$.

**Erklärung.** Steht eine Gerade auf allen Geraden einer Ebene, die durch ihren Schnittpunkt gehen, senkrecht, so heißt sie ein **Lot** oder eine **Senkrechte** der Ebene; ihr Durchschnittspunkt heißt **Fußpunkt**. Ebensogut kann man von der Ebene $MN$ sagen, daß sie auf der Geraden $AA'$ senkrecht steht, und nennt sie daher eine **Lotebene** der Geraden; sie enthält alle Geraden, die in $F$ auf $AA'$ senkrecht stehen.

**Anmerkung.** Das von einem Punkte auf eine Ebene gefällte Lot ist die **kürzeste** Verbindungslinie zwischen beiden ($AF < AC$) und wird die **Entfernung** des Punktes von der Ebene genannt.

§ 8. **Lehrsatz. Der geometrische Ort aller Punkte, die von zwei festen Punkten $A$ und $A'$ gleiche Entfernung haben, ist eine Ebene.**

**Beweis.** Man ziehe (Fig. 21) durch irgend zwei Punkte $B$ und $C$ des Ortes eine Gerade; $D$ sei ein beliebiger Punkt derselben. Dann ist $\triangle\, ABC \cong A'BC$ und deshalb $AD = A'D$. Der Punkt $D$ gehört also dem Orte an; jede Gerade, die zwei Punkte des Ortes verbindet, liegt also ganz in dem Orte, d. h. der Ort ist eine Ebene.

§ 9. **Lehrsatz. Lote auf derselben Ebene sind parallel.**

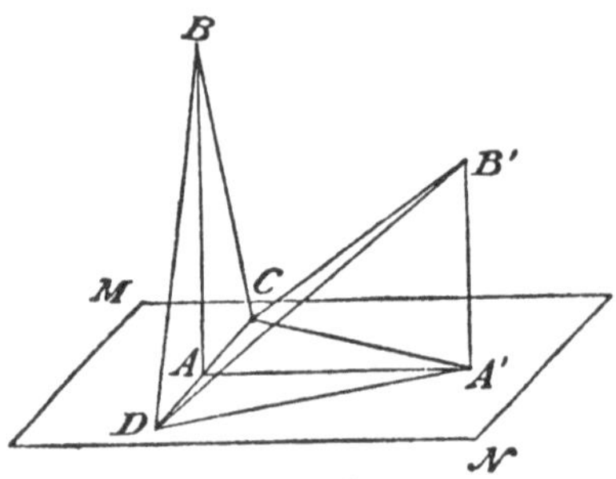

Fig. 22.

**Beweis.** Es seien $AB$ und $A'B'$ zwei Lote auf $MN$. Es werde $A$ mit $A'$ verbunden, durch $A$ in $MN$ die Gerade $CD \perp AA'$ gezogen und $AC = AD$ gemacht. Dann folgt leicht, daß auch $BC = BD$, $A'C = A'D$, $B'C = B'D$, d. h. die vier Punkte $A$, $B$, $A'$, $B'$ haben von $C$ und $D$ gleiche Entfernung. Die Lote $AB$ und $A'B'$ liegen also nach § 8 in einer und derselben Ebene, und da sie in dieser beide auf $AA'$ senkrecht stehen, so sind sie parallel.

Zusatz. Steht eine von zwei parallelen Geraden auf einer Ebene senkrecht, so steht auch die andere auf der Ebene senkrecht.

§ 10. Lehrsatz. Sind zwei Gerade einer dritten parallel, so sind sie einander parallel.

Beweis. Man errichte auf der dritten Geraden eine senkrechte Ebene, so sind nach § 9, Zus. die beiden anderen Geraden Lote auf dieser Ebene und folglich nach § 9 einander parallel.

§ 11. Lehrsatz. Winkel mit parallelen Schenkeln sind gleich.

Beweis. Man trage auf den parallelen Schenkeln gleiche Strecken ab, so daß $AB \parallel$ und $= A'B'$, $AC \parallel$ und $= A'C'$, und ziehe $AA'$, $BB'$, $CC'$. Dann folgt, daß $BB' \parallel$ und $= AA'$, $CC' \parallel$ und $= AA'$, also ist auch $BB' \parallel$ und $= CC'$, und folglich $BC = B'C'$. Daher ist $\triangle BAC \cong B'A'C'$, mithin $\sphericalangle BAC = B'A'C'$.

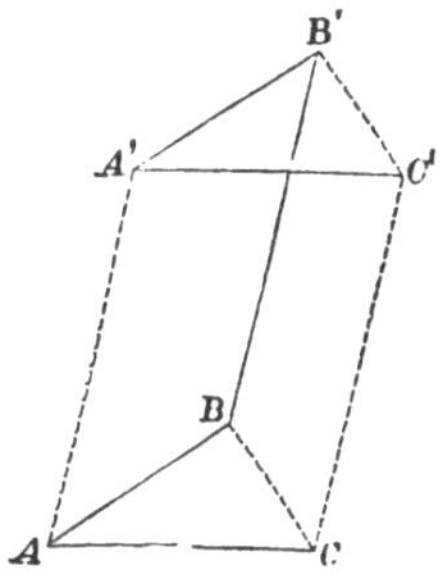

Fig. 23.

§ 12. 1. Projektion eines Punktes auf eine Ebene heißt der Fußpunkt des von dem Punkte auf die Ebene gefällten Lotes. Die Projektion einer Linie auf eine Ebene geht durch die Projektionen ihrer sämtlichen Punkte.

Die Projektion einer Geraden auf eine Ebene ist im allgemeinen ebenfalls eine Gerade; nur die Projektion einer Senkrechten einer Ebene auf diese ist ein Punkt.

2. Der Winkel, den eine Gerade mit ihrer Projektion auf eine Ebene bildet, heißt der Neigungswinkel der Geraden und der Ebene.

§ 13. Lehrsatz. Der Neigungswinkel einer Geraden zu einer Ebene ist der kleinste unter allen Winkeln, die die Gerade mit den durch ihren Fußpunkt gezogenen Strahlen der Ebene bildet.

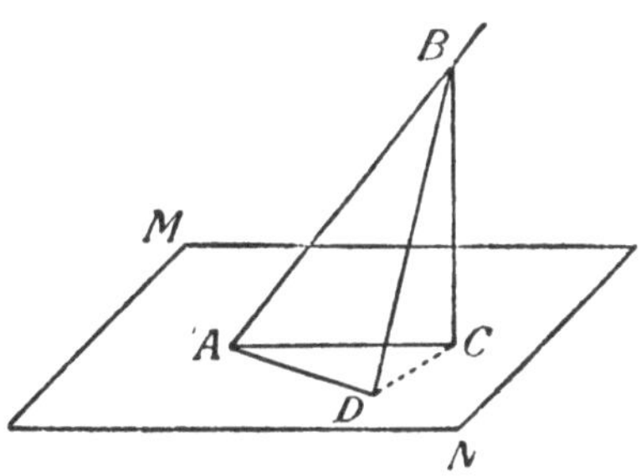

Fig. 24.

Beweis. Ist $BC \perp MN$ und macht man $AD = AC$, so

ist $BD > BC$. Die Dreiecke $BAC$ und $BAD$ stimmen daher in zwei Seiten überein, während die dritten Seiten ungleich sind. Mithin ist $\sphericalangle BAD > BAC$.

§ 14. Lehrsatz. Unter allen Strecken, die einen Punkt mit einer Ebene verbinden, sind diejenigen gleich, deren Fußpunkte vom Fußpunkt des Lotes gleichweit entfernt sind; sie werden um so größer, je weiter ihr Fußpunkt vom Fußpunkt des Lotes abrückt. Die gleichen Strecken haben gleiche, die größeren aber die kleineren Neigungswinkel zur Ebene.

Beweis. Ist $CA = CD$, so ist $\Delta\ BCA \cong BCD$, mithin $BA = BD$ und $\sphericalangle\ BAC = BDC$. Ist dagegen $CA > CD$, so dreht man $\Delta\ BCD$ um $BC$ als Achse, bis $CD$ in die Richtung von $CA$ fällt. Dann fällt $D$ zwischen $C$ und $A$, und es ist $\sphericalangle\ BDC > BAC$, $BD$ aber kleiner als $BA$.

§ 15. Lehrsatz. Liegt eine Gerade außerhalb einer Ebene und ist sie einer Geraden in dieser Ebene parallel, so ist sie der Ebene selbst parallel.

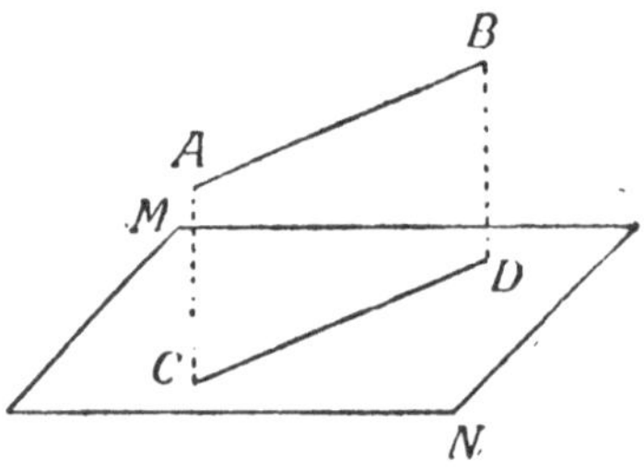

Fig. 25.

Beweis. Legt man durch beide Gerade $AB$ und $CD$ die Ebene, so müßte, falls $AB$ einen Punkt mit $MN$ gemeinsam hätte, dieser in der Ebene $AD$, also in der Schnittlinie $CD$ liegen, was nicht möglich ist.

Zusatz. Ist eine Gerade einer Ebene parallel und legt man durch die erstere eine Ebene, die die vorige Ebene schneidet, so ist die Schnittlinie der gegebenen Geraden parallel.

## C. Ebene und Ebene.

§ 16. Erklärungen. 1. Zwei einander schneidende Ebenen bilden einen Flächenwinkel. Die Durchschnittslinie der beiden Ebenen heißt die Scheitellinie des Flächenwinkels oder seine Achse. Gemessen wird der Flächenwinkel durch die Drehung, die eine der beiden Schenkelebenen machen muß, um in die Lage der andern zu kommen. Errichtet man auf der Achse in einem beliebigen Punkt

Lote, die in den beiden Schenkelebenen liegen, so bilden diese den **Neigungswinkel** der beiden Ebenen. Durch die beschriebene Drehung wird ebensowohl der Flächenwinkel wie sein Neigungswinkel gemessen; der letztere gilt daher zugleich als Maß des ersteren. Die für ebene Winkel üblichen Bezeichnungen (spitze, rechte, stumpfe Winkel; Scheitel-, Nebenwinkel usw.) lassen sich daher auf Flächenwinkel übertragen. Im folgenden sollen nur hohle Flächenwinkel betrachtet werden.

2. Zwei Ebenen heißen senkrecht zueinander, wenn ihr Neigungswinkel ein Rechter ist.

§ 17. **Lehrsatz.** Jede Ebene durch eine Gerade, die zu einer zweiten Ebene senkrecht steht, ist auf der letzteren senkrecht.

Beweis mittels des Neigungswinkels.

**Zusatz.** Die Ebene des Neigungswinkels zweier Ebenen steht auf diesen senkrecht.

§ 18. **Lehrsatz.** Zieht man in einer von zwei aufeinander senkrechten Ebenen eine Gerade senkrecht zur Schnittlinie, so steht diese Gerade auch auf der andern Ebene senkrecht.

Beweis mittels des Neigungswinkels.

**Anmerkung.** Zieht man daher in der Ebene des Neigungswinkels $CB \perp AB$, so steht auch $CB \perp E$. Daher ergeben sich noch folgende Konstruktionen des Neigungswinkels, die zum Teil auf Umkehrungen vorstehenden Lehrsatzes beruhen:

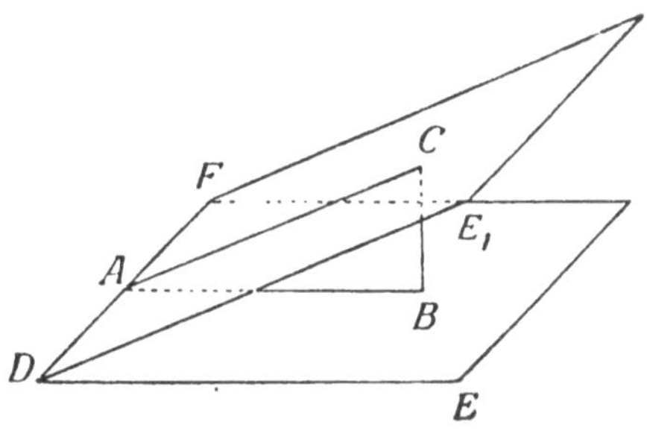

Fig. 26.

a) $CB \perp E$, $CA \perp DF$, $AB$;
b) $CB \perp E$, $BA \perp DF$, $AC$.

§ 19. **Lehrsatz.** Die Schnittlinie zweier Ebenen, die auf einer dritten senkrecht stehen, steht selbst auf der letzteren senkrecht.

Beweis mittels der beiden Neigungswinkel und § 7.

§ 20. **Lehrsatz.** Zwei Ebenen, die zu einer Geraden senkrecht stehen, sind parallel.

**Beweis.** Hätten die beiden Ebenen einen Punkt gemeinsam, so könnte man durch diesen Punkt und die Gerade die Ebene legen und würde dadurch ein Dreieck mit zwei rechten Winkeln erhalten.

§ 21. **Lehrsatz.** Zwei parallele Ebenen werden von jeder schneidenden Ebene in parallelen Durchschnittslinien geschnitten.

**Beweis.** Die Durchschnittslinien liegen in einer Ebene und können keinen Punkt gemeinsam haben.

§ 22. **Lehrsatz.** Das Lot auf einer von zwei parallelen Ebenen steht auch auf der andern senkrecht.

**Beweis:** Ist $AB \perp MN$, so lege man durch $AB$ zwei Ebenen, die die Ebenen $MN$ u. $PQ$ in parallelen Durchschnittslinien schneiden. Es ist daher $\sphericalangle ACF = ABD = R$ und $\sphericalangle ACG = ABE = R$, mithin $AC \perp PQ$.

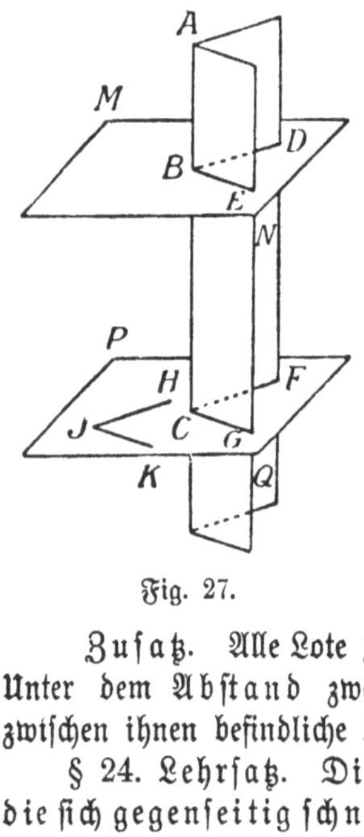

Fig. 27.

§ 23. **Lehrsatz.** Die Ebenen solcher Winkel, deren Schenkel paarweise parallel laufen, sind parallel.

**Beweis.** Es sei $BD \parallel JH$ und $BE \parallel JK$, $MN$ die Ebene des Winkels $DBE$ und $PQ$ die des Winkels $HJK$. Fällt man nun $BC \perp PQ$ und zieht $CF \parallel JH$ und $CG \parallel JK$, so ist auch (§ 10) $CF \parallel BD$ und $CG \parallel BE$, daher $\sphericalangle ABD = \sphericalangle ACF = R$ und $\sphericalangle ABE = \sphericalangle ACG = R$, mithin $AB \perp MN$; folglich $MN \parallel PQ$ nach § 20.

**Zusatz.** Alle Lote zwischen parallelen Ebenen sind gleich lang. Unter dem **Abstand** zweier parallelen Ebenen versteht man das zwischen ihnen befindliche Lot.

§ 24. **Lehrsatz.** Die Durchschnittslinien dreier Ebenen, die sich gegenseitig schneiden, sind entweder einander parallel oder schneiden sich in einem Punkt oder fallen ganz zusammen.

**Beweis.** Die Durchschnittslinie zweier der Ebenen kann 1) zur dritten Ebene parallel sein, oder 2) sie schneiden, oder 3) ganz in sie hineinfallen. Im ersten Fall muß sie den beiden andern Durchschnittslinien parallel sein, da sie keinen Punkt mit ihnen gemeinsam haben kann. Im zweiten Fall ist ihr Schnittpunkt mit der dritten Ebene zugleich der Punkt, indem sich auch die beiden andern Durchschnittslinien schneiden. Im dritten Fall gehen die drei Ebenen durch dieselbe Gerade.

## Zweiter Abschnitt.
## Von den körperlichen Ecken.

§ 25. Zieht man von einem Punkte des Raumes aus drei Gerade und legt durch je zwei derselben Ebenen, so bilden diese eine dreiseitige körperliche Ecke. Werden $n$ von einem Punkte ausgehende Gerade in bestimmter Reihenfolge durch $n$ Ebenen paarweise verbunden, so entsteht eine $n$-seitige körperliche Ecke. Der Ausgangspunkt der Geraden heißt der Scheitel, die Geraden selbst heißen die Kanten, die von den Kanten eingeschlossenen Winkel die Seiten (Kantenwinkel) und die Neigungswinkel der Ebenen die Winkel (Flächenwinkel oder auch Ebenenwinkel) der Ecke. — Es werden hier nur konvexe Ecken betrachtet, d. h. solche, in denen jede Seite und jeder Winkel weniger als zwei Rechte beträgt und die durch keine Gerade in mehr als zwei Punkten geschnitten werden können.

§ 26. Die Lote, die man auf den Seitenflächen einer Ecke in ihrem Scheitel nach außen errichtet, bestimmen eine neue Ecke, welche die Ergänzungs- oder Polarecke der gegebenen heißt. Weil je zwei aufeinanderfolgende Kanten der zweiten Ecke auf der Durchschnittskante der zugehörigen Ebenen der ersten senkrecht stehen, so steht auch umgekehrt jede Kante der ersten Ecke auf zwei Kanten, also auf einer Ebene der zweiten senkrecht; d. h. die gegebene Ecke ist die Polarecke ihrer Polarecke. Daher sind die Seiten einer jeden der beiden Ecken die Supplemente der Winkel der anderen und folglich auch umgekehrt die Winkel einer jeden die Supplemente der Seiten der anderen.

Sind also die Seiten und Winkel der einen Ecke
$a, b, c, \alpha, \beta, \gamma,$ und die entsprechenden der andern
$a', b', c', \alpha', \beta', \gamma',$ so ist
$a + \alpha' = 180^\circ,\ b + \beta' = 180^\circ,\ c + \gamma' = 180^\circ$ und
$\alpha + a' = 180^\circ,\ \beta + b' = 180^\circ,\ \gamma + c' = 180^\circ.$

§ 27. **Lehrsatz. In jeder dreiseitigen Ecke liegen gleichen Seiten gleiche Winkel und gleichen Winkeln gleiche Seiten gegenüber.**

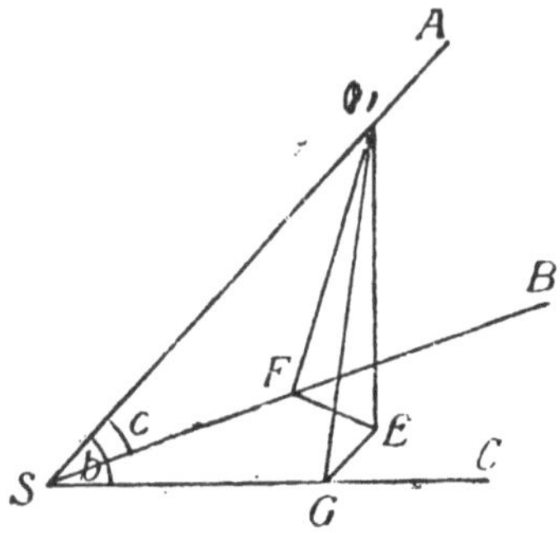

Fig. 28.

Beweis a) Ist $DE \perp BSC$ und $\sphericalangle ASB = c$, $\sphericalangle ASC = b$, $\sphericalangle DFE = \beta$, $\sphericalangle DGE = \gamma$ und zwar $b = c$, so ist $\triangle DSF \cong DSG$, mithin $DF = DG$, daher $\triangle DFE \cong DGE$. also $\beta = \gamma$.

b) Der zweite Teil des Lehrsatzes kann in umgekehrter Reihenfolge oder auch mit Hülfe der Polarecke folgendermaßen bewiesen werden. Ist in der vorliegenden Ecke $\beta = \gamma$, so ist in der Polarecke (§ 26) $b' = c'$, daher dort (§ 27a) $\beta' = \gamma'$ und mithin hier $b = c$.

§ 28. **Lehrsatz. In jeder dreiseitigen Ecke liegen ungleichen Seiten ungleiche Winkel und ungleichen Winkeln ungleiche Seiten gegenüber und zwar der größeren Seite ein größerer Winkel und dem größeren Winkel eine größere Seite.**

Beweis. a) Es ist $DF = SD. \sin c$ und $DG = SD. \sin b$; wenn nun $b > c$, so ist, falls $b$ und $c$ kleiner als 90° sind, $DG > DF$. Ferner ist $\sin \beta = \frac{DE}{DF}$ und $\sin \gamma = \frac{DE}{DG}$, mithin $\beta > \gamma$. (Bei stumpfen Seiten läßt sich der Beweis mit Hülfe von Nebenecken, die die Supplemente zu Seiten haben, führen.)

b) mit Hülfe der Polarecke. Aus $\beta > \gamma$ folgt $b' < c'$, hieraus $\beta' < \gamma'$ und wiederum $b > c$.

§ 29. **Lehrsatz. In jeder dreiseitigen Ecke ist jede Seite kleiner als die Summe der beiden anderen Seiten.**

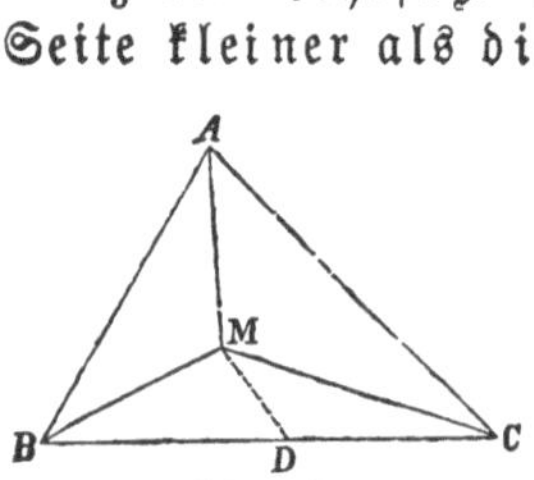

Fig. 29.

Beweis. Eines Beweises bedarf dieser Satz nur für die größte Seite der Ecke $M(ABC)$; sie sei $BMC$. Es sei $\sphericalangle BMD = BMA$ und $MD = MA$ gemacht und die Ecke durch eine Ebene $ABDC$ geschnitten, so ist $\triangle BMD \cong BMA$, also $DB = AB$ und folglich $CD = CB - AB$.

Da nun $CB - AB < CA$, so ist auch $CD < CA$; folglich $\sphericalangle CMD < CMA$ (U. I § 63 oder 76, Umk.), und daher auch:

$$\sphericalangle CMB < CMA + BMA.$$

Zusatz. In jeder $n$-seitigen Ecke ist jede Seite kleiner als die Summe aller übrigen.

§ 30. **Lehrsatz. In jeder $n$-seitigen Ecke ist 1) die Summe aller Seiten ($S$) kleiner als $4R$, und 2) die Summe aller Winkel ($W$) größer als $(2n - 4)\ R$.**

Beweis. 1. Man schneide die Ecke $M$ durch eine Ebene. An den Eckpunkten des entstandenen Vielecks liegen $n$ dreiseitige Ecken. In jeder derselben ist nach § 29 der Vieleckswinkel kleiner als die Summe der beiden anliegenden Dreieckswinkel (z. B. $\sphericalangle DAB < DAM + BAM$). Daher ist auch die Summe aller Vieleckswinkel kleiner als die Summe aller anliegenden Dreieckswinkel, d. h. es ist:

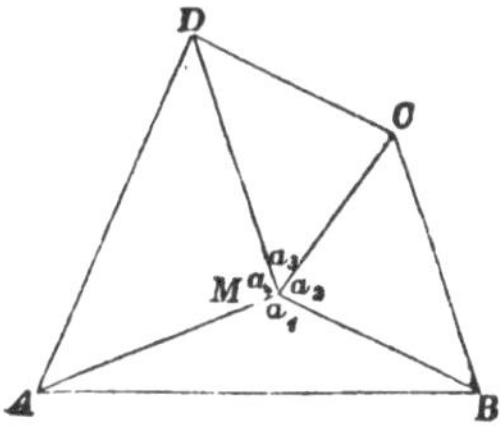

Fig. 30.

$$(2n - 4)\ R < (2R - a_1) + (2R - a_2) + (2R - a_3) + \cdots,$$
$$2nR - 4\ R < 2nR - (a_1 + a_2 + a_3 + \cdots),$$
$$2nR - 4R < 2nR - S; \quad \text{mithin:} \quad S < 4R.$$

2. Es seien $\alpha_1, \alpha_2, \ldots$ die Winkel der gegebenen Ecke, $a'_1, a'_2, \ldots$ die Seiten ihrer Polarecke; dann ist nach § 26:

$$\alpha_1 + a'_1 = 2R,$$
$$\alpha_2 + a'_2 = 2R,$$
$$\cdot \quad \cdot \quad \cdot \quad \cdot \quad \cdot$$

also:

$$\Sigma\alpha + \Sigma a' = n.\ 2R.$$

Aber nach 1. ist $\Sigma a' < 4R$, also $\Sigma\alpha > 2nR - 4R$, oder $W > (2n - 4)\ R$.

Zusatz. Es liegt $S$ zwischen 0 und $4R$, und $W$ zwischen $(2n - 4)\ R$ und $2nR$.

§ 31. Man nennt zwei Ecken **Scheitelecken**, wenn die Kanten der einen die Verlängerungen der Kanten der anderen sind. Scheitelecken enthalten dieselben Seiten und Winkel in derselben Reihenfolge, lassen sich aber, weil diese Stücke in beiden nach entgegengesetzter Richtung geordnet sind, im allgemeinen nicht zur Deckung bringen, sind also nicht kongruent. Solche räumlichen Gebilde, die sich einzig und allein durch die in entgegengesetztem Sinne fortschreitende Aneinanderreihung ihrer Bestandteile unterscheiden, nennt man symmetrisch. Also sind Scheitelecken symmetrisch.

Zwei dreiseitige Ecken sind entweder kongruent oder symmetrisch (also die eine der Scheitelecke der anderen kongruent):

1) wenn sie in zwei Seiten und dem eingeschlossenen Winkel,
2) wenn sie in einer Seite und den beiden anliegenden Winkeln,
3) wenn sie in den drei Seiten,
4) wenn sie in den drei Winkeln

übereinstimmen.

1), 2) und 3) werden ähnlich wie die entsprechenden Kongruenzsätze für ebene Dreiecke bewiesen; 4) folgt aus 3) durch Benutzung der Polarecke.

Durch zwei Seiten und einen gegenüberliegenden Winkel, sowie durch zwei Winkel und eine gegenüberliegende Seite sind die übrigen Stücke der Ecke im allgemeinen nicht eindeutig bestimmt.

§ 32. Aus drei gegebenen Stücken einer dreiseitigen Ecke können die übrigen mit Hülfe einer Netzzeichnung gefunden werden.

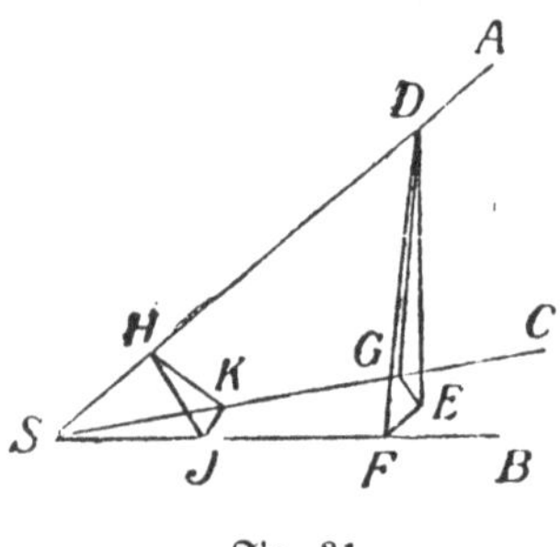


Fig. 31.

In der Ecke $SABC$ sei $DE \perp SBC$, $EF \perp SB$, $EG \perp SC$, $HJ$ und $HK \perp SA$, mithin $\sphericalangle CSB = a$, $\sphericalangle ASC = b$, $\sphericalangle ASB = c$, $\sphericalangle JHK = \alpha$, $\sphericalangle DFE = \beta$, $\sphericalangle DGE = \gamma$.

Denkt man sich die Ecke an der Kante $SA$ aufgeschnitten und die Seiten $ASC$ und $ASB$ um $SC$ und $SB$ und ebenso $\triangle DGE$ um $GE$, $\triangle DFE$ um $FE$, $\triangle JHK$ um $JK$ in die Ebene $SBC$ herumgeklappt, so erhält man nachstehende Netzzeichnung (Fig. 32).

Aufgabe I a. Gegeben $a$, $b$, $c$; gesucht $\alpha$, $\beta$, $\gamma$.

Lösung. $a$, $b$, $c$ werden wie in Figur 32 aneinander gelegt. Die Konstruktion nimmt dann folgenden Gang: $D_1$ (beliebig auf $SA$); $SD_4 = SD_1$; $D_1G \perp SC$; $D_4F \perp SB$; $E$; $D_2E \perp GE$, $D_3E \perp EF$; $GD_2 = GD_1$; $FD_3 = FD_4$; $H_1$ (beliebig auf $SA$); $SH_2 = SH_1$; $KH_1 \perp SH_1$; $JH_2 \perp SH_2$; $KH_3 = KH_1$; $JH_3 = JH_2$.

**Aufgabe Ib.** Gegeben $\alpha$, $\beta$, $\gamma$; gesucht $a$, $b$, $c$.

**Lösung** mittels der Polarecke. Aus $\alpha$, $\beta$, $\gamma$ ergeben sich als Supplemente $a'$, $b'$, $c'$, hieraus durch Zeichnung nach Ia $\alpha'$, $\beta'$, $\gamma'$ und hieraus wieder als Supplemente $a$, $b$, $c$.

**Aufgabe IIa.** Gegeben $a$, $b$, $\gamma$; gesucht $\alpha$, $\beta$, $c$.

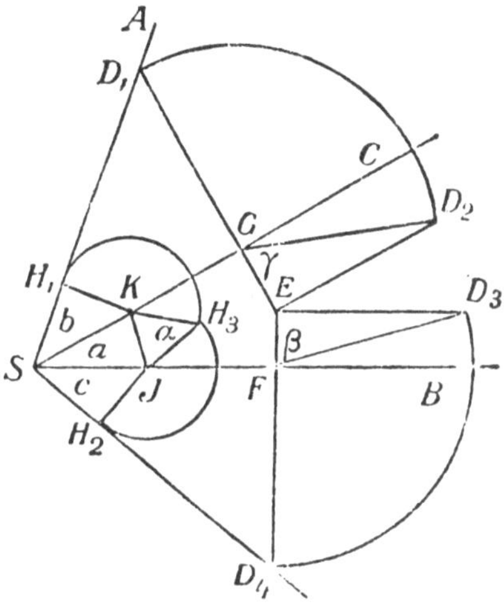


Fig. 32.

**Lösung.** $a$ und $b$ werden wie in Figur 32 aneinandergelegt. Alsdann: $D_1$ (beliebig auf $SA$); $D_1G \perp SC$; $\gamma$; $GD_2 = GD_1$; $D_2E \perp D_1G$; $EF \perp SB$; $ED_3 \perp EF$; $ED_3 = ED_2$; $FD_3$; $FD_4 = FD_3$; $SD_4$; $H_1$ (beliebig auf $SA$); $SH_2 = SH_1$; $H_1K \perp SH_1$; $H_2J \perp SH_2$; $KH_3 = KH_1$; $JH_3 = JH_2$.

**Aufgabe IIb.** Gegeben $\alpha$, $\beta$, $c$; gesucht $a$, $b$, $\gamma$.

**Lösung** mittels der Polarecke. Aus $\alpha$, $\beta$, $c$ ergeben sich als Supplemente $a'$, $b'$, $\gamma'$, hieraus durch Zeichnung nach IIa $\alpha'$, $\beta'$, $c'$ und hieraus wieder als Supplemente $a$, $b$, $\gamma$.

**Aufgabe IIIa.** Gegeben $c$, $\beta$, $\gamma$; gesucht $\alpha$, $a$, $b$.

**Lösung.** $c$; $D_4$ (beliebig auf dem einen Schenkel); $D_4F \perp SB$; $\sphericalangle \beta$; $FD_3 = FD_4$; $D_3E \perp D_4F$; $EG$ kann der Länge nach bestimmt werden, indem man $\triangle GED_2$ in $\triangle FED_3$ hineinzeichnet; Kreis mit $EG$ um $E$; Tangenten von $S$ an den Kreis: $G$ (bezw. $G'$); $EG$; $GD_1 = GD_2$; $SA$; und weiter wie in Ia oder IIa.

**Aufgabe IIIb.** Gegeben $\gamma$, $b$, $c$; gesucht $a$, $\alpha$, $\beta$.

**Lösung** mittels der Polarecke. Aus $\gamma$, $b$, $c$ ergeben sich als Supplemente $c'$, $\beta'$, $\gamma'$, hieraus durch Zeichnung nach IIIa $\alpha'$, $a'$, $b'$ und hieraus wiederum als Supplemente $a$, $\alpha$, $\beta$.

## Dritter Abschnitt.

## Von den Polyedern.

§ 33. **Erklärungen.** Ein von Ebenen begrenzter Körper heißt ein **Polyeder** (Vielflach); die begrenzenden Vielecke heißen die

Flächen, die Grenzlinien von je zwei benachbarten Flächen die Kanten und die Grenzpunkte der Kanten die Ecken des Polyeders.

§ 34. Eulerscher Satz.

Bezeichnet $E$ die Anzahl der Ecken, $F$ die der Flächen und $K$ die der Kanten eines Polyeders, so ist:

$$E + F = K + 2.$$

Beweis. Die das Polyeder begrenzenden Vielecke mögen bezüglich $n_1, n_2, \ldots n_F$ Seiten haben; die Winkelsummen in denselben seien $w_1, w_2, \ldots w_F$, die Summe sämtlicher Vieleckswinkel $W$. Es ist dann:

$$w_1 = 2n_1R - 4R,$$
$$w_2 = 2n_2R - 4R,$$
$$\cdot \quad \cdot \quad \cdot \quad \cdot \quad \cdot \quad \cdot \quad \cdot$$
$$w_F = 2n_FR - 4R, \text{ also:}$$
$$\Sigma w = 2R.\Sigma n - 4R.F.$$

Da aber $\Sigma n = 2K$, so ist $\Sigma w = 4R.K - 4R.F$, oder

$$\text{I)} \quad W = (K - F)\,4R.$$

Man nehme nun außerhalb des Polyeders einen Punkt so an, daß seine Verbindungslinien mit den Eckpunkten des Polyeders sämtlich eine Polyederfläche schneiden; z. B. die Fläche $f_1$, deren Seitenzahl $n_1$ ist. Dadurch wird auf $f_1$ ein Netz von Vielecken bestimmt, die mit den entsprechenden des Polyeders bezüglich gleiche Seitenzahl haben. Die Summe ihrer Winkel und derjenigen von $f_1$ ist also gleich $W$. Nun läßt sich aber $W$ auch aus folgenden Bestandteilen zusammensetzen:

1) den Winkeln des Vielecks $f_1$ $(= 2n_1R - 4R)$,

2) den Winkeln des Netzes an den $n_1$ Ecken von $f_1$ $(= 2n_1R - 4R)$,

3) den Winkeln um die $E - n_1$ inneren Punkte des Netzes $(= (E - n_1)\,4\,R)$.

Also ist:

$$W = 2n_1R - 4\,R + 2n_1R - 4R + 4ER - 4n_1R = 4ER - 8R,$$

oder:

$$\text{II)} \quad W = (E - 2)\,4\,R.$$

Aus II) und I) folgt: $E - 2 = K - F$; also ist: $E + F = K + 2$.

Dieser Beweis setzt im allgemeinen voraus, daß das Polyeder konvex ist, weil sonst die Vielecke des Netzes sich zum Teil überdecken könnten.

§ 35. Anwendung. Das Polyeder sei von $p$ Vielecken begrenzt, die sämtlich gleich viel Seiten $s$ haben sollen; an jeder Ecke mögen $k$ Kanten zusammentreffen; dann ist:

$$F = p,\ K = \frac{ps}{2},\ Ek = 2\,K = ps,$$

also nach dem Eulerschen Satze:

$$\frac{ps}{k} + p = \frac{ps}{2} + 2,$$

folglich:

$$k = 2 + \frac{4p - 8}{p\,(s - 2) + 4}.$$

Nun muß stets $p \geqq 4$ sein und der Bruch eine ganze Zahl werden. Demnach ergeben sich folgende Fälle:

1) $s = 3$, dann ist: $k = 6 - \frac{24}{p+4}$, oder $p = \frac{24}{6-k} - 4$.

Daher kann sein:

| $k = 3,$ | $k = 4,$ | $k = 5,$ |
|---|---|---|
| $p = 4,$ | $p = 8,$ | $p = 20,$ |
| Tetraeder. | Oktaeder. | Ikosaeder. |

2) $s = 4$, dann ist: $k = 4 - \frac{8}{p+2}$,

daher $p = 6$ und $k = 3$. Hexaeder.

3) $s = 5$, dann ist: $k = 3 + \frac{p - 12}{3p+4}$,

daher $p = 12$ und $k = 3$. Dodekaeder.

Sobald $s = 6$ oder $> 6$ wird, ist der Nenner $p(s - 2) + 4$ stets größer als der Zähler $4p - 8$. Daher kann es, wenigstens unter denjenigen Polyedern, die von konvexen und an konvexen Ecken zusammenstoßenden Vielecken begrenzt sind, nur fünf geben, das Tetraeder, Oktaeder, Ikosaeder, Hexaeder und Dodekaeder, die den Grad von Regelmäßigkeit besitzen, daß sie lauter gleichartige Vielecke zu Grenzflächen haben und daß an jeder Ecke gleich viel Kanten zusammenstoßen.

Sind außerdem die Grenzflächen regelmäßige Vielecke, so heißt das Polyeder ein regelmäßiges. Daß es, unter der gemachten

Einschränkung, nicht mehr als fünf regelmäßige Polyeder geben könne, geht auch daraus hervor, daß schon regelmäßige Sechsecke keine konvexe Ecke bilden können, weil drei Winkel derselben vier Rechte betragen, und daß aus ähnlichen Gründen keine konvexe Ecke möglich ist, die von mehr als fünf gleichseitigen Dreiecken oder mehr als drei Quadraten oder regelmäßigen Fünfecken gebildet würde.

§ 36. Zusammenstellung und Ergänzung früher abgeleiteter Formeln.

| | | | |
|---|---|---|---|
| Rechtkant. | (1) | $V = abc$ | (Rauminhalt) |
| | (2) | $O = 2ab + 2ac + 2bc$ | (Oberfläche) |
| | (3) | $D = \sqrt{a^2 + b^2 + c^2}$ | (Körperdiagonale). |
| Würfel. | (4) | $V = a^3$ | (Rauminhalt) |
| | (5) | $O = 6a^2$ | (Oberfläche) |
| | (6) | $d = a\sqrt{2}$ | (Flächendiagonale). |
| | (7) | $D = a\sqrt{3}$ | (Körperdiagonale). |
| Prisma. | (8) | $V = gh$ | (Rauminhalt). |
| Pyramide. | (9) | $V = \frac{1}{3}gh$ | (Rauminhalt). |

Abgestumpfte Pyramide. (10) $V = \frac{1}{3}h\,(G + \sqrt{Gg} + g)$ (Rauminhalt).

Ableitung der letzten Formel. Die Pyramide mit der Grundfläche $G$ sei durch eine zu dieser parallele Schnittfläche $g$ abgestumpft; die Höhe der abgestumpften Pyramide sei $h$, die der Ergänzungspyramide $x$. Dann ist $V = \frac{1}{3}\,G\,(h + x) - \frac{1}{3}gx = \frac{1}{3}\,Gh + \frac{1}{3}(G - g)x$. Nun verhält sich aber

$$G : g = AB^2 : A'B'^2 = SA^2 : S'A'^2 = (h + x)^2 : x^2,$$

oder es ist

$$x\sqrt{G} = (h + x)\sqrt{g}, \quad x = \frac{h\sqrt{g}}{\sqrt{G} - \sqrt{g}},$$

daher $V = \frac{1}{3}\,Gh + \frac{1}{3}(\sqrt{G} + \sqrt{g})\,h\,\sqrt{g}$

oder $V = \frac{1}{3}\,h\,(G + \sqrt{Gg} + g)$.

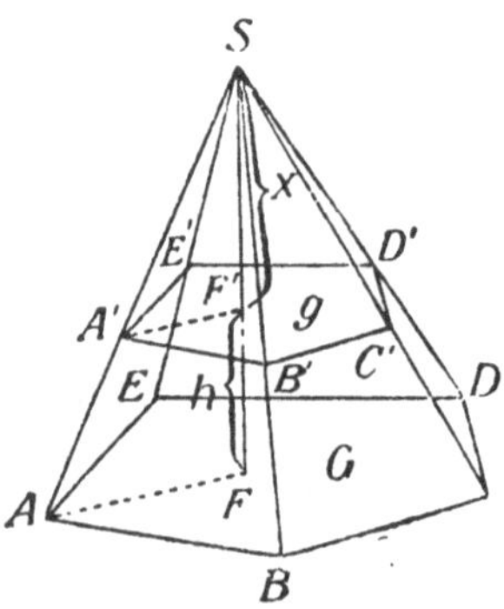

Fig. 33.

§ 37. Zusammenstellung von Sätzen.

1) Im Prisma haben die Seitenkanten gleiche Neigung zu den Grundflächen.

2) Die Grundflächen eines Prismas sind kongruente Figuren, die Seitenflächen Parallelogramme.

3) Jeder Schnitt durch ein Prisma parallel zu den Grundflächen liefert eine den Grundflächen kongruente Schnittfigur.

4) Jeder Schnitt durch ein Prisma parallel zu einer Seitenkante oder durch eine Seitenkante liefert als Schnittfigur ein Parallelogramm.

5) In einem Parallelflach sind die gegenüberliegenden Flächen kongruent.

6) In einem Parallelflach sind die gegenüberliegenden Flächenwinkel gleich.

7) In einem Parallelflach sind die gegenüberliegenden Ecken symmetrisch.

8) In einem Parallelflach schneiden sich die Körperdiagonalen in einem Punkt und halbieren sich gegenseitig.

9) Auch stereometrisch ist $(a+b)^3 = a^3 + 3a^2b + 3ab^2 + b^3$ und $(a-b)^3 = a^3 - 3a^2b + 3ab^2 - b^3$.

10) Jeder Schnitt parallel zur Grundfläche einer Pyramide liefert eine der Grundfläche ähnliche Schnittfigur, deren Seiten zu den gleichliegenden der Grundfläche in demselben Verhältnis stehen wie die oberen Abschnitte der Seitenkanten (oder der Höhe) zu den ganzen Seitenkanten (oder der ganzen Höhe). Die Schnittfigur selbst verhält sich zur Grundfläche wie die Quadrate dieser Abschnitte.

11) Eine Pyramide ist gerade, d. h. sie hat gleiche Seitenkanten, wenn der Fußpunkt der Höhe von den Ecken der Grundfläche gleich weit entfernt ist.

12) Um die Grundfläche einer geraden Pyramide kann ein Kreis beschrieben werden, und ihre Seitenflächen sind gleichschenklige Dreiecke.

13) Die Seitenkanten einer geraden Pyramide haben gleiche Neigung zur Grundfläche.

## Von den Körperstumpfen.

§ 38. Ein Körper, dessen Eckpunkte sämtlich in zwei parallelen Ebenen enthalten und dessen Seitenflächen Dreiecke sind, heißt ein **Körperstumpf**. (Zwei benachbarte Dreiecke können ein Parallelogramm oder ein Trapez bilden). Die in den parallelen Ebenen liegenden Vielecke heißen die **Grundflächen**, ihr senkrechter Abstand die **Höhe** und der die Höhe halbierende Parallelschnitt die **Mittelfigur** des Stumpfes.

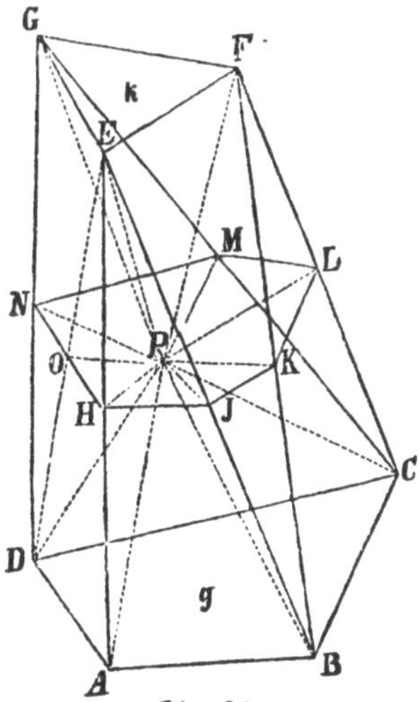

Fig 34.

§ 39. **Lehrsatz.** Der Inhalt eines Körperstumpfes wird gefunden, wenn man die Summe der Grundflächen ($g$ und $k$) und des

Vierfachen der Mittelfigur ($m$) mit dem sechsten Teile der Höhe ($h$) multipliziert.

Beweis. Die Grundflächen $g$ und $k$ seien bezw. ein $n$-Eck und ein $p$-Eck; der Körper hat dann $n+p$ Dreiecke zu Seitenflächen. (In der Figur bilden die Dreiecke $ADE$ und $DEG$ das Parallelogramm $ADGE$.) Legt man durch einen Punkt $P$ im Innern der Mittelfigur und durch jede Kante des Körpers Ebenen, so zerfällt der Körper in folgende Bestandteile:

1) eine Pyramide ($ABCDP$) mit der Grundfläche $g$ und Höhe $\frac{1}{2}h$ ($=\frac{1}{6}hg$);

2) eine Pyramide ($EFGP$) mit der Grundfläche $k$ und Höhe $\frac{1}{2}h$ ($=\frac{1}{6}hk$);

3) $n+p$ dreiseitige Pyramiden, deren Grundflächen die erwähnten $n+p$ Dreiecke sind.

Von jeder derselben (z. B. $BCFP$) wird durch die Mittelfigur eine dreiseitige Pyramide ($KLFP$) abgeschnitten, die dem vierten Teil der ganzen gleich ist, weil das abgeschnittene Dreieck ($KLF$) ein Viertel der ganzen Grundfläche ($BCF$) beträgt. Diese Pyramiden haben, wenn man die in der Mittelfigur liegenden Dreiecke (z. B. $KLP$) als Grundflächen betrachtet, ihre Spitze teils in $g$, teils in $k$, ihre Höhe ist $\frac{1}{2}h$, ihre Grundflächen füllen die Mittelfigur ($HJKLMNO$) aus; ihr Inhalt ist also gleich $\frac{1}{6}hm$, und der der ganzen Pyramiden gleich $\frac{1}{6}h.4m$.

Faßt man die Bestandteile zusammen, so wird:

der Inhalt des Körperstumpfes (1) $V=\frac{1}{6}h\,(g+k+4m)$.

Anmerkung. Der Umfang der Mittelfigur ist gleich der halben Summe der Umfänge der beiden Grundflächen.

§ 40. Die parallel mit der Grundfläche abgestumpfte Pyramide.

Die Figuren $g$, $k$, $m$ sind in diesem Falle einander ähnliche Vielecke. Sind $\gamma$, $\varkappa$, $\mu$ drei gleichliegende Seiten derselben, so ist:

$$\frac{\gamma}{\sqrt{g}}=\frac{\varkappa}{\sqrt{k}}=\frac{\mu}{\sqrt{m}},$$

also, wenn $C$ den gemeinsamen Wert dieser Brüche bezeichnet:

$$\mu=C.\sqrt{m},\ \gamma=C.\sqrt{g},\ \varkappa=C.\sqrt{k}.$$

Es ist aber $2\mu=\gamma+\varkappa$, also $2C.\sqrt{m}=C.\sqrt{g}+C.\sqrt{k}$.

$$2\sqrt{m}=\sqrt{g}+\sqrt{k},\ 4m=g+k+2\sqrt{gk}.$$

Setzt man diesen Wert in (1) ein, so wird:

der Inhalt der abgestumpften Pyramide

$$(2)\quad V = \tfrac{1}{3} h (g + k + \sqrt{gk}).$$

§ 41. Das schief abgestumpfte dreiseitige Prisma.

Zwei der parallelen Kanten ($a$, $b$) mögen in $g$, die dritte ($c$) in $k$ liegen; $\gamma$ sei der Abstand von $a$ und $b$; dann ist $g = \frac{1}{2}\gamma(a+b)$, $k = 0$ und:

$$4m = \gamma\left(\frac{a+c}{2} + \frac{b+c}{2}\right) = \tfrac{1}{2}\gamma(a + b + 2c).$$

Setzt man diese Werte in (1) ein und bemerkt, daß der senkrechte Querschnitt $q = \frac{1}{2}\gamma h$ ist, so ergibt sich:

(3) der Inhalt des schief abgestumpften Prismas $= q \cdot \dfrac{a+b+c}{3}$.

§ 42. Die durch (1) ausgedrückte Regel gilt auch für die Berechnung des Inhaltes $V$ eines Körpers, der zwischen zwei parallelen ebenen Figuren liegt und dessen parallele Durchschnittsfigur $f$ in der Höhe $x$ bestimmt ist durch die Formel

$$f = a + bx + cx^2 + dx^3,$$

in welcher $a$, $b$, $c$, $d$ beliebige Konstanten sind. — Teilt man die ganze Höhe $h$ des Körpers in $n$ gleiche Teile und legt durch die Teilpunkte parallele Ebenen mit den Grundflächen, so erhält man $n-1$ Durchschnittsfiguren. Diese und die obere Fläche des Körpers sollen als die oberen Endflächen von $n$ Prismen betrachtet werden, von denen jedes die Höhe $\frac{h}{n}$ hat. Die Summe dieser Prismen ist:

$$\begin{aligned}
&\left\{a + b\frac{h}{n} + c\left(\frac{h}{n}\right)^2 + d\left(\frac{h}{n}\right)^3\right\}\frac{h}{n}\\
+&\left\{a + b\frac{2h}{n} + c\left(\frac{2h}{n}\right)^2 + d\left(\frac{2h}{n}\right)^3\right\}\frac{h}{n}\\
+&\left\{a + b\frac{3h}{n} + c\left(\frac{3h}{n}\right)^2 + d\left(\frac{3h}{n}\right)^3\right\}\frac{h}{n}\\
+&\cdot\ \cdot\ \cdot\ \cdot\ \cdot\ \cdot\ \cdot\ \cdot\ \cdot\ \cdot\ \cdot\ \cdot\\
+&\left\{a + b\frac{nh}{n} + c\left(\frac{nh}{n}\right)^2 + d\left(\frac{nh}{n}\right)^2\right\}\frac{h}{n},
\end{aligned}$$

also mit Rücksicht auf I § 38,(1) und § 39,(1) und (2):

$$= ah + \frac{bh^2}{2}\left(1 + \frac{1}{n}\right) + \frac{ch^3}{6}\left(1 + \frac{1}{n}\right)\left(2 + \frac{1}{n}\right) + \frac{dh^4}{4}\left(1 + \frac{1}{n}\right)^2.$$

Nimmt man $n$ unendlich groß an, so erhält man den Inhalt des gegebenen Körpers:

$$(4) \quad V = ah + \tfrac{1}{2}bh^2 + \tfrac{1}{3}ch^3 + \tfrac{1}{4}dh^4.$$

Nun ist aber, wenn man die Grundflächen mit $g$ und $k$ bezeichnet:

$$g = a,$$
$$k = a + bh + ch^2 + dh^3,$$
$$m = a + \tfrac{1}{2}bh + \tfrac{1}{4}ch^2 + \tfrac{1}{8}dh^3,$$

also:

$$g + k + 4m = 6a + 3bh + 2ch^2 + \tfrac{3}{2}dh^3,$$
$$\tfrac{1}{6}h\,(g + k + 4m) = ah + \tfrac{1}{2}bh^2 + \tfrac{1}{3}ch^3 + \tfrac{1}{4}dh^4,$$

folglich:

$$(4') \quad V = \tfrac{1}{6}h\,(g + k + 4m).$$

Dieser Satz wird am häufigsten angewandt, wenn die Konstante $d = 0$ ist; auch die Formeln für den Rauminhalt von Zylinder, Kegel, Kugel, Kugelabschnitt und Kugelzone sind als besondere Fälle in demselben enthalten.

Anmerkung. Für $d = 0$ kann man (4) in die Form bringen:

$$V = \tfrac{1}{4}h\,[a + 3\,(a + b \cdot \tfrac{2}{3}h + c\,(\tfrac{2}{3}h)^2)],$$

also ist, wenn $z$ den im Abstande $\tfrac{2}{3}h$ parallel mit $a$ gelegten Schnitt bezeichnet:

$$(5) \quad V = \tfrac{1}{4}h\,(a + 3z).$$

## Vierter Abschnitt.

## Von den krummflächigen Körpern.

§ 43. Zusammenstellung früher abgeleiteter Formeln.

| | | | |
|---|---|---|---|
| Gerader Zylinder. | (1) | $V = \pi r^2 h$ | (Rauminhalt) |
| | (2) | $M = 2\pi rh$ | (Mantel). |
| Gerader Kegel. | (3) | $V = \frac{1}{3}\pi r^2 h$ | (Rauminhalt) |
| | (4) | $M = \pi rs$ | (Mantel). |
| Kugel. | (5) | $O = 4\pi r^2$ | (Oberfläche, noch nicht bewiesen). |
| | (6) | $V = \frac{4}{3}\pi r^3$ | (Rauminhalt). |

§ 44. Der Zylinder.

Erklärung. Bewegt sich eine Gerade parallel zu ihrer Anfangslage so, daß sie an einer Kreislinie entlang gleitet, so beschreibt sie eine Zylinderfläche; wird diese durch zwei zu der Kreislinie parallele Ebenen begrenzt, so entsteht ein Zylinder. Die Grenzflächen sind kongruente Kreise und heißen Grundflächen des Zylinders; die Verbindungslinie ihrer Mittelpunkte heißt Achse. Steht die Achse senkrecht auf den Grundflächen, so ist der Zylinder gerade, sonst schief. Die krumme Fläche zwischen den Grundflächen heißt Mantel. Unter der Höhe des Zylinders versteht man den senkrechten Abstand seiner Grundflächen.

Lehrsätze: 1) Durch jeden Punkt des Zylindermantels läßt sich eine Gerade (Seitenlinie) ziehen, die der Zylinderfläche vollständig angehört.

2) Die Seitenlinien eines Zylinders sind parallel und gleich lang und haben gleiche Neigung zu den Grundflächen.

3) Die Achse ist den Seitenlinien parallel und eben so lang als diese.

4) Bei einem geraden Zylinder ist die Achse gleich der Höhe, bei einem schiefen größer als die Höhe.

5) Jeder Schnitt parallel zu den Grundflächen liefert als Schnittfigur einen zu den Grundflächen kongruenten Kreis, dessen Mittelpunkt auf der Achse liegt.

6) Jeder Schnitt parallel zu einer Seitenlinie oder zur Achse (oder durch eine Seitenlinie oder die Achse) liefert als Schnittfigur ein Parallelogramm.

7) Bei einem geraden Zylinder sind alle Achsenschnitte kongruente Rechtecke; für einen schiefen Zylinder ist der Achsenschnitt von besonderer Bedeutung, der auf den Grundflächen senkrecht steht, da er außer der Seitenlinie und dem Durchmesser der Grundkreise auch den Neigungswinkel der Seitenlinien enthält.

8) Legt man durch eine Tangente eines Grundkreises und die Seitenlinie ihres Berührungspunktes die Ebene, so berührt diese den Zylinder in jener Seitenlinie und liegt sonst außerhalb des Zylinders (Berührungsebene).

## § 45. Der Kegel.

Erklärung. Gleitet eine Gerade in der Weise an einem Kreise entlang, daß sie beständig durch einen festen Punkt geht, so beschreibt sie eine Kegelfläche; wird diese durch eine zu jenem Kreise parallele Ebene begrenzt, so entsteht ein Kegel. Die Grenzfläche, ein Kreis, heißt Grundfläche, der feste Punkt Spitze, die Verbindungslinie des Mittelpunkts der Grundfläche mit der Spitze Achse des Kegels. Die krumme Fläche zwischen Spitze und Grundkreis wird Mantel genannt. Unter der Höhe des Kegels versteht man den senkrechten Abstand der Spitze von der Grundfläche. Steht die Achse senkrecht auf der Grundfläche, so ist der Kegel gerade, sonst schief.

Lehrsätze: 1) Durch jeden Punkt des Kegelmantels läßt sich eine Gerade Seitenlinie) legen, die der Kegelfläche vollständig angehört.

2) Die Seitenlinien eines geraden Kegels sind gleich lang und haben gleiche Neigung zur Grundfläche.

3) Bei einem geraden Kegel fällt die Achse mit der Höhe zusammen, bei einem schiefen ist sie größer als die Höhe.

4) Jeder Schnitt parallel zur Grundfläche liefert als Schnittfigur einen Kreis, dessen Mittelpunkt auf der Achse liegt. Der Halbmesser des Schnittkreises verhält sich zum Halbmesser der Grundfläche wie der obere Abschnitt der Seitenlinie (oder Achse) zur ganzen Seitenlinie (oder Achse). Schnittkreis und Grundfläche selbst verhalten sich wie die Quadrate dieser Strecken.

5) Jeder Schnitt durch die Spitze liefert als Schnittfigur ein Dreieck.

6) Bei einem geraden Kegel sind alle Achsenschnitte kongruente gleichschenklige Dreiecke; für einen schiefen Kegel ist der Achsenschnitt von besonderer Bedeutung, der auf der Grundfläche senkrecht steht, da er außer dem Durchmesser der letzteren die längste und die kürzeste Seitenlinie und deren Neigungswinkel enthält.

7) Legt man durch eine Tangente des Grundkreises und die Seitenlinie ihres Berührungspunktes die Ebene, so berührt diese den Kegel in jener Seitenlinie und liegt sonst außerhalb des Kegels (Berührungsebene).

## § 46. Der abgestumpfte Kegel.

### Berechnung des Mantels und des Inhalts.

Der gerade Kegel mit der Grundfläche $G$ (Halbmesser $R$) sei durch einen zu dieser parallelen Schnittkreis $g$ (Halbmesser $r$) abgestumpft; die Höhe des abgestumpften Kegels sei $h$, seine Seitenlinie $s$, die Höhe des Ergänzungskegels $x$, seine Seitenlinie $y$. Dann ist der Mantel des Kegelstumpfes $M = \pi R\,(s+y) - \pi r y = \pi R s + \pi (R-r) y$. Nun verhält sich aber $R:r = (s+y):y$, oder es ist $Ry = rs + ry$, also $(R-r)\,y = rs$. Mithin ergibt sich:

$$(1) \quad M = \pi\,(R+r)\,s.$$

Ferner ist der Rauminhalt des Kegelstumpfes $V = \frac{1}{3}\pi R^2 (h+x) - \frac{1}{3}\pi r^2 x = \frac{1}{3}\pi R^2 h + \frac{1}{3}\pi (R^2 - r^2)\,x$. Es verhält sich aber $R:r = (h+x):x$, oder es ist $Rx = rh + rx$ oder $(R-r)\,x = rh$. Folglich ist $V = \frac{1}{3}\pi R^2 h + \frac{1}{3}\pi (R+r)\,rh$ oder

$$(2) \quad V = \tfrac{1}{3}\pi h\,(R^2 + Rr + r^2).$$

Anm. Formel (2) geht auch aus der Inhaltsformel für den Pyramidenstumpf hervor, wenn man $G = R^2\pi$ und $g = r^2\pi$ setzt.

## § 47. Die Kugel.

1) Erklärungen. Eine Kugel entsteht, wenn ein Halbkreis um den ihn begrenzenden Durchmesser herumgedreht wird. Die Kugel ist also umschlossen von einer einzigen krummen

Fläche, der Kugelfläche, deren Punkte von einem und demselben festen Punkte, dem Mittelpunkte, gleichen Abstand haben.

Jede der einander gleichen Strecken, die den Mittelpunkt der Kugel mit einem Punkte der Oberfläche verbinden, heißt ein Radius oder Halbmesser der Kugel. Eine Strecke, die zwei Punkte der Kugelfläche verbindet, heißt Sehne und, wenn sie durch den Mittelpunkt geht, Durchmesser der Kugel.

Bemerkung. Die Lehrsätze vom Kreise über die Gleichheit der Radien, die Gleichheit der Durchmesser, die Lage eines Punktes und die einer Geraden zur Kreislinie können auf die Kugel übertragen werden, indem an die Stelle der Kreislinie die Kugelfläche tritt.

2) Lehrsätze: a) Jeder ebene Schnitt einer Kugel ist ein Kreis, dessen Mittelpunkt man erhält, wenn man vom Mittelpunkt der Kugel das Lot auf die Schnittebene fällt.

Beweis. Man verbinde zwei beliebige Punkte der Schnittlinie mit dem Fußpunkt des Lotes und dem Mittelpunkt der Kugel und zeige durch Kongruenz von Dreiecken, daß sie vom Fußpunkt des Lotes gleich weit entfernt sind.

b) Parallele Schnitte durch eine Kugel liefern Parallelkreise, deren Mittelpunkt auf dem zu den Schnittebenen senkrechten Durchmesser liegen. Die Endpunkte dieses Durchmessers heißen die Pole eines jeden der Parallelkreise. (Breitekreise der Erde).

Bemerkung. Die Sätze vom Kreise über die Lage einer Sehne zum Mittelpunkt und die Beziehung zwischen ihrer Länge und ihrem Abstand vom Mittelpunkt können auf die Kugel übertragen werden, indem an die Stelle der Sehne der Schnittkreis tritt.

c) Die durch den Mittelpunkt gehenden Kugelkreise sind und heißen größte Kreise der Kugel. Alle größten Kreise einer Kugel sind einander gleich; sie schneiden sich in einem Durchmesser und halbieren sich gegenseitig.

d) Die auf einem Radius in seinem Endpunkt senkrechte Ebene ist eine Berührungsebene der Kugel.

Bemerkung. Die Sätze vom Kreise über die Lage einer Tangente zum Mittelpunkt können auf die Kugel übertragen werden, indem an die Stelle der Tangente die Berührungsebene tritt.

## § 48. Figuren auf der Kugelfläche und Teile der Kugel.

1. Erklärungen. a) Unter dem sphärischen Abstand zweier Punkte der Kugelfläche versteht man den kleineren Bogen des größten Kugelkreises, der durch die beiden Punkte geht.

b) Der sphärische Winkel zweier größten Kreise einer Kugel kann gemessen werden durch den Winkel zwischen den Tangenten der Kreise in einem ihrer beiden Schnittpunkte oder durch den Neigungswinkel der beiden Kreisebenen oder durch den von ihnen begrenzten Bogen des größten Kreises, der auf der Schnittlinie der Kreisebenen senkrecht steht.

c) Ein sphärisches Zweieck ist von den Hälften zweier größten Kreise einer Kugel begrenzt, ein sphärisches Dreieck von Bogen dreier größter Kreise. Jedes hat zu Seiten die begrenzenden Bogen, zu Winkeln die sphärischen Winkel zwischen den Bogen. Zu jedem sphärischen Dreieck gehört eine dreiseitige Ecke (Zentriecke), die mit ihm in den Seiten und Winkeln übereinstimmt. Dementsprechend gehört auch zu jedem sphärischen Dreieck ein Polardreieck. Zieht man die Seiten eines sphärischen Dreiecks zu größten Kreisen aus, so entstehen neue sphärische Dreiecke, die nach ihrer Lage Nebendreiecke, Scheiteldreiecke und Gegendreieck genannt werden.

d) Schneidet man eine Kugel durch eine Ebene, so nennt man jeden der beiden Teile Kugelabschnitt oder Kugelsegment; den Teil der Kugelfläche, welcher dasselbe begrenzt, nennt man Kugelhaube. Einen Teil der Kugel, der zwischen zwei parallelen Ebenen liegt, nennt man körperliche Kugelzone, den begrenzenden Teil der Kugelfläche Kugelzone. Dreht sich ein Kreissektor um einen seiner Radien, dann heißt der so entstandene Körper ein Kugelsektor.

2. Lehrsätze. a) Der sphärische Abstand zweier Punkte einer Kugel ist kürzer als jede andere Verbindung derselben auf der Kugelfläche.

Beweis. Jede andere Verbindung kann als aus unendlich kleinen Bogen größter Kugelkreise bestehend gedacht werden; daher ist der sphärische Abstand kleiner als die Summe dieser Bogen nach § 29, Zusatz.

b) Die Punkte eines Kugelkreises haben von dessen Pol gleichen sphärischen Abstand; der Pol wird daher auch der sphärische Mittelpunkt und sein sphärischer Abstand der sphärische Radius des Kugelkreises genannt.

c) Die beiden Winkel eines sphärischen Zweiecks sind gleich, seine Seiten gleich 180°.

d) Sphärische Zweiecke mit gleichen Winkeln sind kongruent; bei solchen mit ungleichen Winkeln verhalten sich die Oberflächen wie diese Winkel.

e) Die Sätze über dreiseitige Ecken lassen sich ohne weiteres auf sphärische Dreiecke übertragen.

## Ausmessung der Kugel und ihrer Teile, erste Art.

§ 49. Berechnung des Inhaltes einer Kugel.

Man lasse das Quadrat $ACDB$ mit der Diagonale $AD$ und dem Kreisquadranten $BC$ um die Achse $CD$ rotieren. Der durch Rotation des Dreiecks $ABD$ entstandene Körper ist gleich dem Unterschied des Zylinders und Kegels und möge Restkörper heißen. Es sei nun $EH \perp CD$, so ist $EG^2 = DG^2 - DE^2$, $DG = DB = EH$, $DE = EF$, also:

$$\pi EG^2 = \pi EH^2 - \pi EF^2.$$

Die Halbkugel und der Restkörper geben also in gleicher Höhe gleiche Querschnitte, mithin haben sie nach dem Cavalierischen Prinzip gleichen Rauminhalt. Nun ist aber der Kegel ein Drittel, also der Restkörper und somit die Halbkugel zwei Drittel des Zylinders.

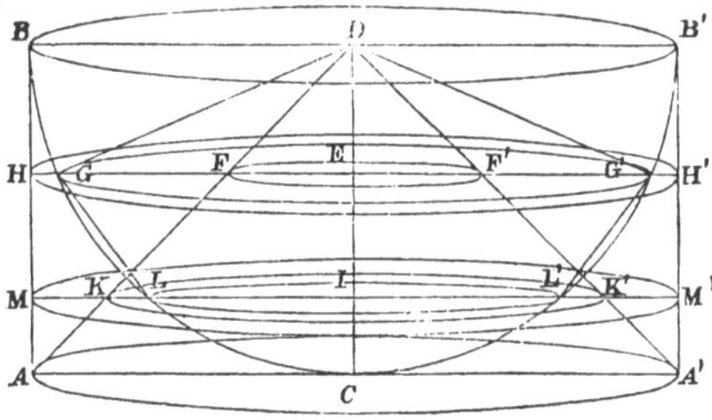


Fig. 35.

Ist also $r$ der Radius der Kugel, so ist der Inhalt der Halbkugel gleich $\frac{2}{3}\pi r^3$, und folglich:

der Inhalt der ganzen Kugel

$$(1) \quad V = \tfrac{4}{3}\pi r^3.$$

Anmerkung. Konstruiert man einen Kegel und einen Zylinder, deren Höhen gleich den Durchmessern der Grundflächen gleich $2r$ sind, und eine Kugel, deren Durchmesser ebenfalls gleich $2r$ ist, dann verhält sich der Kegel zur Kugel zum Zylinder wie $1:2:3$.

§ 50. Das durch die Ebene $GG'$ abgeschnittene Kugelsegment, dessen Höhe $EC = h$ sei, ist gleich dem entsprechenden Teile des Restkörpers, also gleich dem Zylinder $AHH'A'$ — dem abgestumpften Kegel $AFF'A'$

$$= \pi r^2 h - \tfrac{1}{3}\pi h\{r^2 + r(r-h) + (r-h)^2\};\ \text{also:}$$

das Kugelsegment

$$(2)\quad V = \tfrac{1}{3}\pi h^2 (3r - h),$$

oder, wenn der Halbmesser des Grenzkreises mit $\varrho$ bezeichnet wird,

$$(2')\quad V = \tfrac{1}{6}\pi h(3\varrho^2 + h^2).$$

Die zwischen den parallelen Ebenen $GG'$ und $LL'$ enthaltene körperliche Kugelzone, deren Höhe $EJ = h$ sei, und deren Grundkreise die Radien $EG = a$ und $JL = b$ haben, ist gleich

dem Zylinder $MHH'M'$ — dem abgestumpften Kegel $KFF'K'$

$$= \pi r^2 h - \tfrac{1}{3}\pi h(DJ^2 + DJ\,.\,DE + DE^2)$$
$$= \pi r^2 h - \tfrac{1}{6}\pi h\{3DJ^2 + 3DE^2 - (DJ - DE)^2\};\ \text{aber:}$$
$$DJ^2 = r^2 - b^2,\ DE^2 = r^2 - a^2,\ DJ - DE = h,\ \text{also:}$$

die körperliche Kugelzone

$$(3)\ V = \tfrac{1}{6}\pi h(3a^2 + 3b^2 + h^2).$$

§ 51. Der Kugelsektor $GDG'C$ ist gleich dem Kugelsegment $GG'C$ + dem Kegel $GG'D$, also, wenn $EC = h$:

$$V = \tfrac{1}{3}\pi h^2(3r - h) + \tfrac{1}{3}\pi a^2(r - h)$$
$$= \tfrac{1}{3}\pi h^2(3r - h) + \tfrac{1}{3}\pi(r - h)\{r^2 - (r - h)^2\},$$

wodurch man die (auch für $h > r$ gültige) Formel erhält:

$$(4)\ \text{Kugelsektor}\ V = \tfrac{2}{3}\pi r^2 h.$$

§ 52. Zerlegt man den Sektor in unendlich viele Pyramiden, die ihre Spitze in $D$ und ihre unendlich kleinen Grundflächen in der Kugelhaube $GCG'$ haben, so sieht man, daß der Inhalt

$$\tfrac{2}{3}\pi r^2 h = \tfrac{1}{3}r\ \text{mal der Oberfläche der Kugelhaube}$$

ist; mithin ist:

(5) die Fläche der Kugelhaube $O = 2\pi r h$.

Bildet man den Unterschied zweier Kugelhauben, so ergibt sich:

(6) die Oberfläche der Kugelzone $O = 2\pi r h$,

wenn $h$ ihre Höhe, d. h. den Abstand der beiden parallelen Grenzebenen bedeutet. Für $h = r$ wird die Kugelhaube eine Halbkugel, also ist die Oberfläche der Halbkugel gleich $2\pi r^2$ und folglich:

die Oberfläche der ganzen Kugel

$$(7)\quad O = 4\pi r^2.$$

## Ausmessung der Kugel und ihrer Teile, zweite Art.

§ 53. Berechnung der Oberfläche.

Die Sehne $CD$ drehe sich um den Durchmesser $AB$; sie beschreibt alsdann den Mantel eines Kegelstumpfes $M = \pi(CE + DF) \cdot CD = 2\pi \cdot \frac{CE + DF}{2} \cdot CD = 2\pi$ $GH \cdot CD$. Nun ist, wenn $CI \perp FD$, $\triangle CID \sim OHG$, daher $GH : OG = CI : CD$ oder $GH \cdot CD = OG \cdot CI = OG \cdot EF$. Mithin ist $M = 2\pi \cdot OG \cdot EF$, d. h.:

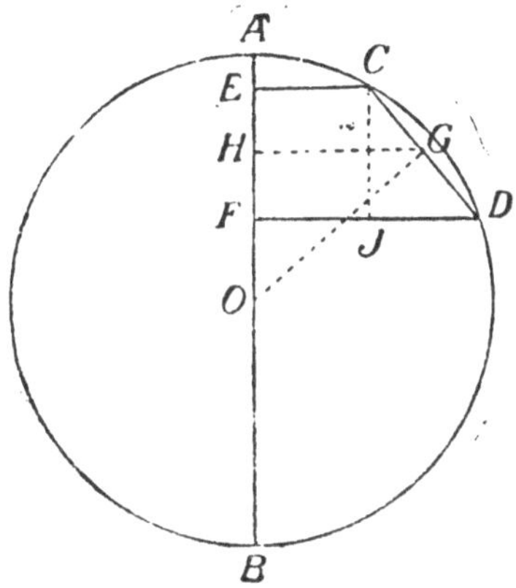

Fig. 36.

Die von einer Sehne bei ihrer Drehung um einen Durchmesser beschriebene Fläche ist gleich dem Mantel eines Zylinders, der den Abstand der Sehne vom Kugelmittelpunkt als Radius und ihre Projektion auf den Durchmesser zur Höhe hat.

Will man die vom Bogen $CD$ beschriebene Fläche berechnen, so denkt man sich diesen Bogen aus unendlich kleinen Bogen zusammengesetzt. Man kann dann deren Abstände vom Mittelpunkt gleich $r$ annehmen und die Summe ihrer Projektionen gleich $EF$ setzen, so daß sich für die beschriebene Kugelzone $2\pi r \cdot EF$ ergibt. Bezeichnet man nun die Höhe der Zone mit $h$ und berücksichtigt, daß für die ganze Kugelfläche $h = 2r$ ist, so ergibt sich als

Fläche einer Kugelzone (1) $O = 2\pi r h$,
oder Kugelhaube (2) $O = 2 r \pi h$ und als
Oberfläche der Kugel (3) $O = 4\pi r^2$.

§ 54. 1. Betrachtet man den Kugelsektor als aus unendlich vielen Pyramiden bestehend, deren Spitzen im Mittelpunkt vereinigt sind und deren unendlich kleine Grundflächen $g_1, g_2, \cdots$ die Haube des Kugelsektors bilden, so ist

$$V = \tfrac{1}{3} g_1 r + \tfrac{1}{3} g_2 r + \cdots = \tfrac{1}{3}(g_1 + g_2 + \cdots) r = \tfrac{1}{3} \cdot 2 r \pi h \cdot r,$$

mithin der

Kugelsektor (4) $V = \frac{2}{3}\pi r^2 h$.

2. Machen die Pyramiden die ganze Kugel aus, so ist $g_1 + g_2 + \cdots = 4\pi r^2$, daher der

Kugelinhalt (5) $V = \frac{4}{3}\pi r^3$.

§ 55. 1. Der Kugelabschnitt kann als Differenz eines Kugelsektors und eines Kegels berechnet werden und hat demgemäß den Rauminhalt $V = \frac{2}{3}\pi r^2 h - \frac{1}{3}\pi\varrho^2 (r - h)$ worin $\varrho^2 = h\,(2r - h)$ zu setzen ist. Hieraus ergibt sich nach einigen Umformungen als Kugelabschnitt

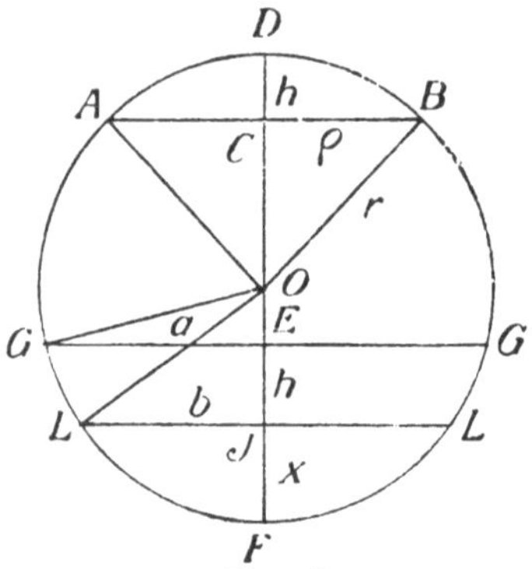

Fig. 37.

(6) $V = \frac{1}{3}\pi h^2 (3r - h)$

oder, wenn der Radius des Grenzkreises mit $\varrho$ bezeichnet wird,

(6') $V = \frac{1}{6}\pi h\,(3\varrho^2 + h^2)$.

2. Die zwischen den parallelen Ebenen $GG'$ und $LL'$ liegende körperliche Zone kann als Differenz zweier Kugelabschnitte berechnet werden und hat daher den Inhalt

$$V = \frac{1}{6}\pi\,(h + x)\,(3a^2 + (h + x)^2) - \frac{1}{6}\pi x\,(3b^2 + x^2)$$
$$= \frac{1}{6}\pi\,[3a^2 h + h^3 + 3h^2 x + 3hx^2 + 3\,(a^2 - b^2)\,x].$$

Nun ist $x^2 + b^2 = 2rx$ und $(h + x)^2 + a^2 = 2r(h + x)$, woraus sich durch Division nach einigen Umformungen $(a^2 - b^2)\,x = b^2 h - hx^2 - h^2 x$ ergibt. Daher ist

Körperliche Kugelzone (7) $V = \frac{1}{6}\pi h\,(3a^2 + 3b^2 + h^2)$.

§ 56. Berechnung der Oberfläche des Kugel-Zweiecks und Dreiecks.

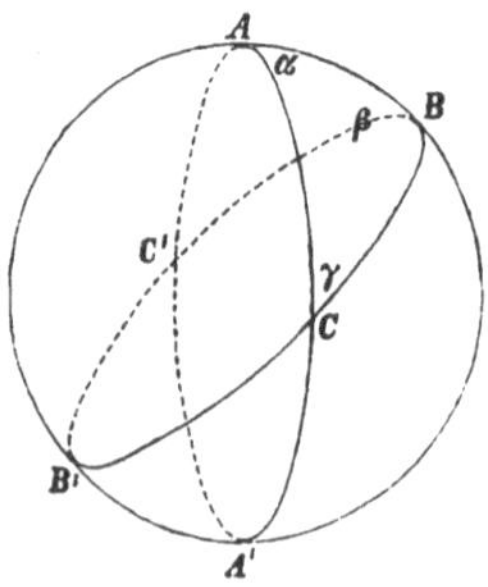

Fig. 38.

1) Bezeichnet $H$ die Fläche der Halbkugel und $\alpha$ den Winkel des Zweiecks, so ist:

(8) die Fläche des Kugelzweiecks $= \dfrac{\alpha}{180} H$.

2) Es sei $ABC$ ein Kugeldreieck, $\alpha, \beta, \gamma$ seine Winkel, $\triangle$ sein Flächeninhalt, so ist die Summe der drei Kugelzweiecke:

$$ABA'CA + BCB'AB + CAC'BC$$
$$= 2\triangle + H - A'B'C + ABC',$$

also mit Rücksicht auf (8), und weil die

Scheiteldreiecke $A'B'C$ und $ABC'$ gleichen Flächeninhalt haben:

$$(9)\ \triangle = \frac{\alpha + \beta + \gamma - 180}{360} H.$$

$\alpha + \beta + \gamma - 180^\circ$, den Überschuß der Winkelsumme über $180^\circ$ nennt man den sphärischen Exzeß $\varepsilon$; somit ist

$$(9')\ \triangle = \frac{\varepsilon}{360} H.$$

## Ausmessung von Rotationskörpern.

§ 57. Guldinsche Regel.

1) Der Inhalt einer Rotationsfläche (d. h. einer Fläche, die durch Rotation einer Linie um eine derselben Ebene angehörige, sie nicht durchschneidende Achse entsteht) ist gleich dem Produkt der erzeugenden Linie und des Weges, den ihr Schwerpunkt beschreibt.

2) Der Rauminhalt eines Rotationskörpers (d. h. eines Körpers, der durch Rotation einer ebenen Fläche um eine derselben Ebene angehörige, sie nicht schneidende Achse entsteht) ist gleich dem Produkt der erzeugenden Fläche und des Weges, den ihr Schwerpunkt beschreibt.

Beweis. Aus den Elementen der Mechanik sind folgende Sätze bekannt:

a) Der Schwerpunkt einer (gleichförmig dichten) Strecke ist ihr Halbierungspunkt.

b) Der Schwerpunkt eines (gleichförmig mit Masse belegten) Dreiecks ist der Schnittpunkt seiner Mittellinien.

c) Ist eine Linie (oder Fläche) aus den Teilen $m$, $m'$, $m''$, . . zusammengesetzt, sind ferner $x$, $x'$, $x''$, . . die Entfernungen der Schwerpunkte der Teile und $s$ die Entfernung des Schwerpunktes der ganzen Linie (oder Fläche) von einer in derselben Ebene liegenden Achse, so ist:

$$s = \frac{mx + m'x' + m''x'' + \cdots}{m + m' + m'' + \cdots}.$$

1) Wenn eine einzelne Strecke $m$ um eine von ihren Endpunkten um $r$ und $\varrho$ entfernte Achse sich dreht, so ist die erzeugte Fläche der Mantel eines abgestumpften Kegels und ihr Inhalt gleich $\pi m(r+\varrho)$. Der Schwerpunkt von $m$ ist von der Achse um $x = \frac{1}{2}(r + \varrho)$ entfernt; also ist der Inhalt der Fläche gleich $m \cdot 2\pi x$.

Rotiert also eine aus $m, m', m'', \ldots$ zusammengesetzte gebrochene (oder, im Grenzfalle, krumme) Linie um eine Achse, so ist die erzeugte Fläche $f = m \,.\, 2\pi x + m' \,.\, 2\pi x' + m'' \,.\, 2\pi x'' + \cdots = 2\pi\,(mx + m'x' + m''x'' + \cdots)$, also nach c) $f = 2\pi s\,(m + m' + m'' + \cdots)$, oder wenn $l$ die ganze Länge $m + m' + m'' \cdots$ der erzeugenden Linie bezeichnet, $f = l\,.\,2\pi s$.

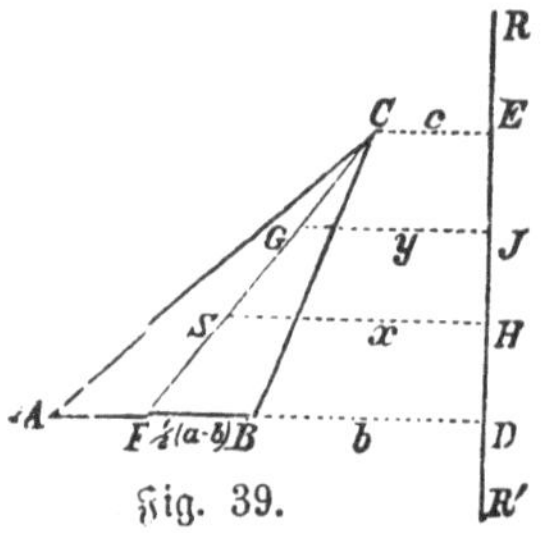

Fig. 39.

2) Zunächst werde ein Dreieck $ABC$ betrachtet, das um die auf der Verlängerung der Seite $AB$ senkrechte Achse $RR'$ sich dreht. Sind die Abstände $AD$, $BD$, $CE$ gleich $a$, $b$, $c$, und die Strecke $DE = h$, so ist der Rauminhalt des Rotationskörpers nach §46,(2) gleich $\frac{1}{3}\pi h\,(a^2 + ac + c^2) - \frac{1}{3}\pi h\,(b^2 + bc + c^2) = \frac{1}{3}\pi h\,(a - b)\,(a + b + c) = \frac{2}{3}\pi \triangle\,(a + b + c)$, wenn $\triangle$ der Inhalt des Dreiecks $ABC$ ist. Der Schwerpunkt des Dreiecks sei $S$, $CS$ werde in $G$ halbiert, die auf $RR'$ gefällten Lote $SH$ und $GJ$ seien gleich $x$ und $y$. Dann ist $2x = \frac{1}{2}(a + b) + y$ und $2y = x + c$, und man erhält, wenn man die zweite Gleichung zu der mit 2 multiplizierten ersten addiert, $3x = a + b + c$. Der Inhalt des Körpers ist also gleich $\triangle\,.\,2\pi x$.

Jetzt werde ein beliebiges Vieleck betrachtet, das um $RR'$ rotiert. Zieht man in seiner Fläche durch seine Ecken gerade Linien, deren Verlängerungen $RR'$ rechtwinklig schneiden, und in jedem der so entstehenden Trapeze eine Diagonale, so ist das Vieleck in Dreiecke zerlegt und in jedem dieser Dreiecke $(\triangle, \triangle', \ldots)$ steht eine Seite auf $RR'$ senkrecht. Es ist also der Rauminhalt $v$ des durch Rotation des Vielecks entstehenden Körpers gleich $\triangle\,.\,2\pi x + \triangle'\,.\,2\pi x' + \cdots = 2\pi\,(\triangle\, x + \triangle'\, x' + \cdots)$, also nach c) gleich $2\pi s\,(\triangle + \triangle' + \cdots)$, wenn $s$ den Abstand des Schwerpunktes des Vielecks von $RR'$ bezeichnet. Nennt man noch $F$ den Flächeninhalt des Vielecks, so erhält man für den Rauminhalt des Rotationskörpers die Formel $v = F\,.\,2\pi s$, und diese bleibt auch dann noch gültig, wenn die rotierende Fläche statt von einer gebrochenen von einer krummen Linie begrenzt wird.

Beispiel. Der Rauminhalt des ringförmigen Körpers, der durch Rotation eines Kreises vom Radius $a$ um eine in seiner Ebene gelegene, vom Mittelpunkte um die Strecke $b$ entfernte Achse entsteht, ist gleich $2\pi^2 a^2 b$, und die Oberfläche dieses Körpers ist gleich $4\pi^2 ab$.

# Fünfter Abschnitt.
# Stereometrische Aufgaben.
## § 58. I. Das Prisma.

(Zu sämtlichen Aufgaben ist das Schrägbild des Körpers zu zeichnen.)

1) Ein gerades dreiseitiges Prisma ist oben schief abgeschnitten. Die Grundfläche ist ein Dreieck, dessen Seiten $a = 4{,}43$ cm, $b = 5{,}79$ cm und $c = 5{,}08$ cm lang sind, die Seitenkanten haben die Länge $d = 4{,}51$ cm, $e = 6{,}83$ cm und $f = 8{,}51$ cm. Wie groß ist der Rauminhalt des Körpers?

2) Ein schiefes Prisma mit quadratischer Grundfläche ist so beschaffen, daß eine Ecke der Deckfläche senkrecht über dem Mittelpunkte der wagerechten Grundfläche liegt; jede Seite der Grundfläche ist $a = 4{,}63$ cm, jede Seitenkante $2\frac{1}{3}$ mal so lang. Welchen Rauminhalt hat das Prisma und wie groß sind die Winkel der Seitenflächen?

3) Ein regelmäßiges dreiseitiges Prisma hat eine Gesamtoberfläche von $O = 92{,}68$ qcm, jede Seitenkante ist doppelt so groß als die Höhe der Grundfläche. Wie groß ist jede Seite der Grundfläche und welchen Rauminhalt hat das Prisma?

4) Die Grundfläche eines geraden Prismas ist ein gleichseitiges Dreieck, die Gesamtoberfläche des Prismas beträgt $O = 58{,}64$ qcm und jede Seitenkante besitzt die Länge $b = 5{,}65$ cm. Wie groß ist jede Seite der Grundfläche?

5) Ein regelmäßiges fünfseitiges Prisma von $h = 7{,}46$ cm Höhe hat eine Gesamtoberfläche von $O = 57{,}56$ qcm. Wie groß ist jede Seite der Grundfläche und wieviel wiegt das Prisma, wenn es aus Blei vom spezifischen Gewicht $\sigma = 11{,}395$ besteht?

6) Bei einem sechsseitig geformten Trinkglase hat jede äußere Grundkante die Länge $a = 3{,}8$ cm, die äußere Höhe beträgt $h = 9{,}7$ cm, und die Dicke des Glases ist $d = 0{,}3$ cm. Wieviel wiegt das Glas, wenn das spezifische Gewicht des Glases $\sigma = 2{,}52$ ist. — Im Schrägbilde ist $d$ etwas größer anzunehmen.

7) Durch ein gerades Prisma mit quadratischer Grundfläche von der Seite $a = 3{,}8$ cm und mit der Höhe $h = 7{,}3$ cm wird durch eine Kante der Deckfläche ein ebener Schnitt gelegt, der gegen die Deckfläche unter dem Winkel $\alpha = 58^0\,51'\,40''$ geneigt ist. Wie groß ist der Rauminhalt des schiefabgeschnittenen vierseitigen Prismas?

8) Die Grundfläche und zwei Seitenflächen eines schiefen Prismas sind Rechtecke, die beiden anderen Seitenflächen Parallelogramme mit dem spitzen Winkel $\alpha = 73^0 21'22''$; die Seiten der Grundfläche sind $a = 4{,}39$ cm und $b = 3{,}61$ cm, jede Seitenkante ist $c = 7{,}05$ cm. Durch eine Seite der Deckfläche wird ein ebener Schnitt gelegt, der auf den Seitenkanten senkrecht steht. Wie groß ist der Rauminhalt des abgeschnittenen vierseitigen Prismas?

9) Ein gerades Prisma hat zur Grundfläche ein gleichschenkliges Dreieck, dessen Winkel an der Spitze $\gamma = 80^0$ ist. Ein Schnitt durch die Grundlinie dieses Dreiecks und die ihr gegenüberliegende Ecke des Prismas bildet ein

gleichschenkliges Dreieck, dessen Schenkelseiten $d = 8,473$ cm lang sind und dessen Winkel an der Spitze $\alpha = 43^0$ ist. Wie groß ist der Rauminhalt des Prismas?

10) Die Grundfläche eines geraden Prismas ist ein gleichschenkliges Dreieck mit der Grundlinie $c = 5,44$ cm und dem Winkel an der Spitze $\gamma = 70^0$. Ein Schnitt durch die Grundlinie dieses Dreiecks und die ihr gegenüberliegende Ecke des Prismas bildet ein gleichschenkliges Dreieck, dessen Winkel an der Spitze $\alpha = 43^0$ ist. Wie groß ist der Rauminhalt des Prismas?

## § 59. II. Die Pyramide.

(Zu den Aufgaben 1 bis 4, 7, 9 und 10 ist das Schrägbild des Körpers zu zeichnen.)

1) Eine gerade vierseitige Pyramide hat als Grundfläche ein Quadrat von $a = 2,82$ cm Seitenlänge, jede Seitenkante ist $b = 4,08$ cm lang. Wie groß ist der Neigungswinkel der Seitenkanten gegen die Grundfläche und wieviel wiegt die Pyramide, wenn sie aus Granit vom spezifischen Gewicht 2,87 besteht?

2) Die Grundfläche einer geraden Pyramide ist ein regelmäßiges Achteck, dessen umbeschriebener Kreis einen Radius von $r = 2,37$ cm besitzt, jede Seitenkante hat die Länge $b = 8,01$ cm. Wie groß ist der Rauminhalt der Pyramide?

3) Von einer regelmäßigen fünfseitigen Pyramide ist jede Seite der Grundfläche $a = 3,14$ cm und jede Seitenkante $b = 7,88$ cm. Welchen Rauminhalt hat die Pyramide und wie groß sind die Neigungswinkel der Seitenkanten und der Seitenflächen gegen die Grundfläche?

4) Eine dreiseitige Pyramide aus Marmor hat als Grundfläche ein gleichseitiges Dreieck, dessen Seiten eine Länge von $a = 2,18$ cm besitzen; jede Seitenkante ist 4 mal so lang. Wie groß ist der Neigungswinkel der Seitenflächen gegen die Grundfläche und wieviel wiegt die Pyramide, wenn das spezifische Gewicht des Marmors gleich 2,84 ist?

5) Die Seitenflächen einer geraden regelmäßigen achtseitigen Pyramide sind gleichschenklige Dreiecke, deren Winkel an der Spitze $\gamma = 30^0 10' 4''$ ist und deren Schenkelseiten die Länge $b = 3,06$ cm besitzen. Welchen Rauminhalt hat die Pyramide und wie groß ist der Neigungswinkel der Seitenflächen gegen die Grundfläche?

6) Die Grundfläche einer geraden Pyramide ist ein regelmäßiges Zehneck von $a = 3,37$ cm Seitenlänge, ihre Seitenkanten sind unter dem Winkel $\varphi = 74^0 25' 47''$ gegen die Grundfläche geneigt. Wie groß ist der Rauminhalt der Pyramide?

7) Jede Grundkante einer regelmäßigen sechsseitigen Pyramide ist $a = 2,82$ cm, jede Seitenkante gleich $2a$. Der Pyramide ist ein gerades sechsseitiges Prisma einbeschrieben, dessen obere Ecken in den Seitenkanten der Pyramide liegen. Wie groß ist der Rauminhalt dieses Prismas, wenn jede seiner Seitenflächen gerade so groß ist wie die Grundfläche?

8) Aus einem $p = 918,4$ g schweren Stück Blei sollen ein regelmäßiges Tetraeder und ein regelmäßiges Oktaeder gegossen werden, die beide dieselbe

Kantenlänge besitzen. Wie groß wird jede Kante dieser beiden Körper, wenn das spezifische Gewicht des Bleis $\sigma = 11,41$ ist?

9) Ein Würfel mit der Kante $a$ soll an den acht Ecken durch Schnittebenen so abgestumpft werden, daß sämtliche Kanten des Restkörpers gleiche Länge erhalten. Wie groß ist der Rauminhalt dieses Restkörpers?

10) Von der Deckfläche eines Würfels von $a = 3,97$ cm Kantenlänge werden an den vier Ecken gleichschenklige Dreiecke abgeschnitten, so daß ein regelmäßiges Achteck übrig bleibt. Über diesem steht eine gerade Pyramide, deren Höhe gleich der Kante des Würfels ist. Wie groß ist der Rauminhalt des Gesamtkörpers?

## §. 60. III. Der Zylinder.

(Mit Schrägbild zu den Aufgaben 5 und 8.)

1) Ein gerades Prisma von $h = 30,05$ cm Höhe, dessen Grundfläche ein regelmäßiges Zwölfeck von $a = 3$ cm Seitenlänge ist, soll in einen Zylinder mit quadratischem Achsenschnitt umgeformt werden. Wie groß wird der Radius des Grundkreises?

2) Die Gesamtoberfläche eines geraden Zylinders von $h = 5,14$ cm Höhe beträgt $O = 95,53$ qcm; wie groß ist der Radius des Grundkreises und der Rauminhalt des Zylinders?

3) Die Höhe eines geraden Zylinders sei um $a = 2,34$ cm größer als der Durchmesser der Grundfläche, die Gesamtoberfläche betrage $O = 93,41$ qcm. Wie groß ist der Radius der Grundfläche und der Rauminhalt des Zylinders?

4) Wie groß ist der Rauminhalt eines Zylinders von $O = 560,25$ qcm Oberfläche, wenn sein Achsenschnit ein Rechteck von $a = 51,44$ cm Umfang ist?

5) Ein regelmäßiges Tetraeder von der Kantenlänge $a = 3,63$ cm ist einem geraden Zylinder einbeschrieben; die Grundfläche des Tetraeders ist das dem Grundkreise des Zylinders einbeschriebene gleichseitige Dreieck, seine Spitze ist der Mittelpunkt der Deckfläche des Zylinders. Wie groß ist die Mantelfläche und der Rauminhalt des Zylinders?

6) Die Grundfläche eines geraden Zylinders beträgt $G = 28,27$ qcm, die Mantelfläche $M = 122,38$ qcm. Wie groß ist der Rauminhalt der diesem Zylinder einbeschriebenen regelmäßigen dreiseitigen Pyramide?

7) Ein Zylinder hat den Rauminhalt $V = 169$ ccm; der Achsenschnitt ist ein Rechteck, dessen Umfang gleich dem Umfang der Grundfläche ist. Wie groß ist die Mantelfläche des Zylinders?

8) Die Grundfläche einer geraden Pyramide ist ein regelmäßiges Fünfeck von $a = 3,34$ cm Seitenlänge, jede Seitenkante hat die Länge $b = 8,27$ cm. Aus der Pyramide soll ein möglichst großer Zylinder von $h = 4,388$ cm Höhe herausgeschnitten werden. Wie groß wird der Radius des Grundkreises und wieviel wiegt der Zylinder, wenn die Pyramide aus Birnbaumholz vom spezifischen Gewicht 0,7 besteht?

9) Ein Silberdraht von $h = 1,45$ m Länge und $p = 9,741$ g Gewicht soll mit $p' = 8$ g Gold vergoldet werden. Wie dick wird die Vergoldung, wenn das spezifische Gewicht des Silbers $\sigma = 10,56$, das des Goldes $\sigma' = 19,71$ ist?

10) Ein Eisenrohr von $h = 4{,}5$ m Länge, einem lichten Durchmesser von 5,23 cm und einer Wandstärke von 5 mm soll außen verkupfert werden, so daß das Gewicht des Rohres dadurch um den fünften Teil vergrößert wird. Wie dick wird die Kupferschicht, wenn das spezifische Gewicht des Eisens $\sigma = 7{,}76$, das des Kupfers $\sigma' = 8{,}92$ ist?

## § 61. IV. Der Kegel.

(Mit Schrägbild zu den Aufgaben 4, 5, 8 und 10.)

1) Der Achsenschnitt eines Kegels ist ein gleichschenkliges Dreieck, dessen Winkel an der Spitze $\varphi = 35^\circ 22' 9''$ ist, der Grundkreis hat einen Flächeninhalt von $F = 26{,}29$ qcm. Wie groß ist die Kante eines Würfels, der mit dem Kegel gleichen Rauminhalt besitzt?

2) Ein gerader Kegel aus Sandstein vom spezifischen Gewicht $\sigma = 2{,}43$ wiegt $p = 39{,}29$ kg; jede Seitenlinie bildet mit der Grundfläche einen Neigungswinkel von $\varphi = 72^\circ 55' 40''$. Wie groß ist der Radius des Grundkreises und die Oberfläche des Kegels?

3) Die Grundfläche eines geraden Kegels sei $G = 22{,}9$ qcm, der Neigungswinkel einer Seitenlinie gegen die Grundfläche $\varphi = 68^\circ 15' 16''$. Wie groß ist der Rauminhalt und die Oberfläche des Kegels?

4) Die Grundfläche einer dreiseitigen Pyramide ist ein gleichseitiges Dreieck, dessen Seiten die Länge $a = 4{,}71$ cm besitzen; jede Seitenfläche ist unter dem Winkel $\psi = 70^\circ 10'$ gegen die Grundfläche geneigt. Wie groß ist der Rauminhalt und die Mantelfläche des dieser Pyramide einbeschriebenen Kegels, dessen Grundkreis in der Grundfläche der Pyramide liegt?

5) Die Grundfläche einer dreiseitigen Pyramide ist ein gleichseitiges Dreieck, dessen Seiten die Länge $a = 5{,}43$ cm besitzen, jede Seitenkante ist unter dem Winkel $\varphi = 50^\circ 13' 3''$ gegen die Grundfläche geneigt. Wie groß ist der Rauminhalt und die Mantelfläche des dieser Pyramide einbeschriebenen Kegels, dessen Grundkreis in der Grundfläche der Pyramide liegt?

6) Die Höhe eines geraden Kegels sei $h = 47{,}6$ cm, der Radius des Grundkreises $r = 9{,}3$ cm. Der Kegel soll durch eine der Mantelfläche parallele Fläche so ausgehöhlt werden, daß der Rauminhalt des Hohlkegels halb so groß ist als der des vollen Kegels. Welche Wandstärke besitzt der Hohlkegel?

7) Die Grundfläche einer Pyramide ist ein regelmäßiges Fünfeck von $a = 4{,}35$ cm Seitenlänge, jede Seitenkante ist unter dem Winkel $\varphi = 68^\circ$ gegen die Grundfläche geneigt. Wie groß ist die Mantelfläche eines Kegels, der eine ebenso große Grundfläche und Höhe hat wie die Pyramide?

8) Ein Würfel, dessen Kanten die Länge $a = 2{,}72$ cm besitzen, ist einem Kegel so einbeschrieben, daß die unteren Ecken auf der Grundfläche, die oberen auf dem Mantel des Kegels liegen; die Seitenlinie des Kegels verhält sich zu seiner Höhe wie 9 : 7. Wie groß ist der Kegelmantel?

9) Ein Kegel, dessen Achsenschnitt ein gleichseitiges Dreieck ist, und ein Würfel haben gleich große Oberflächen. In welchem Verhältnis stehen die Rauminhalte beider Körper?

10) Der Grundkreis eines schiefen Kegels hat den Flächeninhalt $F = 42{,}87$ qcm, die längste Seitenlinie ist unter dem Winkel $\alpha = 63^0{,}5$, die kürzeste unter dem Winkel $\beta = 78^0{,}4$ gegen die Grundfläche geneigt. Wie groß ist der Radius des Grundkreises und der Rauminhalt des Kegels?

## § 62. V. Der Pyramiden- und der Kegelstumpf.

(Mit Schrägbild zu den Aufgaben 1 bis 8.)

1) Ein gerader Pyramidenstumpf von $h = 4{,}51$ cm Höhe hat als Grundfläche ein regelmäßiges Fünfeck von $a = 1{,}37$ cm Seitenlänge, jede Seite der Deckfläche ist $\frac{2}{5}$mal so lang als eine Seite der Grundfläche. Wie groß ist der Rauminhalt des Pyramidenstumpfes? — Das Schrägbild ist im Maßstabe 2 : 1 zu entwerfen.

2) Eine gerade abgestumpfte Pyramide hat als Grundfläche ein regelmäßiges Fünfeck von $a = 3{,}5$ cm Seitenlänge, jede Seite der Deckfläche ist $a' = 2{,}1$ cm und jede Seitenkante $b = 5{,}931$ cm lang. Welchen Rauminhalt hat der Pyramidenstumpf und unter welchen Winkeln sind die Seitenkanten und die Seitenflächen gegen die Grundfläche geneigt?

3) Eine gerade abgestumpfte Pyramide hat als Grundfläche ein regelmäßiges Achteck von $a = 4{,}67$ cm Seitenlänge, jede Seite der Deckfläche ist $a' = 1{,}94$ cm und jede Seitenkante $b = 11{,}35$ cm lang. Welchen Rauminhalt hat der Pyramidenstumpf und wie groß ist die Höhe der Ergänzungspyramide?

4) Ein gerader Pyramidenstumpf hat als Grund- und Deckfläche regelmäßige Achtecke von $a = 2{,}9$ cm und $a' = 1{,}7$ cm Seitenlänge, jede Seitenkante ist unter dem Winkel $\varphi \doteq 71^0 9' 19''$ gegen die Grundfläche geneigt. Wie groß ist der Rauminhalt des Stumpfes?

5) Die Grundfläche und die Deckfläche eines geraden Pyramidenstumpfes sind regelmäßige Neunecke von $a = 2{,}3$ cm und $a' = 1{,}4$ cm Seitenlänge, die Höhe beträgt $h = 8{,}7$ cm. Welchen Rauminhalt hat der Pyramidenstumpf und wie groß ist jede Seite der Grundfläche eines regelmäßigen neunseitigen Prismas, das mit dem Pyramidenstumpf gleichen Rauminhalt und dieselbe Höhe besitzt?

6) Die Grund- und die Deckfläche eines geraden Pyramidenstumpfes sind regelmäßige Sechsecke von $a = 2{,}87$ cm und $a' = 1{,}69$ cm Seitenlänge, jede Seitenkante hat die Länge $b = 6{,}56$ cm. In dem Pyramidenstumpfe steht ein Kegel, dessen Grundkreis die Seiten der Grundfläche des Pyramidenstumpfes berührt und dessen Spitze in der Mitte der Deckfläche liegt. Wie groß ist der Rauminhalt und die Mantelfläche dieses Kegels?

7) Ein gerader Kegelstumpf hat die Höhe $h = 6{,}31$ cm und den Rauminhalt $V = 180$ ccm, der Radius des Grundkreises verhält sich zu dem des Deckkreises wie 7 : 3. Wie groß ist die Seitenlinie und die Mantelfläche des Kegelstumpfes?

8) Die Grundfläche eines Kegelstumpfes ist ein Kreis vom Radius $r = 4{,}2$ cm, die Deckfläche ein Kreis vom Radius $r' = 1{,}2$ cm, die Höhe beträgt $h = 7{,}2$ cm. Dem Kegelstumpf ist ein Doppelkegel einbeschrieben, dessen Grundflächen von der Grund- und Deckfläche des Kegelstumpfes gebildet werden. In welchem Verhältnis steht die Mantelfläche des Doppelkegels zu der des Kegelstumpfes?

9) Es soll ein Wasserbehälter von der Form eines abgestumpften geraden Kegels hergestellt werden, der 207 hl zu fassen vermag. Derselbe soll eine innere Höhe von $h = 2{,}44$ m erhalten und der Radius der oberen Deckfläche soll $r = 1{,}92$ m betragen. Wie groß ist der Radius der Grundfläche zu nehmen und unter welchem Winkel ist die Seitenlinie gegen die Grundfläche geneigt?

10a) Ein aus Blei gegossener Ring hat die Gestalt eines Umdrehungskörpers, der durch Rotation eines gleichseitigen Dreiecks von $a = 6{,}28$ cm Seitenlänge um eine Achse entstanden ist, die einer Dreiecksseite parallel ist und von ihr den Abstand $b = 2{,}77$ cm besitzt. Wie groß ist die Oberfläche und das Gewicht dieses Bleiringes, wenn das spezifische Gewicht des Bleis $\sigma = 11{,}38$ ist?

10b) Dieselbe Aufgabe für den Fall, daß der Ring aus Kupfer vom spezifischen Gewicht $\sigma = 8{,}922$ besteht, daß ferner $a = 4{,}41$ cm und $b$ gleich der Höhe des gleichseitigen Dreiecks ist.

11) Ein rechtwinkliges Dreieck mit den Katheten $a = 7{,}7$ cm und $b = 3{,}6$ cm dreht sich um eine zur Hypotenuse parallele Achse, welche von ihr den Abstand $d = 1{,}84$ cm besitzt. Wie groß ist der Rauminhalt und die äußere Mantelfläche des entstehenden ringförmigen Umdrehungskörpers?

12) Eine Schenkelseite eines gleichschenkligen Dreiecks wird durch die zugehörige Höhe in die beiden Abschnitte $p = 2{,}8$ cm und $q = 2{,}5$ cm zerlegt. Wie groß ist der Rauminhalt und die äußere Mantelfläche desjenigen ringförmigen Körpers, der durch Umdrehung dieses Dreiecks um eine zu jener Schenkelseite parallele Achse entsteht, wenn diese von der Seite den Abstand $d = 3{,}9$ cm besitzt?

## § 63. VI. Die Kugel.

1) Eine Hohlkugel aus Glas, deren äußerer Radius $r = 4{,}6$ cm ist, wiegt 297 g. Wie groß ist der innere Radius und die Wandstärke, wenn das spezifische Gewicht des Glases $\sigma = 3{,}05$ beträgt?

2) Einer Kugel mit dem Radius $r$ ist ein gerader Zylinder einbeschrieben, dessen Gesamtoberfläche $\frac{3}{4}$ mal so groß ist als die Kugelfläche. Wie groß ist der Radius der Grundfläche dieses Zylinders und wie konstruiert man diesen Radius?

3) Einer Kugel vom Radius $r = 2{,}93$ cm ist ein gerades Prisma mit quadratischer Grundfläche einbeschrieben, dessen Höhe $h = 4{,}94$ cm beträgt; wie groß ist die Kante eines Würfels, der denselben Rauminhalt hat wie dieses Prisma?

4) Einer Kugel ist eine gerade Pyramide einbeschrieben, deren Grundfläche ein regelmäßiges Fünfeck von $a = 1{,}82$ cm Seitenlänge ist, jede Seitenkante der Pyramide bildet mit der Grundfläche einen Neigungswinkel von $\alpha = 72^0$. Wie groß ist der Rauminhalt der Kugel?

5) Die Seitenlinie eines geraden Kegels ist $s = 8{,}623$ cm, der Radius des Grundkreises $r = 3{,}311$ cm. Wie groß ist die Oberfläche der diesem Kegel umbeschriebenen und der Rauminhalt der einbeschriebenen Kugel?

6) Die Höhe eines geraden Kegels sei $h = 8$ cm, der Radius des Grundkreises $r = 3{,}9$ cm. Wie groß ist die Oberfläche der dem Kegel einbeschriebenen und der Rauminhalt der ihm umbeschriebenen Kugel?

7) Ein kupfernes Rohr von 88,99 cm Länge, 3,7 cm äußerem und 2,1 cm innerem Durchmesser soll mit $2\frac{1}{4}$ kg Zink vom spezifischen Gewicht $\sigma = 7{,}151$ zu einer Messinglegierung zusammengeschmolzen und aus der Legierung eine Kugel gegossen werden. Wie groß wird der Radius dieser Kugel?

8) Eine Hohlkugel aus Messing von 606,6 g Gewicht und 3 mm Wandstärke soll vernickelt werden. Nach dem Vernickeln ist sie um 477,1 g schwerer geworden. Wie groß ist der äußere und der innere Radius der messingnen Hohlkugel und um wieviel wird diese durch das Vernickeln dicker, wenn das spezifische Gewicht des Messings $\sigma = 8{,}5$, das des Nickels $\sigma' = 8{,}97$ ist?

9) Zwei Kugeln berühren einander von außen und werden von einem gemeinsamen geraden Berührungskegel umhüllt, dessen Grundkreis den Radius $r = 2{,}25$ cm hat und dessen Seitenlinie $s = 6{,}72$ cm ist. Wie groß sind die Oberflächen der beiden Kugeln?

10) Aus einem Zylinder aus Pappelholz, dessen Grundkreis den Radius $r = 3{,}7$ cm besitzt und dessen Höhe $h = 14{,}1$ cm ist, soll an dem einen Ende eine Halbkugel, an dem anderen ein Kegel herausgeschnitten werden, so daß sowohl der Radius der Halbkugel als auch der Radius der Grundfläche des Kegels gleich $r$ ist; die Spitze des Kegels soll in der Oberfläche der Halbkugel liegen. Wieviel wiegt der übrig bleibende Körper, wenn das spezifische Gewicht des Pappelholzes $\sigma = 0{,}52$ ist?

## § 64. VII. Die Kugelteile.

1) Ein Kugelsegment, dessen ebene Oberfläche sich zur krummen wie 5 : 8 verhält, hat einen Rauminhalt von 28,33 ccm. Wie groß ist die Oberfläche der ganzen Kugel?

2) Eine Kugel soll durch eine Ebene in 2 Abschnitte so zerlegt werden, daß die Gesamtoberfläche des kleineren Kugelabschnitts gleich der halben Kugeloberfläche ist. Wie groß ist der zugehörige Zentriwinkel?

3) Der Rauminhalt einer Kugel sei $V = 79{,}73$ ccm. Von der Kugel ist ein Segment abgeschnitten, dessen Gesamtoberfläche 48,87 qcm beträgt. Wie groß ist der Radius der Kugel und die Höhe des Segments?

4) Aus einer Kugel vom Radius $r$ soll ein Sektor herausgeschnitten werden, dessen kegelförmiger Teil einen doppelt so großen Rauminhalt hat als das Kugelsegment. In welchem Verhältnis steht der Rauminhalt des Sektors zu dem der Kugel und der Flächeninhalt der Kalotte zu dem der ganzen Kugeloberfläche?

5) Ein kupferner Ring wird nach innen von einer $h = 5{,}43$ cm hohen Zylinderfläche begrenzt, deren Grundflächen einen Radius von $\varrho = 2{,}63$ cm besitzen, nach außen von einer Kugelzone, welche dieselben Grundflächen hat wie der Zylinder Wie dick ist der Ring an seiner stärksten Stelle und wieviel wiegt er, wenn das spezifische Gewicht des Kupfers $\sigma = 8{,}94$ ist?

6) Einer Kugel vom Radius $r$ soll ein Zylinder einbeschrieben werden, dessen Rauminhalt 6mal so groß ist als der Rauminhalt jedes der beiden Kugelsegmente über den Grundflächen des Zylinders. Welchen Abstand haben

diese Grundflächen vom Mittelpunkte der Kugel und in welchem Verhältnis steht die Oberfläche der Kugelzone zu dem Flächeninhalte jeder der beiden Kalotten?

7) Einer Halbkugel vom Radius $r$ soll ein gerader Zylinder einbeschrieben werden, dessen Rauminhalt ebenso groß ist wie das über der Deckfläche des Zylinders stehende Kugelsegment. Wie groß ist der Radius des Grundkreises und die Höhe des Zylinders, und in welchem Verhältnis steht die Kugelkalotte zum Mantel des Zylinders?

8) Einer Kugel vom Radius $r = 4{,}22$ cm ist ein gerader Kegel einbeschrieben, dessen Seitenlinien mit der Höhe den Winkel $\alpha = 27^\circ 26'$ einschließen. Wie groß ist die Mantelfläche des Kegels und der Flächeninhalt der von der Grundfläche des Kegels begrenzten kleineren Kugelkalotte?

9) Einem Kegel, dessen Höhe $h = 4{,}52$ cm beträgt und mit den Seitenlinien den Winkel $\alpha = 19^\circ 20' 12''$ bildet, ist eine Kugel umbeschrieben. Man soll die Mantelfläche des Kegels und den Flächeninhalt der kleineren Kugelkalotte berechnen.

10) Einer Kugel vom Radius $r$ ist ein Kegelstumpf einbeschrieben, dessen Grundfläche und Deckfläche auf verschiedenen Seiten des Kugelmittelpunktes liegen und von diesem den Abstand $\frac{1}{5} r$ bzw. $\frac{3}{5} r$ besitzen. In welchem Verhältnis steht der Rauminhalt des Kegelstumpfes und des zwischen dem Mantel desselben und der Kugelfläche befindlichen Ringes zum Rauminhalte der Kugel?

11) Einer Halbkugel vom Radius $r$ ist ein abgestumpfter Kegel einbeschrieben, welcher die die Halbkugel begrenzende Kreisfläche zur Grundfläche hat und dessen Deckfläche von der Grundfläche den Abstand $\frac{3}{5} r$ hat. Wie verhält sich der Rauminhalt des über der Deckfläche stehenden Kugelsegments zu dem des Ringes, der von der Mantelfläche des Kegelstumpfes und der Kugelfläche begrenzt wird?

12) Einer Kugel ist ein Kegelstumpf von der Höhe $h = 1{,}7$ cm und dem Rauminhalte $a = 162$ ccm einbeschrieben; der Rauminhalt der zwischen denselben Kreisflächen liegenden Kugelzone beträgt $b = 165{,}465$ ccm. Wie groß sind 1) die Radien der beiden Kreisflächen, 2) der Radius der Kugel und 3) der Flächeninhalt der Kugelzone?

## § 65. VIII. Das archimedische Prinzip.

1) Ein Zylinder aus Kork von 10,6 cm Durchmesser wird von einem zylindrischen Bleimantel umhüllt. Wie dick muß dieser gemacht werden, damit der Körper, auf der Seite liegend, bis zur Hälfte im Wasser einsinkt? — Das spezifische Gewicht des Korks ist $\sigma = 0{,}24$, das des Bleis $\sigma' = 11{,}38$.

2) Ein gerader Zylinder aus Holz von $2r = 7{,}616$ cm Durchmesser taucht, auf der Seite schwimmend, $c = 4{,}9$ cm tief im Wasser ein. Wie groß ist das spezifische Gewicht des Holzes?

3) Ein gerader Kegel aus Kork von $h = 10$ cm Höhe soll dadurch zum aufrechten Schwimmen im Wasser gebracht werden, daß man die Grundfläche mit

einer zylindrischen Bleiplatte bedeckt. Wie dick muß diese Platte sein, wenn der Kegel bis zu $\frac{1}{3}$ seiner Höhe einsinkt? — Das spezifische Gewicht des Korkes beträgt $\sigma = 0{,}24$, das des Bleis $\sigma' = 11{,}4$.

4) Ein Kegel ist aus zwei Teilen zusammengesetzt, einem Kegel aus Blei vom spezifischen Gewicht $\sigma = 11{,}4$ und einem Kegelstumpf aus Eichenholz vom spezifischen Gewicht $\sigma' = 0{,}7$. Wie tief schwimmt der ganze Kegel mit seiner Spitze unter der Wasseroberfläche, wenn er 5 mal so hoch ist als der Bleikegel? — Beispiel: Die Höhe des ganzen Kegels ist $h = 13$ cm.

5) Ein gerader abgestumpfter Kegel aus Kork von $h = 10$ cm Höhe soll dadurch zum aufrechten Schwimmen im Wasser gebracht werden, daß man an ihm eine die Grundfläche deckende zylindrische Eisenplatte anbringt. Der Radius der Grundfläche verhält sich zu dem der Deckfläche wie 3 : 2. Wie dick muß die Platte sein, wenn der Kegelstumpf bis zu $\frac{1}{3}$ seiner Höhe einsinkt? — Das spezifische Gewicht des Korkes beträgt $\sigma' = 0{,}24$, das des Eisens $\sigma = 7{,}6$.

6) An einem geraden Kegelstumpf aus Kork von $h = 17{,}6$ cm Höhe ist eine die Deckfläche deckende zylindrische Platte aus Kupfer angebracht, so daß der Körper im Wasser aufrecht schwimmt. Der Radius der Grundfläche verhält sich zu dem der Deckfläche wie 4:3. Wie dick muß die Kupferplatte sein, wenn der Kegelstumpf bis zu $\frac{2}{3}$ seiner Höhe einsinkt? — Das spezifische Gewicht des Korks ist $\sigma = 0{,}24$, das des Kupfers $\sigma' = 8{,}8$.

7) Eine Kugel aus Buchenholz, die einen Radius von $r = 5{,}06$ cm hat, sinkt im Wasser $d = 7{,}9$ cm tief ein. Wie groß ist der aus dem Wasser hervorragende Teil der Kugeloberfläche und welches ist das spezifische Gewicht des Buchenholzes?

8) Eine Kugel aus Kirschbaumholz hat den Radius $r = 8{,}9$ cm; ins Wasser geworfen sinkt sie so tief ein, daß der über dem Wasser befindliche Kugelabschnitt die Höhe $h = 7{,}46$ cm besitzt. Welches ist das spezifische Gewicht des Kirschbaumholzes?

9) Eine Kugel aus Eichenholz sinkt im Wasser so tief ein, daß der aus dem Wasser hervorragende Teil der Kugeloberfläche der fünfte Teil der ganzen Oberfläche ist. Wie groß ist das spezifische Gewicht des Eichenholzes?

10) Eine Halbkugel aus Pappelholz vom Radius $r = 3{,}7$ cm schwimmt mit der ebenen Kreisfläche nach oben in Wasser. Ihr Mittelpunkt befindet sich 1,1 cm über dem Wasserspiegel. Wie groß ist das spezifische Gewicht des Holzes?

11) Eine Halbkugel aus Eschenholz vom Radius $r = 7{,}1$ cm schwimmt mit der ebenen Kreisfläche nach unten in Wasser; ihr Mittelpunkt befindet sich 4,9 cm unter dem Wasserspiegel. Wie groß ist das spezifische Gewicht des Holzes?

12) Eine Hohlkugel, deren äußerer Radius $r = 3{,}83$ cm ist, sinkt im Wasser so tief ein, daß sich noch $\frac{1}{3}$ der ganzen Kugeloberfläche über Wasser befindet. Welche Dicke hat die Wandstärke und wie groß ist das Gewicht der Hohlkugel, wenn diese aus Pflaumenbaumholz vom spezifischen Gewicht $\sigma = 0{,}78$ besteht?

13) Eine Hohlkugel aus Nußbaumholz vom spezifischen Gewicht $\sigma = \frac{2}{3}$ hat einen äußeren Radius von $r = 5$ cm und sinkt in Wasser gerade zur Hälfte ein. Welche Dicke hat die Wandstärke und wie groß ist das Gewicht der Hohlkugel?

14) Eine Hohlkugel aus Messing vom spezifischen Gewicht $\sigma = 8{,}5$ hat den äußeren Radius $r = 8{,}9$ cm und sinkt in Wasser $h = 12$ cm tief ein. Welche Dicke hat die Wandstärke und wie groß ist das Gewicht der Hohlkugel?

## § 66. IX. Die Anwendung der Grundformeln über die dreiseitige körperliche Ecke in stereometrischen Aufgaben.

(Zu sämtlichen Aufgaben ist das Schrägbild des Körpers zu zeichnen.)

1) Ein schiefes Prisma hat als Grundfläche ein Quadrat von $a = 4{,}91$ cm Seitenlänge, jede Seitenkante ist $b = 9{,}83$ cm und jeder der spitzen Winkel der Seitenflächen beträgt $\alpha = 72^0 41' 56''$. Wie groß sind die Neigungswinkel, welche die Seitenflächen mit der Grundfläche und je zwei Seitenflächen miteinander bilden, und welchen Rauminhalt hat das Prisma?

2) Ein schiefes Prisma, dessen Seitenflächen kongruente Parallelogramme sind, hat als Grundfläche ein Quadrat von $a = 7{,}32$ cm Seitenlänge, jede Seitenkante hat die Länge $c = 4{,}83$ cm und ist unter dem Winkel $\varphi = 70^0$ gegen die Grundfläche geneigt. Wie groß ist der Rauminhalt des Prismas und welche Neigungswinkel bilden die Seitenflächen mit der Grundfläche und je zwei Seitenflächen miteinander?

3) Dieselbe Aufgabe für $a = 7{,}32$ cm, $c = 4{,}83$ cm und $\varphi = 60^0$.

4) Jede Kante eines Rhomboeders, d. h. eines von lauter kongruenten Rhomben begrenzten Parallelflachs, ist $a = 6{,}38$ cm, die spitzen Winkel der Rhomben betragen $\alpha = 70^0$. Wie groß ist der Rauminhalt des Rhomboeders?

5) Die Grundfläche einer geraden vierseitigen Pyramide ist ein Quadrat von $a = 5{,}96$ cm Seitenlänge, die Seitenflächen sind gleichseitige Dreiecke? Wie groß sind die Neigungswinkel der Seitenflächen gegen die Grundfläche und die Neigungswinkel je zweier Seitenflächen? — Die Grundfläche derselben Pyramide wird an den vier Ecken so abgestumpft, daß ein regelmäßiges Achteck übrig bleibt; wie groß ist der Rauminhalt derjenigen Pyramide, welche dieses Achteck zur Grundfläche und dieselbe Spitze hat wie die vierseitige Pyramide?

6) Bei einer regelmäßigen fünfseitigen Pyramide ist der Winkel, den jede Seitenkante mit einer Seite der Grundfläche bildet, $\alpha = 80^0$. Wie groß sind die Neigungswinkel, welche jede Seitenfläche mit der Grundfläche und je zwei Seitenflächen miteinander bilden? — Im Schrägbild ist der Radius des der Grundfläche umbeschriebenen Kreises gleich 2,5 cm anzunehmen.

7) Die Grundfläche einer Pyramide ist ein Rechteck mit den Seiten $a = 11{,}2$ cm und $b = 6{,}6$ cm, die Höhe hat die Länge $h = 14{,}5$ cm. Wie groß sind die Neigungswinkel, welche die Seitenflächen mit der Grundfläche und je zwei Seitenflächen miteinander bilden?

8) Die Grundfläche einer geraden Pyramide ist ein Rechteck mit den Seiten $a = 5{,}78$ cm und $b = 3{,}71$ cm, jede Seitenkante hat die Länge $c = 7{,}17$ cm.

Wie groß sind die Neigungswinkel, welche je zwei benachbarte Seitenflächen mit einander und jede von ihnen mit der Grundfläche bildet?

9) Eine Pyramide hat als Grundfläche ein regelmäßiges Fünfeck, dessen Seiten $a = 4{,}32$ cm lang sind, jede Seitenkante hat die Länge $b = 7{,}87$ cm. Wie groß ist der Rauminhalt der Pyramide und welche Neigungswinkel bilden die Seitenflächen mit der Grundfläche und je zwei Seitenflächen miteinander?

10) Die Grundfläche einer geraden Pyramide ist ein regelmäßiges Sechseck von $a = 8$ cm Seitenlänge, die Höhe beträgt $h = 15$ cm. Wie groß ist der Rauminhalt der Pyramide und unter welchen Winkeln sind die Seitenflächen gegen die Grundfläche und je zwei Seitenflächen gegeneinander geneigt? — Das Schrägbild ist im Maßstabe 1 : 2 zu entwerfen.

11) Von einer geraden Pyramide mit quadratischer Grundfläche kennt man die Höhe $h = 10{,}21$ cm und den Neigungswinkel der Seitenkanten gegen die Grundfläche $\varphi = 60^{0}26'$. Wie groß sind 1) der Rauminhalt der Pyramide, 2) die Neigungswinkel je zweier Seitenflächen und der Seitenflächen gegen die Grundfläche und 3) die Radien der umbeschriebenen und der einbeschriebenen Kugel?

12) Von einer regelmäßigen sechsseitigen Pyramide kennt man die Höhe $h = 10{,}57$ cm und den Neigungswinkel der Seitenflächen gegen die Grundfläche $\alpha = 73^{0}40'$. Wie groß sind 1) der Rauminhalt der Pyramide, 2) die Neigungswinkel je zweier Seitenflächen und 3) die Radien der umbeschriebenen und der einbeschriebenen Kugel?

# Vierter Teil: Sphärische Trigonometrie
nebst Anwendung auf die mathematische Erd- und Himmelskunde.

## Erster Abschnitt.
## Sphärische Trigonometrie.

### § 1. Rechtwinkliges Dreieck.

1) In dem bei $C$ rechtwinkligen sphärischen Dreieck sei $BE \perp OC$ und $BD \perp OA$; dann ist $\sphericalangle BDE = \alpha$ und

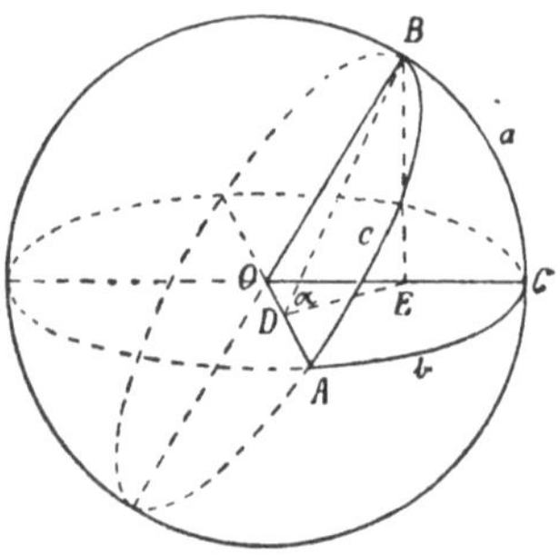


Fig. 40.

$$\sin\alpha = \frac{BE}{BD} = \frac{BE:BO}{BD:BO} = \frac{\sin a}{\sin c},$$

$$\cos\alpha = \frac{DE}{DB} = \frac{DE:DO}{DB:DO} = \frac{\operatorname{tg} b}{\operatorname{tg} c} \text{ und}$$

$$\operatorname{tg}\alpha = \frac{EB}{ED} = \frac{EB:EO}{ED:EO} = \frac{\operatorname{tg} a}{\sin b} \text{ oder}$$

$$(1)\quad \sin\alpha = \frac{\sin a}{\sin c},\ \sin\beta = \frac{\sin b}{\sin c};$$

$$(2)\quad \cos\alpha = \frac{\operatorname{tg} b}{\operatorname{tg} c},\ \cos\beta = \frac{\operatorname{tg} a}{\operatorname{tg} c};$$

$$(3)\quad \operatorname{tg}\alpha = \frac{\operatorname{tg} a}{\sin b},\ \operatorname{tg}\beta = \frac{\operatorname{tg} b}{\sin a}.$$

Wie heißen diese Formeln in Worten, und wie unterscheiden sie sich von den Definitionen der trigonometrischen Funktionen im ebenen Dreieck?

2) Es ist ferner

$$\cos c = \cos BOA = \frac{OD}{OB} = \frac{OD}{OE} \cdot \frac{OE}{OB} = \cos b \,.\, \cos a.$$

Aus (3) folgt

$$\operatorname{tg}\alpha \,.\, \operatorname{tg}\beta = \frac{\operatorname{tg} a}{\sin b} \cdot \frac{\operatorname{tg} b}{\sin a} = \frac{1}{\cos a} \cdot \frac{1}{\cos b} = \frac{1}{\cos c} \text{ oder}$$

$$\cos c = \cot\alpha \cdot \cot\beta.$$

Desgleichen aus (1) und (2):

$$\frac{\cos\alpha}{\sin\beta}=\frac{\operatorname{tg} b}{\operatorname{tg} c}:\frac{\sin b}{\sin c}=\frac{\cos c}{\cos b}=\cos a.$$

Es reihen sich also die Formeln an:

$$(4)\quad \cos c=\cos a \,.\, \cos b;\quad (5)\quad \cos c=\cot\alpha \,.\, \cot\beta;$$

$$(6)\quad \cos a=\frac{\cos\alpha}{\sin\beta};\ \cos b=\frac{\cos\beta}{\sin\alpha}.$$

In Worten? — Die Formeln behalten, wie sich leicht auf dieselbe Weise ableiten läßt, ihre Gültigkeit, wenn $\sphericalangle A$ oder $\sphericalangle B$ oder beide stumpf sind.

Auf dieselben Formeln führt die Nepersche Regel: In jedem rechtwinkligen Kugeldreieck ist der Kosinus eines jeden Stückes gleich dem Produkt der Sinus der abgesonderten und gleich dem Produkt der Kotangenten der anliegenden Stücke, wenn man den rechten Winkel nicht mitzählt und statt der Katheten ihre Komplemente setzt.

§ 2. Mit Hülfe der vorstehenden Formeln lassen sich die fehlenden Stücke in jedem rechtwinkligen Kugeldreieck berechnen, von dem (außer dem rechten Winkel) zwei Stücke gegeben sind. Dabei ist zu beachten, daß, wenn ein Stück durch die Sinusfunktion bestimmt wird, an und für sich zwei Winkel (der aus der Tafel zu entnehmende spitze Winkel und sein Supplement) gültig sind und es einer besonderen Untersuchung bedarf, welcher von beiden in dem vorliegenden Falle in Betracht kommt. Für diese Untersuchung ist der Satz zu Rate zu ziehen, daß im Kugeldreieck (wie auch im ebenen Dreieck) der größeren von zwei Seiten der größere Winkel und dem größeren von zwei Winkeln die größere Seite gegenüberliegt, und insbesondere der sich hieraus ergebende

Lehrsatz: Im rechtwinkligen Kugeldreieck ist jede Kathete mit dem gegenüberliegenden Winkel gleichartig (d. h. gleichzeitig mit ihm größer, ebensogroß oder kleiner als 90°), und umgekehrt.

Beweis: 1) Ist in dem Dreieck $ABC$ $\sphericalangle \gamma = 90°$ und

$\sphericalangle \beta \gtreqless 90°$ oder $\beta \gtreqless \gamma$, so ist auch

$\widehat{ADC} \gtreqless \widehat{ACD}$, daher

$\widehat{AC} \gtreqless \widehat{AB}$ und $\widehat{AC} \gtreqless \widehat{AD}$.

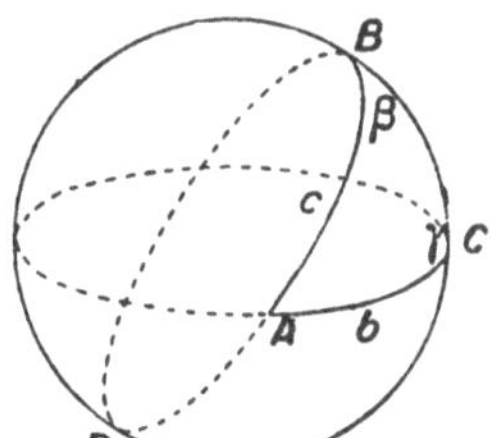

Fig. 41.

Im ersten Fall ist $\widehat{AC}$ größer als $\widehat{AB}$ wie auch als $\widehat{AD}$, also jedenfalls größer als $90^\circ$, im dritten Fall kleiner als $\widehat{AB}$ und $\widehat{AD}$, also kleiner als $90^\circ$. Im zweiten Fall ist $\widehat{AC}$ gleich $\widehat{AB}$ und $\widehat{CD}$, woraus folgt, daß diese Bogen einander gleich sind, jeder also gleich $90^\circ$. Zugleich ergibt sich hieraus, daß, wenn zwei Winkel eines Kugeldreiecks Rechte sind, die Gegenseiten gleichfalls $90^\circ$ messen.

Gesamtergebnis: Ist $\beta \gtreqless 90^\circ$, so ist auch $b \gtreqless 90^\circ$.

2) Die Anwendung dieses Ergebnisses auf das Polardreieck $(a', b', c', \alpha', \beta', \gamma')$ ergibt: Ist $\beta' \gtreqless 90^\circ$, so ist auch $b' \gtreqless 90^\circ$. Nun ist $\beta' = 180^\circ - b$, $b' = 180^\circ - \beta$. Ist also $180^\circ - b \gtreqless 90^\circ$, so ist auch $180^\circ - \beta \gtreqless 90^\circ$, oder ist $b \lesseqgtr 90^\circ$, so ist auch $\beta \lesseqgtr 90^\circ$.

§ 3. Schiefwinkliges Dreieck.

1) Der Sinussatz. a) In dem Kugeldreieck $ABC$, das einer konvexen Ecke angehören möge, sei $h$ die Höhe auf $AC$, deren Fußpunkt $D$ zwischen $A$ und $C$ liegen möge.

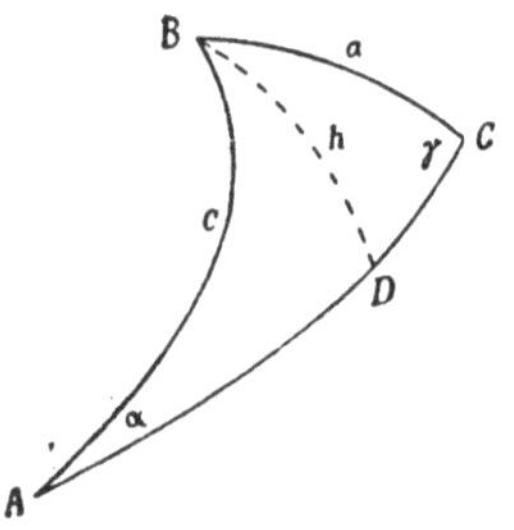


Fig. 42.

Dann ist $\sin\alpha = \dfrac{\sin h}{\sin c}$ und $\sin\gamma = \dfrac{\sin h}{\sin a}$,

daher $\dfrac{\sin\alpha}{\sin\gamma} = \dfrac{\sin a}{\sin c}$ oder allgemein

$$(1) \quad \sin a : \sin b : \sin c = \sin\alpha : \sin\beta : \sin\gamma.$$

In Worten?

b) (ohne Benutzung von § 1). In Figur 28 sei $S\,(ABC)$ die zu einem Kugeldreieck gehörige Zentriecke, $DE \perp BSC$, $\sphericalangle\, ASB = c$, $\sphericalangle\, ASC = b$, $\sphericalangle\, DFE = \beta$, $\sphericalangle\, DGE = \gamma$. Dann ist

$$\sin\beta = \frac{DE}{DF} \text{ und } \sin\gamma = \frac{DE}{DG}, \text{ also}$$

$$\frac{\sin\beta}{\sin\gamma} = \frac{DG}{DF} = \frac{SD \cdot \sin b}{SD \cdot \sin c} = \frac{\sin b}{\sin c}.$$

2) **Der Kosinussatz der Seiten.** a) In Figur 42 ist ferner $\cos c = \cos h \,.\, \cos AD$ und $\cos h = \frac{\cos a}{\cos DC}$, also

$$\cos c = \frac{\cos a}{\cos DC} \cdot \cos(b - DC) = \frac{\cos a}{\cos DC}(\cos b \cos DC + \sin b \sin DC)$$
$$= \cos a \cos b + \cos a \,.\, \sin b \,.\, \operatorname{tg} DC.$$

Da aber $\cos\gamma = \frac{\operatorname{tg} DC}{\operatorname{tg} a}$ oder $\operatorname{tg} DC = \cos\gamma \,.\, \operatorname{tg} a$ ist, so ist

$$(2) \quad \begin{cases} \cos c = \cos a \cdot \cos b + \sin a \cdot \sin b \cdot \cos\gamma \text{ und entsprechend} \\ \cos b = \cos c \cdot \cos a + \sin c \cdot \sin a \cdot \cos\beta \\ \cos a = \cos b \cdot \cos c + \sin b \cdot \sin c \cdot \cos\alpha \end{cases}$$

In Worten? — Die Formeln bleiben richtig, wie sich durch besondere Ableitung leicht zeigen läßt, wenn $D$ auf die Verlängerung von $AC$ fällt, d. h. wenn $\sphericalangle A$ oder $\sphericalangle C$ stumpf ist. Sind beide Winkel stumpf, so ist an der Ableitung überhaupt nichts zu ändern.

b) (Ohne Benutzung von § 1.) In Fig. 40 stelle $ABC$ ein beliebiges Dreieck dar; die Ebene $BDE$ stehe senkrecht auf $OA$. Dann ist nach dem Kosinussatz der ebenen Trigonometrie $BE^2 = OB^2 + OE^2 - 2\, OB \,.\, OE \,.\, \cos a$ oder

$$\cos a = \frac{OB^2 + OE^2 - BE^2}{2\, OB \,.\, OE}; \text{ nach demselben Satz ist aber}$$

$BE^2 = BD^2 + DE^2 - 2\, BD \,.\, DE \,.\, \cos\alpha$, mithin

$$\cos a = \frac{OB^2 + OE^2 - BD^2 - DE^2 + 2\, BD \,.\, DE \,.\, \cos\alpha}{2\, OB \,.\, OE} \text{ oder,}$$

da $OB^2 - BD^2 = OD^2$ und $OE^2 - DE^2 = OD^2$ ist,

$$\cos a = \frac{OD^2 + BD \,.\, DE \cos\alpha}{BO \,.\, OE} = \frac{OD}{BO} \cdot \frac{OD}{OE} + \frac{BD}{BO} \cdot \frac{DE}{OE} \cdot \cos\alpha$$
$$= \cos c \,.\, \cos b + \sin c \,.\, \sin b \,.\, \cos\alpha.$$

3) **Der Kosinussatz der Winkel.** Für das Polardreieck des untersuchten Dreiecks gilt nach (2) $\cos a' = \cos b' \cdot \cos c' + \sin b' \sin c' \cos\alpha'$; daher ist auf Grund von III § 26

$$\cos(180^\circ - \alpha) = \cos(180^\circ - \beta) \cdot \cos(180^\circ - \gamma)$$
$$+ \sin(180^\circ - \beta) \cdot \sin(180^\circ - \gamma) \cos(180^\circ - a)$$

oder

$$-\cos\alpha = \cos\beta \cos\gamma - \sin\beta \sin\gamma \cos a, \text{ also}$$

$$(3)\quad \begin{cases} \cos\alpha = -\cos\beta\cos\gamma + \sin\beta\sin\gamma\cos a \\ \cos\beta = -\cos\gamma\cos\alpha + \sin\gamma\sin\alpha\cos b \\ \cos\gamma = -\cos\alpha\cos\beta + \sin\alpha\sin\beta\cos c \end{cases}$$

§ 4. Die vorstehenden Formeln (1) bis (3) genügen vollständig zur Berechnung des schiefwinkligen Dreiecks; denn man erhält, wenn

$a$, $b$, $c$ gegeben, $\alpha$, $\beta$, $\gamma$ nach (2) oder auch $\beta$, $\gamma$ nach (1);
$\alpha$, $\beta$, $\gamma$ „ , $a$, $b$, $c$ nach (3) oder auch $b$, $c$ nach (1);
$b$, $c$, $\alpha$ „ , $a$ nach (2), $\beta$, $\gamma$ nach (1);
$\beta$, $\gamma$, $a$ „ , $\alpha$ nach (3), $b$, $c$ nach (1);
$a$, $b$, $\alpha$ „ , $\beta$ nach (1), $c$ durch seine Höhenabschnitte, die einzeln zu berechnen sind, $\gamma$ nach (1);
$\alpha$, $\beta$, $a$ „ , $b$ nach (1), $c$ wie vorhin, $\gamma$ nach (1).

Sobald ein Stück mit Hülfe der Sinusfunktion bestimmt wird, ist wiederum (vgl. § 2) zu beachten, daß an und für sich zwei Winkel (der aus der Tafel zu entnehmende spitze Winkel und sein Supplement) gültig sind. Die Untersuchung, ob beide in Betracht zu ziehen sind oder welcher von beiden, stützt sich auf den Satz, daß der größeren von zwei Seiten der größere Winkel und dem größeren von zwei Winkeln die größere Seite gegenüberliegt, oder auf den

Lehrsatz. Im Kugeldreieck ist die Summe zweier Seiten mit der Summe der gegenüberliegenden Winkel gleichartig (d. h. gleichzeitig größer, ebensogroß oder kleiner als 180°) und umgekehrt.

Beweis. 1) $ABC$ (Fig. 41) sei ein beliebiges schiefwinkliges Dreieck, $DAC$ das Nebendreieck. Ist nun $\beta + \alpha \gtreqless 180^\circ$, so folgt $\beta \gtreqless 180^\circ - \alpha$ oder $\widehat{ADC} \gtreqless \widehat{DAC}$, daher $\widehat{AC} \gtreqless \widehat{DC}$ oder $\widehat{AC} \gtreqless 180^\circ - \widehat{BC}$ oder $\widehat{AC} + \widehat{BC} \gtreqless 180^\circ$, d. h. $b + a \gtreqless 180^\circ$.

2) Für das Polardreieck ist mithin, wenn $\beta' + \alpha' \gtreqless 180^\circ$, auch $b' + a' \gtreqless 180^\circ$. Ist daher $360^\circ - (b + a) \gtreqless 180^\circ$, so ist auch $360^\circ - (\beta + \alpha) \gtreqless 180^\circ$, oder ist $b + a \lesseqgtr 180^\circ$, so ist auch $\beta + \alpha \lesseqgtr 180^\circ$.

**Bemerkung.** 1) Ein Kugeldreieck ist (nach III § 31) im allgemeinen nicht eindeutig bestimmt, wenn zwei Winkel und eine Gegenseite oder zwei Seiten und ein gegenüberliegender Winkel gegeben sind.

2) Da die angegebenen Berechnungsarten nicht immer die kürzesten und bequemsten sind, so werden im folgenden noch weitere zum logarithmischen Rechnen geeignetere Formeln entwickelt.

§ 5. 1) Aus § 3, (2) folgt

$$\cos \alpha = \frac{\cos a - \cos b \cdot \cos c}{\sin b \sin c}; \text{ daher ist}$$

$$\cos^2 \tfrac{1}{2} \alpha = \frac{1 + \cos \alpha}{2} = \frac{\sin b \sin c + \cos a - \cos b \cos c}{2 \sin b \sin c};$$

$$\sin^2 \tfrac{1}{2} \alpha = \frac{1 - \cos \alpha}{2} = \frac{\sin b \sin c - \cos a + \cos b \cos c}{2 \sin b \sin c};$$

also:

$$\cos \tfrac{1}{2} \alpha = \sqrt{\frac{\cos a - \cos (b+c)}{2 \sin b \sin c}} = \sqrt{\frac{\sin \frac{1}{2} (a+b+c) \sin \frac{1}{2} (b+c-a)}{\sin b \sin c}},$$

$$\sin \tfrac{1}{2} \alpha = \sqrt{\frac{\cos (b-c) - \cos a}{2 \sin b \sin c}} = \sqrt{\frac{\sin \frac{1}{2} (a-b+c) \sin \frac{1}{2} (a+b-c)}{\sin b \sin c}},$$

folglich für $a + b + c = 2s$:

$$(1) \qquad \cos \tfrac{1}{2} \alpha = \sqrt{\frac{\sin s \sin (s-a)}{\sin b \sin c}},$$

$$(2) \qquad \sin \tfrac{1}{2} \alpha = \sqrt{\frac{\sin (s-b) \sin (s-c)}{\sin b \sin c}}.$$

Da die dreiseitige Ecke als konvex vorausgesetzt wurde, so sind die Wurzeln positiv zu nehmen. Auch die unter den Wurzelzeichen enthaltenen Sinus sind sämtlich positive Größen. (III § 30,1 und § 29).

Dividiert man (2) durch (1), so erhält man:

$$(3) \qquad \operatorname{tg} \tfrac{1}{2} \alpha = \sqrt{\frac{\sin (s-b) \sin (s-c)}{\sin s \sin (s-a)}}.$$

Man benutzt diese Formel und die entsprechenden für $\operatorname{tg} \frac{1}{2} \beta$ und $\operatorname{tg} \frac{1}{2} \gamma$, um aus den drei Seiten eines Kugeldreiecks die drei Winkel zu berechnen.

2) Auf entsprechende Weise lassen sich aus § 3, (3) Formeln für $\cos \frac{1}{2} a$, $\sin \frac{1}{2} a$, $\cot \frac{1}{2} a$ ableiten; aber auch aus den vorstehenden

Formeln mit Hülfe der Polarecke. So lautet die Formel § 5, (3) für die Polarecke:

$$\operatorname{tg}\tfrac{1}{2}\alpha' = \sqrt{\frac{\sin(s'-b')\sin(s'-c')}{\sin s' \,.\, \sin(s'-a')}}\,.$$

Nun ist

$\frac{1}{2}\alpha' = 90^\circ - \frac{1}{2}a,\ s' = \frac{1}{2}(a'+b'+c') = 270^\circ - \frac{1}{2}(\alpha+\beta+\gamma$
$= 270^\circ - \sigma,\ s' - b' = \frac{1}{2}(a'-b'+c') = 90^\circ - \frac{1}{2}(\alpha-\beta+\gamma)$
$= 90^\circ - (\sigma-\beta)$ usw., wenn $2\sigma = \alpha+\beta+$ gesetzt wird.

Also ergibt sich:

$$\text{(4)} \qquad \cot\tfrac{1}{2}a = \sqrt{\frac{\cos(\sigma-\beta)\cos}{-\cos\sigma\,.\,\cos}}$$

Man benutzt diese Formel und die entsprechenden für $\cot\frac{1}{2}b$ und $\cot\frac{1}{2}c$, um aus den drei Winkeln eines Kugeldreiecks die drei Seiten zu berechnen.

§ 6. Nach § 5, (1) und (2) gelten die sechs Gleichungen:

$$\cos\tfrac{1}{2}\alpha = \sqrt{\frac{\sin s \sin(s-a)}{\sin b \sin c}},\quad \sin\tfrac{1}{2}\alpha = \sqrt{\frac{\sin(s-b)\sin(s-c)}{\sin b \sin c}},$$

$$\cos\tfrac{1}{2}\beta = \sqrt{\frac{\sin s \sin(s-b)}{\sin a \sin c}},\quad \sin\tfrac{1}{2}\beta = \sqrt{\frac{\sin(s-a)\sin(s-c)}{\sin a \sin c}},$$

$$\cos\tfrac{1}{2}\gamma = \sqrt{\frac{\sin s \sin(s-c)}{\sin a \sin b}},\quad \sin\tfrac{1}{2}\gamma = \sqrt{\frac{\sin(s-a)\sin(s-b)}{\sin a \sin b}}.$$

Man erhält nun sofort:

$$\cos\tfrac{1}{2}\alpha\cos\tfrac{1}{2}\beta = \frac{\sin s}{\sin c}\sin\tfrac{1}{2}\gamma$$

$$\sin\tfrac{1}{2}\alpha\sin\tfrac{1}{2}\beta = \frac{\sin(s-c)}{\sin c}\sin\tfrac{1}{2}\gamma,$$

$$\sin\tfrac{1}{2}\alpha\cos\tfrac{1}{2}\beta = \frac{\sin(s-b)}{\sin c}\cos\tfrac{1}{2}\gamma,$$

$$\cos\tfrac{1}{2}\alpha\sin\tfrac{1}{2}\beta = \frac{\sin(s-a)}{\sin c}\cos\tfrac{1}{2}\gamma,$$

und hieraus:

$$\cos\tfrac{1}{2}(\alpha+\beta) = \frac{\sin s - \sin(s-c)}{\sin c}\sin\tfrac{1}{2}\gamma = \frac{\cos\frac{1}{2}(a+b)}{\cos\frac{1}{2}c}\sin\tfrac{1}{2}\gamma,$$

$$\cos \tfrac{1}{2}(\alpha-\beta)=\frac{\sin s+\sin(s-c)}{\sin c}\sin \tfrac{1}{2}\gamma=\frac{\sin \frac{1}{2}(a+b)}{\sin \frac{1}{2}c}\sin \tfrac{1}{2}\gamma,$$

$$\sin \tfrac{1}{2}(\alpha+\beta)=\frac{\sin(s-b)+\sin(s-a)}{\sin c}\cos \tfrac{1}{2}\gamma=\frac{\cos \frac{1}{2}(a-b)}{\cos \frac{1}{2}c}\cos \tfrac{1}{2}\gamma,$$

$$\sin \tfrac{1}{2}(\alpha-\beta)=\frac{\sin(s-b)-\sin(s-a)}{\sin c}\cos \tfrac{1}{2}\gamma=\frac{\sin \frac{1}{2}(a-b)}{\sin \frac{1}{2}c}\cos \tfrac{1}{2}\gamma.$$

Die gewonnenen Formeln sind die Gaußischen und können in folgender Form geschrieben werden:

$$(1)\qquad \frac{\cos \frac{1}{2}(a+b)}{\cos \frac{1}{2}c}=\frac{\cos \frac{1}{2}(\alpha+\beta)}{\sin \frac{1}{2}\gamma}.$$

$$(2)\qquad \frac{\cos \frac{1}{2}(a-b)}{\cos \frac{1}{2}c}=\frac{\sin \frac{1}{2}(\alpha+\beta)}{\cos \frac{1}{2}\gamma}.$$

$$(3)\qquad \frac{\sin \frac{1}{2}(a+b)}{\sin \frac{1}{2}c}=\frac{\cos \frac{1}{2}(\alpha-\beta)}{\sin \frac{1}{2}\gamma}.$$

$$(4)\qquad \frac{\sin \frac{1}{2}(a-b)}{\sin \frac{1}{2}c}=\frac{\sin \frac{1}{2}(\alpha-\beta)}{\cos \frac{1}{2}\gamma}.$$

Wenn man die erste derselben kennt, so erhält man die übrigen drei, indem man auf der einen Seite das Zeichen + in — verwandelt und auf der anderen die Zeichen cos und sin miteinander vertauscht.

Die hieraus durch Division sich ergebenden Gleichungen

$$(5)\quad \frac{\operatorname{tg} \frac{1}{2}(\alpha+\beta)}{\cot \frac{1}{2}\gamma}=\frac{\cos \frac{1}{2}(a-b)}{\cos \frac{1}{2}(a+b)},\qquad (7)\quad \frac{\operatorname{tg} \frac{1}{2}(a+b)}{\operatorname{tg} \frac{1}{2}c}=\frac{\cos \frac{1}{2}(\alpha-\beta)}{\cos \frac{1}{2}(\alpha+\beta)},$$

$$(6)\quad \frac{\operatorname{tg} \frac{1}{2}(\alpha-\beta)}{\cot \frac{1}{2}\gamma}=\frac{\sin \frac{1}{2}(a-b)}{\sin \frac{1}{2}(a+b)},\qquad (8)\quad \frac{\operatorname{tg} \frac{1}{2}(a-b)}{\operatorname{tg} \frac{1}{2}c}=\frac{\sin \frac{1}{2}(\alpha-\beta)}{\sin \frac{1}{2}(\alpha+\beta)}$$

sind die Neperschen Analogien.

Die Gaußischen Formeln oder auch die Neperschen Analogien können angewandt werden, um aus zwei Seiten und dem eingeschlossenen Winkel ($a$, $b$, $\gamma$) oder aus zwei Winkeln und der anliegenden Seite ($\alpha$, $\beta$, $c$) die übrigen Stücke zu berechnen.

§ 7. Nach § 3, (2) ist:

$$\cos a=\cos b\cos c+\sin b\sin c\cos \alpha,$$
$$\cos b=\cos a\cos c+\sin a\sin c\cos \beta.$$

Um hieraus eine Formel für vier aufeinanderfolgende Stücke $\alpha$, $\beta$, $c$, $a$ zu erhalten, multipliziere man die zweite Gleichung mit $\cos c$ und addiere sie zur ersten, so wird:

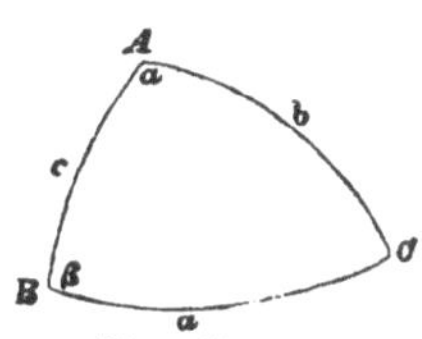

Fig. 43.

$$\cos a=\cos a\cos^2 c+\sin b\sin c\cos \alpha$$
$$+\sin a\sin c\cos c\cos \beta,$$

oder wenn man durch $\sin c$ dividiert und $1-\sin^2 c$ für $\cos^2 c$ setzt:

$$\cos a \sin c = \sin b \cos \alpha + \sin a \cos c \cos \beta,$$

oder, da $\sin b = \frac{\sin a}{\sin \alpha} \sin \beta$ ist,

$$\cos a \sin c = \sin a \cot \alpha \sin \beta + \sin a \cos c \cos \beta.$$

(1) $$\cot a \sin c = \cot \alpha \sin \beta + \cos c \cos \beta.$$

§ 8. Hülfsformeln.

Um $\beta$ aus $a$, $c$, $\alpha$ zu berechnen, setze man:

$$\cot \alpha = r \cos \varphi, \quad \cos c = r \sin \varphi;$$

dann ist:

$$\operatorname{tg} \varphi = \cos c \operatorname{tg} \alpha, \quad r = \frac{\cos c}{\sin \varphi},$$

und es wird:

$$\cot a \sin c = r (\sin \beta \cos \varphi + \cos \beta \sin \varphi) = \frac{\cos c \sin (\beta + \varphi)}{\sin \varphi},$$

$$\sin (\beta + \varphi) = \cot a \operatorname{tg} c \sin \varphi.$$

Zur Berechnung von $a$ hat man unter Beibehaltung desselben Hülfswinkels $\varphi$ die Formel:

$$\operatorname{tg} a = \frac{\operatorname{tg} c \sin \varphi}{\sin (\beta + \varphi)}.$$

Auch $\alpha$ und $c$ werden durch ähnliche Formeln berechnet.

§ 9. Formeln für den Inhalt von Kugeldreiecken.

Durch Subtraktion und Addition der Gaußischen Formeln (1) und (2) folgt sehr leicht:

$$-\frac{\sin \frac{1}{2} a \sin \frac{1}{2} b}{\cos \frac{1}{2} c} = \frac{\cos \frac{1}{2}(\alpha + \beta + \gamma)}{\sin \gamma}; \quad \frac{\cos \frac{1}{2} a \cos \frac{1}{2} b}{\cos \frac{1}{2} c} = \frac{\cos \frac{1}{2}(\alpha + \beta - \gamma)}{\sin \gamma}.$$

Für den sphärischen Exzeß $\varepsilon = \alpha + \beta + \gamma - 180^\circ$ des Kugeldreiecks erhält man daher:

$$\sin \tfrac{1}{2} \varepsilon = \frac{\sin \frac{1}{2} a \sin \frac{1}{2} b \sin \gamma}{\cos \frac{1}{2} c}; \quad -\sin (\tfrac{1}{2} \varepsilon - \gamma) = \frac{\cos \frac{1}{2} a \cos \frac{1}{2} b \sin \gamma}{\cos \frac{1}{2} c},$$

also, wenn man die letzte dieser beiden Gleichungen durch die erste dividiert:

$$\cot \tfrac{1}{2} \varepsilon = \frac{\cot \frac{1}{2} a \cot \frac{1}{2} b + \cos \gamma}{\sin \gamma};$$

und für das rechtwinklige Dreieck:

$$\operatorname{tg} \tfrac{1}{2} \varepsilon = \operatorname{tg} \tfrac{1}{2} a \operatorname{tg} \tfrac{1}{2} b.$$

Schreibt man die Gleichungen (1) und (2) in der Form

$$\frac{\cos\frac{1}{2}(a+b)}{\cos\frac{1}{2}c} = -\frac{\sin(\frac{1}{2}\varepsilon - \frac{1}{2}\gamma)}{\sin\frac{1}{2}\gamma}; \quad \frac{\cos\frac{1}{2}(a-b)}{\cos\frac{1}{2}c} = \frac{\cos(\frac{1}{2}\varepsilon - \frac{1}{2}\gamma)}{\cos\frac{1}{2}\gamma}$$

und subtrahiert bei beiden auf jeder Seite 1, so folgt:

$$\frac{\sin\frac{1}{2}s\sin\frac{1}{2}(s-c)}{\cos\frac{1}{2}c} = \frac{\sin\frac{1}{4}\varepsilon\cos(\frac{1}{4}\varepsilon - \frac{1}{2}\gamma)}{\sin\frac{1}{2}\gamma},$$

$$\frac{\sin\frac{1}{2}(s-a)\sin\frac{1}{2}(s-b)}{\cos\frac{1}{2}c} = -\frac{\sin\frac{1}{4}\varepsilon\sin(\frac{1}{4}\varepsilon - \frac{1}{2}\gamma)}{\cos\frac{1}{2}\gamma},$$

und hieraus durch Multiplikation:

$$\sin\frac{1}{4}\varepsilon = \sqrt{\frac{\sin\frac{1}{2}s\sin\frac{1}{2}(s-a)\sin\frac{1}{2}(s-b)\sin\frac{1}{2}(s-c)}{\cos\frac{1}{2}a\cos\frac{1}{2}b\cos\frac{1}{2}c}}.$$

Addiert man dagegen in jenen Gleichungen auf beiden Seiten 1, so findet man:

$$\cos\frac{1}{4}\varepsilon = \sqrt{\frac{\cos\frac{1}{2}s\cos\frac{1}{2}(s-a)\cos\frac{1}{2}(s-b)\cos\frac{1}{2}(s-c)}{\cos\frac{1}{2}a\cos\frac{1}{2}b\cos\frac{1}{2}c}}.$$

Daher ist:

$$\operatorname{tg}\frac{1}{4}\varepsilon = \sqrt{\operatorname{tg}\frac{1}{2}s\operatorname{tg}\frac{1}{2}(s-a)\operatorname{tg}\frac{1}{2}(s-b)\operatorname{tg}\frac{1}{2}(s-c)}.$$

Der Flächeninhalt des Kugeldreiecks läßt sich alsdann nach § 56, (9') berechnen.

§ 10. Zusammenhang der sphärischen mit der ebenen Trigonometrie.

1) Das rechtwinklige Kugeldreieck $ABC$ der Figur 40 kann in ein ebenes rechtwinkliges Dreieck übergeführt werden, wenn man sich allmählich den Mittelpunkt der Kugel, $O$, in der Richtung $CO$ bis ins Unendliche verschoben denkt unter Beibehaltung der Kanten $OC$, $OB$ und $OA$ der dreiseitigen Ecke. Der Winkel $\gamma$ bleibt dann $90^\circ$ groß, und $\alpha$ und $\beta$ behalten bestimmte, wenn auch nicht dieselben Werte. Die Bogen, die die Seiten des Kugeldreiecks bilden, werden immer gestreckter und gehen schließlich in die Seiten des ebenen Dreiecks über; ihre Mittelpunktswinkel werden immer kleiner und schließlich gleich 0, infolgedessen ihre sinus und tangens gleich 0, die cosinus gleich 1.

Das Einsetzen dieser Grenzwerte in die Formeln (1)—(6) in § 1 führt aber nur bei den beiden letzten zu einem brauchbaren Ergebnis, insofern $\cot\alpha \cdot \cot\beta = 1$ und $\cos\alpha = \sin\beta$, $\cos\beta = \sin\alpha$

wird, wie es ja auch im ebenen rechtwinkligen Dreieck der Fall sein muß.

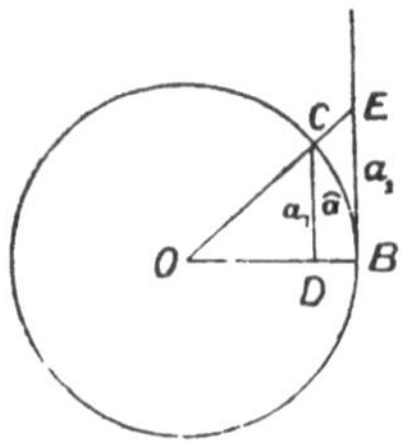

Fig. 44.

Für die übrigen Formeln kommt in Betracht, daß (Fig. 44) $\sin\overset{\frown}{a} = \frac{a_1}{r}$, $\operatorname{tg}\overset{\frown}{a} = \frac{a_2}{r}$ ist und daß, wenn der Mittelpunkt ins Unendliche rückt, $a_1$ und $a_2$ gleich $\overset{\frown}{a}$ werden, $r$ aber $\infty$. Daher ist $\sin\alpha = \frac{\sin\overset{\frown}{a}}{\sin\overset{\frown}{c}} = \frac{a_1}{r} : \frac{c_1}{r} = \frac{a_1}{c_1}$, also im Grenzfall $\sin\alpha = \frac{a}{c}$, entsprechend bei (2) und (3). Ferner ist nach (4) $\cos\overset{\frown}{c} = \cos\overset{\frown}{a}\cdot\cos\overset{\frown}{b}$ oder $1 - \sin^2\overset{\frown}{c} = (1 - \sin^2\overset{\frown}{a})\ (1 - \sin^2\overset{\frown}{b})$ oder $1 - \frac{c_1^2}{r^2} = 1 - \frac{a_1^2}{r^2} - \frac{b_1^2}{r^2} + \frac{a_1^2 b_1^2}{r^4}$, daher $c_1^2 = a_1^2 + b_1^2 - \frac{a_1^2 b_1^2}{r^2}$ und im Grenzfall $c^2 = a^2 + b^2$ (Pythagoreischer Lehrsatz).

2) Ein beliebiges Kugeldreieck $ABC$ läßt sich in ein ebenes überführen, wenn man z. B. die Punkte $A$, $B$ und $C$ im Raum festhält. Diese Punkte bilden mit dem Mittelpunkt $O$ als Spitze eine Pyramide, deren Seitenkanten $OA$, $OB$ und $OC$ gleich sind, so daß ein von $O$ auf das ebene Dreieck $ABC$ gefällte Lot dieses im Mittelpunkt des umbeschriebenen Kreises trifft. Läßt man nun den Mittelpunkt $O$ sich auf diesem Lot immer weiter entfernen, so geht die mit dem Halbmesser $OA$ geschlagene Kugel stets auch durch $B$ und $C$ hindurch, und aus dem Kugeldreieck $ABC$ wird schließlich bei unendlicher Entfernung des Mittelpunkts das ebene Dreieck $ABC$.

Es wird daher $\sin\overset{\frown}{a} : \sin\overset{\frown}{b} : \sin\overset{\frown}{c} = \frac{a_1}{r} : \frac{b_1}{r} : \frac{c_1}{r} = a_1 : b_1 : c_1$, also im Grenzfall $a : b : c = \sin\alpha : \sin\beta : \sin\gamma$ (Sinussatz). Ferner gibt $\cos\overset{\frown}{a} = \cos\overset{\frown}{b}\cos\overset{\frown}{c} + \sin\overset{\frown}{b}\sin\overset{\frown}{c}\cdot\cos\alpha$ quadriert $\cos^2\overset{\frown}{a} = \cos^2\overset{\frown}{b}\cos^2\overset{\frown}{c} + \sin^2\overset{\frown}{b}\sin^2\overset{\frown}{c}\cos^2\alpha + 2\cos\overset{\frown}{b}\cos\overset{\frown}{c}\sin\overset{\frown}{b}\sin\overset{\frown}{c}\cos\alpha$ oder $1 - \sin^2\overset{\frown}{a} = (1 - \sin^2\overset{\frown}{b})(1 - \sin^2\overset{\frown}{c}) + \sin^2\overset{\frown}{b}\sin^2\overset{\frown}{c}\cos^2\alpha + 2\sqrt{1 - \sin^2\overset{\frown}{b}}\sqrt{1 - \sin^2\overset{\frown}{c}}.\sin\overset{\frown}{b}\sin\overset{\frown}{c}\cos\alpha$ oder $1 - \frac{a_1^2}{r^2} = 1 - \frac{b_1^2}{r^2} - \frac{c_1^2}{r^2} + \frac{b_1^2 c_1^2}{r^4} + \frac{b_1^2 c_1^2}{r^4}\cos^2\alpha + 2\sqrt{1 - \frac{b_1^2}{r^2}}.\sqrt{1 - \frac{c_1^2}{r^2}}.\frac{b_1}{r}.\frac{c_1}{r}\cos\alpha$, daher $a_1^2 = b_1^2 + c_1^2 - \frac{b_1^2 c_1^2}{r^2} -$

$\frac{b_1^2 c_1^2}{r^4} \cos^2\alpha - 2\sqrt{1-\frac{b_1^2}{r^2}}\sqrt{1-\frac{c_1^2}{r^2}} \cdot b_1 c_1 \cos\alpha$. Im Grenzfall mithin $a^2 = b^2 + c^2 - 2bc \cos\alpha$ (Kosinussatz). Aus dem zweiten Kosinussatz $\cos\alpha = -\cos\beta \cos\gamma + \sin\beta \sin\gamma \cos a$ wird $\cos\alpha = -\cos\beta \cos\gamma + \sin\beta \sin\gamma = -\cos(\beta+\gamma)$, worin die Tatsache ausgedrückt ist, daß die Summe der Winkel im ebenen Dreieck zwei Rechte beträgt. Ähnliche Betrachtungen können bezüglich der übrigen Formeln angestellt werden.

## Zweiter Abschnitt.

## Anwendung der sphärischen Trigonometrie auf die mathematische Erd- und Himmelskunde.

§ 11. Auf einer Kugelfläche läßt sich die Lage eines Punktes in ähnlicher Weise durch Bogen größter Kreise genau angeben wie in der Ebene durch (Strecken-) Koordinaten. Zu diesem Zweck ist es notwendig, einen der größten Kreise als Grundkreis und einen Punkt dieses Kreises als Anfangspunkt für die Messung auszuwählen. Denkt man sich alsdann auf der Ebene des Grundkreises im Mittelpunkt den senkrechten Durchmesser errichtet, so sind seine Endpunkte die Pole des Grundkreises, und alle größten Kreise, die durch die beiden Pole gehen, stehen auf dem Grundkreise senkrecht und werden von ihm halbiert. Um nun die Lage eines Punktes auf der Kugel zu bestimmen, genügt die Angabe, wie lang der Bogen des durch den Punkt gehenden Polkreises zwischen ihm und dem Grundkreise (nach der einen Seite positiv, nach der anderen negativ gerechnet) ist und welche Länge der Bogen des Grundkreises zwischen dem Anfangspunkt und jenem Polkreise besitzt, wobei noch festgesetzt sein muß, in welcher Richtung dieser Bogen gemessen werden soll. Diese beiden Bogen heißen die sphärischen Koordinaten des Punktes, und zwar der Bogen des Grundkreises die Abszisse, der des Polkreises die Ordinate.

§ 12. 1) Auf der Erdoberfläche, die für die vorliegenden Rechnungen als vollkommene Kugel angesehen werden soll, benutzt man als Grundkreis den Äquator, als Polkreise die Meridiane. Als Anfangspunkt (Nullpunkt) der Messung dient der Punkt des Äquators, in dem er von dem Meridian von Greenwich (oder auch

10*

von Ferro) geschnitten wird. Die von hier aus gemessene Abszisse nennt man die geographische Länge des Ortes, die als östliche und westliche Länge unterschieden wird. Die auf dem Meridian vom Äquator aus gemessene Ordinate ist die (nördliche oder südliche) geographische Breite.

2) Aufgabe. Die (sphärische) Entfernung zweier Orte auf der Erde zu berechnen, deren geographische Längen und Breiten bekannt sind.

Denkt man sich durch die beiden Orte den größten Kreis gelegt, so bildet der zwischen den Orten liegende Bogen dieses Kreises mit den bis zu einem der Pole reichenden Bogen der beiden Meridiane ein Kugeldreieck. In diesem ist der Winkel am Pol je nach der Lage der Orte gleich der Differenz oder der Summe der beiden geographischen Längen, während die einschließenden Seiten gleich $90^\circ - b$ oder $90^\circ + b$ sind, wenn $b$ die geographische Breite bezeichnet. Es können also die übrigen Stücke des Dreiecks, wie insbesondere der sphärische Abstand der Orte, berechnet werden. Hat sich für den letzteren $\beta^\circ$ ergeben und ist die Entfernung, in Längenmaß gemessen, $e$ km, so verhält sich $e : 2\mathrm{r}\pi = \beta : 360$, so daß sich $e = \frac{\mathrm{r}\pi\beta}{180}$ ergibt, worin r den Radius der Erdkugel bedeutet.

§ 13. Für die Bestimmung von Punkten am Himmel sind drei verschiedene Koordinatensysteme in Gebrauch, indem man entweder den Horizont, den Himmelsäquator oder die Ekliptik als Grundkreis benutzt.

Unter dem Horizont versteht man im gewöhnlichen Sprachgebrauch die Linie, in der dem Anscheine nach das Himmelsgewölbe in der Ferne auf der Erdscheibe ruht. Im völlig ebenen Gelände und auf hoher See fällt dieser (scheinbare) Horizont annähernd mit der Linie zusammen, in der die im Fußpunkt des Beobachters an die Erdkugel gelegte Berührungsebene das scheinbare Himmelsgewölbe schneidet. Um den wahren Horizont zu bekommen, denkt man sich diese Berührungsebene parallel verschoben, bis sie durch den Erdmittelpunkt geht, und ihren Schnittkreis mit dem Himmelsgewölbe bestimmt. Diese Linie ist der Grundkreis für das Koordinatensystem. Die Pole dieses Grundkreises sind die Punkte des Himmelsgewölbes, die senkrecht über und unter dem Beobachter liegen, Zenit und Nadir. Die durch diese beiden Punkte gehenden, auf dem Horizont senkrecht stehenden Kreise heißen Höhenkreise. Der Anfangspunkt der Messung ist der Südpunkt des Horizonts; er ist der Punkt des Horizonts, in dem er von dem Höhenkreise der Sonne, wenn sie mittags am höchsten steht, dem Himmelsmeridian, geschnitten wird. (Nach dem Südpunkt bestimmen sich leicht der Nord-, Ost- und Westpunkt sowie die übrigen Himmelsrichtungen des Horizonts). Die vom Südpunkt aus über Westen gemessene Abszisse heißt das Azimut, die Ordinate die Höhe des betreffenden Punktes am Himmel. Höhe und Azimut können mit Hülfe eines Fernrohres gemessen werden, das sich um eine wagerechte und eine lotrechte Achse drehen läßt.

Da die Gestirne ihren Ort am Himmel nicht beibehalten, so ändern sich Azimut und Höhe eines jeden im Laufe des Tages beständig. Beim Auf- und Untergang der Gestirne ist die Höhe gleich 0°. Die Entfernung des Punktes, in dem ein Stern, wie insbesondere die Sonne, auf- oder untergeht, vom Ost- oder Westpunkt heißt die (nördliche oder südliche) Morgen- oder Abendweite. Diese ist für die Sonne zur Zeit der Frühlings- und Herbst-Tag- und Nachtgleiche (in den Äquinoktien), also am 21. März und am 23. September gleich 0°, in den Sommermonaten dagegen nördlich, in den Wintermonaten südlich, und zwar am größten zur Zeit der Solstitien am 21. Juni und am 21. Dezember. Auch für die Planeten ist das Azimut beim Auf- und Niedergang veränderlich, unveränderlich (oder besser in großen Zeiträumen wenig veränderlich) dagegen für die Fixsterne.

§ 14. Für das zweite Koordinatensystem ist der Himmelsäquator der Grundkreis. Eine genauere Beobachtung der Gestirne zeigt, daß bei der allgemeinen (scheinbaren) Bewegung nur zwei Punkte des Himmelsgewölbes an ihrem Orte verharren, die Himmelspole (Nord- und Südpol), während alle Gestirne täglich um die Verbindungslinie dieser Pole, die Weltachse, Kreise beschreiben. Die Himmelspole erweisen sich als die Punkte, in denen die verlängerte Erdachse das Himmelsgewölbe schneidet; ihre Lage zum Horizont ist daher für die einzelnen Orte der Erde verschieden, indem sie für Orte des Erdäquators im Horizont selbst, für die Erdpole im Zenit und Nadir, für alle übrigen Orte aber in einer Höhe über bzw. unter dem Horizont liegen, die gleich der geographischen Breite des Ortes ist.

(Beweis: In Fig. 45 sei $NS$ die Erdachse, $AQ$ der Äquator, $HR$ der wahre Horizont des Ortes $B$; dann ist die Polhöhe $\widehat{NR}$ gleich

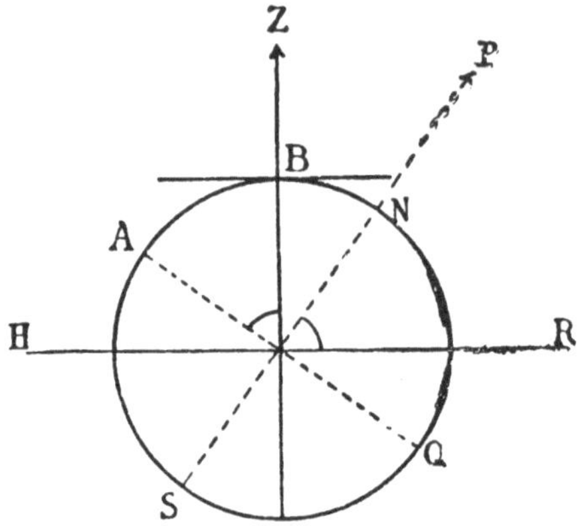


Fig. 45.

der geographischen Breite $\widehat{AB}$, da die Schenkel der zugehörigen Zentriwinkel aufeinander senkrecht stehen.)

Wie den Erdpolen die Himmelspole, so entspricht dem Erdäquator der **Himmelsäquator**, der auf den durch die Himmelspole gehenden **Deklinationskreisen** senkrecht steht und sie halbiert.

Anfangspunkt der Messung ist der **Frühlingspunkt** des Äquators, d. i. der Punkt des Äquators, in dem die Sonne am 21. März steht. Die Abszisse heißt **Rektaszension** und wird auf dem Äquator vom Frühlingspunkt in entgegengesetzter Richtung zur täglichen Bewegung der Sterne gemessen, die Ordinate ist die auf dem Deklinationskreise gemessene nördliche oder südliche **Deklination** des Sterns.

§ 15. Da die Fixsterne mit der größten Regelmäßigkeit, und alle in derselben Zeit (dem **Sterntag**), ihre Kreise um die Weltachse beschreiben, so würden Rektaszension und Deklination eines jeden unveränderlich sein, wenn die Himmelspole und der Frühlingspunkt ihren Ort unter den Sternen nicht veränderten. Dies ist aber, allerdings nur in außerordentlich großen Zeiträumen, der Fall, indem die Weltachse in 25800 Jahren (oder rund 9 Millionen Tagen) einen Kegelmantel beschreibt und damit auch der Frühlingspunkt sich auf dem Äquator einmal ganz herumbewegt.

Die Sonne nimmt an dem täglichen Umlauf der Fixsterne teil ändert dabei aber beständig ihre Stellung zu den benachbarten Gestirnen; sie bleibt nämlich stetig hinter ihnen zurück, so daß der **Sonnentag**, d. h. die Zeit zwischen zwei unmittelbar aufeinanderfolgenden Kulminationen der Sonne, etwa um 4 Minuten länger ist als der Sterntag, und weicht außerdem, während sie am 21. März und 23. September im Äquator steht, in den Sommermonaten nach Norden, in den Wintermonaten nach Süden vom Äquator ab. Nach

Ablauf eines Jahres ist sie um volle 360° hinter den Fixsternen zurückgeblieben und hat daher dann ihre frühere Stellung zu diesen wieder erreicht. Ihre Rektaszension wächst daher im Laufe des Jahres von 0° bis 360°, ihre Deklination von 0° bis $\pm 23\frac{1}{2}°$, welche äußersten Werte in den Solstitien erreicht werden.

Auch die Planeten nehmen an dem täglichen Umlauf der Fixsterne teil, doch ändern sie noch unregelmäßiger als die Sonne ständig ihre Stellung zu den benachbarten Sternen.

§ 16. Beziehungen zwischen den Koordinaten der beiden Systeme ergeben sich aus Fig. 46. In dieser stellt die Halbkugel $HZPR$ das für den Ort $B$ sichtbare Himmelsgewölbe, $HR$ den Horizont, $Z$ das Zenit, $P$ den Nordpol des Himmels dar. Dann ist der durch $Z$ und $P$ gehende Kreis $HZPR$ der Meridian des Ortes, der den Horizont im Südpunkt $H$ und im Nordpunkt $R$ schneidet. Der Himmelsäquator ist $AQ$, der Frühlingspunkt ♈. Legt man dann noch durch den Stern $S$ den Höhenkreis $ZSN$ und den Deklinationskreis $PSP_1$, die den Horizont und Äquator in $C$, bzw. $D$ schneiden, so ist $\widehat{HWC}$ das Azimut und $\widehat{CS}$ die Höhe, $\widehat{♈OD}$ die Rektaszension und $\widehat{DS}$ die Deklination des Sternes $S$.

Besonders beachtenswert ist das sogenannte nautische Dreieck Pol-Zenit-Stern $PZS$, denn es ist darin $\widehat{PZ}$ das Komplement der Polhöhe oder der geographischen Breite, d. h. $= 90° - \varphi$, der Zenitabstand $\widehat{ZS}$ das Komplement der Höhe des Sterns, d. h. $= 90° - h$, der Polabstand $\widehat{PS}$ das Komplement der nördlichen Deklination des

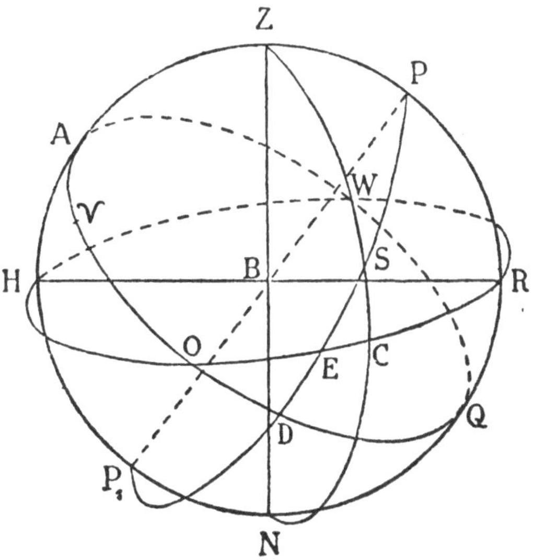

Fig. 46.

Sterns, d. h. $= 90^\circ - \delta$. Liegt ferner, wie in umstehender Figur, $S$ **östlich** vom Meridian, und zählt man das Azimut $a$ vom Süd-punkte über Westen nach Norden von $0^\circ$ bis $360^\circ$, so ist $\sphericalangle\, PZS = a - 180^\circ$; liegt hingegen $S$ **westlich** vom Meridian, so ist $\sphericalangle\, PZS = 180^\circ - a$. Von sehr großer Wichtigkeit für astronomische Berechnungen ist endlich der Winkel $ZPS$. Die Sonne und die übrigen Sterne bewegen sich am Himmelsgewölbe von Osten über Süden nach Westen, sie **kulminieren**, d. h. sie erreichen ihren höchsten Stand am Himmelsgewölbe, wenn sie durch den Himmelsmeridian des Beobachtungsortes gehen. Man nennt nun den Winkel, um welchen man die den Südpunkt $H$ enthaltende Halbebene $PZHP_1$ des Himmelsmeridians um die Achse $PP_1$ von Süden über Westen drehen muß, bis sie mit der Halbebene des Deklinationskreises $PSP_1$ zusammenfällt, den **Stundenwinkel** und zählt ihn ebenso wie das Azimut von Süden über Westen von $0^\circ$ bis $360^\circ$. Bezeichnet man diesen Winkel mit $\tau$, so ist, wenn $S$ **östlich** vom Ortsmeridian liegt, $\sphericalangle\, ZPS = 360^\circ - \tau$, hingegen wenn $S$ **westlich** vom Meridian liegt, gleich $\tau$. Bei der Sonne zählt der Stundenwinkel die seit der wahren Mittagszeit verflossenen Stunden, da die Sonne zur wahren Mittagszeit kulminiert, und da sie mit ihrem Deklinationskreise in 24 Stunden eine volle Umdrehung von $360^\circ$ um die Weltachse $PP_1$ beschreibt, so legt sie in 1 Stunde $15^\circ$ zurück. Ist daher der Stundenwinkel der Sonne gleich $\tau$, so sind seit Mittag $\tau : 15$ Stunden verflossen.

Mit Benutzung der oben angegebenen Werte für die Seiten und Winkel des nautischen Dreiecks (der Winkel $PSZ$, der sog. parallaktische Winkel, kann unberücksichtigt bleiben) ergeben sich aus dem Sinussatze und dem Kosinussatze der Seiten der sphärischen Trigonometrie folgende drei, für die astronomischen Berechnungen grundlegende Formeln:

$$\text{(I)} \quad \cos h : \cos\delta = \sin\tau : \sin a,$$

$$\text{(II)} \quad \sin h = \sin\delta \sin\varphi + \cos\delta \cos\varphi \cos\tau \quad \text{und}$$

$$\text{(III)} \quad \sin\delta = \sin h \sin\varphi - \cos h \cos\varphi \cos a,$$

und zwar gelten diese Formeln sowohl, wenn der Stern $S$ auf der östlichen als auch wenn er auf der westlichen Seite des Meridians liegt.

Das betrachtete Kugeldreieck ist rechtwinklig, und zwar bei $Z$, wenn der Stern genau im Osten (oder Westen) steht, dagegen bei $P$, wenn der Stundenwinkel 90° oder 270° ist, wenn es also (sofern es sich um die Sonne handelt) 6 Uhr abends oder morgens (nach wahrer Sonnenzeit) ist.

Steht der Stern im Horizont, z. B. bei $E$, d. h. ist er im Auf- (oder Unter-)gehen begriffen, so kommt das bei $R$ rechtwinklige sphärische Dreieck $EPR$ in Betracht, in dem $ER$, das Komplement der nördlichen Morgen- (oder Abend-) weite, $= a - 180°$ oder $180° - a$, $PR$ die Polhöhe oder die geographische Breite, $PE$ das Komplement der nördlichen Deklination, $\sphericalangle EPR = \tau - 180°$ oder $180° - \tau$ ist.

§ 17. Das dritte Koordinatensystem hat als Grundkreis die Ekliptik. Die Sonne behält, wie schon dargelegt, im Laufe des Jahres nicht ihre Stellung zu den Sternbildern, sondern bleibt hinter den Fixsternen zurück. Sie durchwandert also in jedem Jahre das ganze Himmelsgewölbe in einem größten Kreise, der Ekliptik, die durch die zwölf Sternbilder des Tierkreises: Widder, Stier, Zwillinge — Krebs, Löwe, Jungfrau — Wage, Skorpion, Schütze — Steinbock, Wassermann, Fische, führt. Die Ekliptik schneidet den Äquator im Frühlings- und Herbstpunkt und ist gegen ihn um die Schiefe der Ekliptik $\varepsilon = 23\frac{1}{2}°$ (genauer 23° 27′, 2) geneigt. Als Anfangspunkt der Messung dient auch hier der Frühlingspunkt; die Abszisse, in derselben Richtung wie die Rektaszension gemessen, heißt Länge, die Ordinate Breite. Für die Sonne ist die Breite stets gleich Null, die Länge dagegen wächst vom 21. März an im Laufe des darauffolgenden Jahres von 0° bis 360°.

Würde die Sonne sich so bewegen, daß ihr Deklinationskreis sich gleichmäßig um die Weltachse drehte, so könnte sich der Gang einer Uhr genau nach der Sonne richten, und diese Uhr würde die wahre Sonnenzeit anzeigen, d. h. beim Durchgang der Sonne durch den Meridian Mittag bezw. Mitternacht. Das erstere wäre aber nicht einmal dann der Fall, wenn sich die Sonne gleichmäßig in der Ekliptik bewegte, denn die gleichmäßige Zunahme der Länge hätte noch nicht eine gleichmäßige Zunahme der Rektaszension zur Folge. Nun aber bewegt sich die Sonne nicht einmal gleichmäßig in der Ekliptik, d. h. sie bleibt bald mehr bald weniger hinter den Fixsternen zurück. Eine Uhr kann sich daher bei ihrem regelmäßigen Gang nicht nach der wirklichen Sonne richten, vielmehr nur nach einer gedachten Sonne, die die obige Bedingung erfüllt, daß ihr Deklinationskreis sich gleichmäßig um die Weltachse dreht. Diese Uhr zeigt die mittlere

Sonnenzeit an, die nur viermal im Jahr (und zwar zum erstenmal am 15. April mittags) mit der wahren Sonnenzeit übereinstimmt. Die Zeit, die man zu der wahren Sonnenzeit zulegen muß, um die mittlere zu erhalten, heißt die Zeitgleichung; sie ist bald positiv, bald negativ. Auch die mittlere Sonnenzeit wird von unsern Uhren nicht angezeigt, sondern die mitteleuropäische Zeit, d. h. die mittlere Sonnenzeit des Meridians von Stargard. Die Uhren eines Ortes gehen also um so viel Minuten vor oder nach, als die Sonne dort später oder früher kulminiert als über dem genannten Meridian. Die Differenz zwischen der mittleren Sonnenzeit des betr. Ortes und der Ortszeit von Stargard heißt die Längenzeit; sie wird für Orte westlich vom Stargarder Meridian als positiv, für Orte östlich davon als negativ gerechnet. Bezeichnet man die wahre Sonnenzeit mit W.Z., die mittlere Sonnenzeit mit M.Z., die mitteleuropäische Zeit mit M.E.Z., die Zeitgleichung mit g und die Längenzeit mit $\lambda_\tau$, so ist demnach mit Berücksichtigung der Vorzeichen von g und $\lambda_\tau$

$$\text{M.Z.} = \text{W.Z.} + g \text{ und}$$
$$\text{M.E.Z.} = \text{M.Z.} + \lambda_\tau .$$

Die Länge der Sonne bildet die Hypotenuse eines rechtwinkligen Kugeldreiecks, indem die eine Kathete ihre Rektaszension und der zwischen beiden eingeschlossene Winkel die Schiefe der Ekliptik ist.

## Dritter Abschnitt: Aufgaben.

### § 18. Aufgaben aus der sphärischen Trigonometrie.

I) Ein rechtwinkliges Dreieck ($\gamma = R$) zu berechnen aus:

| | |
|---|---|
| $1_a$) $c = 76^0\,34'\,54'$; $\alpha = 38^0\,42'\,35''$ | $1_b$) $c = 107^0\,26'\,5''$; $\alpha = 108^0\,12'\,15''$. |
| $2_a$) $a = 140^0\,50'\,48''$; $\beta = 62^0\,55'\,11''$ | $2_b$) $a = 111^0\,5'\,24''$; $\beta = 118^0\,31'\,9''$. |
| $3_a$) $\alpha = 56^0\,16'\,37''$; $\beta = 112^0\,42'\,17''$ | 3 ) $\alpha = 111^0\,29'\,29''$; $\beta = 126^0\,35'\,45''$. |
| $4_a$) $a = 26^0\,18'\,40''$; $b = 122^0\,44'\,27''$ | $4_b$) $a = 121^0\,10'\,12''$; $b = 57^0\,23'\,12''$. |
| $5_a$) $c = 112^0\,56'\,43''$; $a = 52^0\,39'\,47''$ | $5_b$) $c = 76^0\,24'\,28''$; $a = 113^0\,42'\,43''$. |
| $6_a$) $a = 144^0\,28'\,27''$; $\alpha = 125^0\,9'\,58''$ | $6_b$) $a = 63^0\,32'\,7''$; $\alpha = 69^0\,24'\,30''$. |

II) Ein rechtseitiges oder Quadrantendreieck ($c = R$) zu berechnen aus:

| | |
|---|---|
| 7) $a = 75^0\,9'\,24''$; $b = 65^0\,53'\,17''$ | 8) $\alpha = 163^0\,21'\,47''$; $\beta = 51^0\,7'\,7''$. |
| 9) $a = 45^0\,52'\,59''$; $\beta = 115^0\,16'\,53''$ | 10) $a = 55^0\,23'\,56''$; $\gamma = 96^0\,17'\,56''$. |
| 11) $\alpha = 55^0\,44'\,12''$; $\gamma = 102^0\,21'\,4''$ | 12) $a = 117^0\,32'\,24''$; $\alpha = 124^0\,7'\,38''$. |

III) Ein allgemeines sphärisches Dreieck zu berechnen aus:

$13_a$) $a = 119^0\,42'$ ; $b = 69^0\,49'\,55''$; $c = 87^0\,27'\,32''$.

$13_b$) $a = 65^0\,21'\,6''$; $b = 79^0\,17'\,2''$; $c = 104^0\,2'$ .

$14_a$) $\alpha = 33^0\,57'\,13''$; $\beta = 55^0\,32'\,7''$; $\gamma = 105^0\,57'$ .

| | | | |
|---|---|---|---|
| 14b) | $\alpha = 82^0\,43'\,33''$; | $\beta = 126^0\,26'\,7''$; | $\gamma = 67^0\,13'\,50''$. |
| 15a) | $b = 135^0\,45'\,48''$; | $c = 124^0\,19'$ ; | $\alpha = 78^0\,52'$ . |
| 15b) | $b = 86^0\,55'\,29''$; | $c = 71^0\,56'\,17''$; | $\alpha = 123^0\,14'$ . |
| 16a) | $a = 76^0\,15'$ ; | $\beta = 134^0\,9'\,56''$; | $\gamma = 34^0\,6'\,16''$. |
| 16b) | $a = 101^0\,29'$ ; | $\beta = 126^0\,2'\,22''$; | $\gamma = 67^0\,12'\,14''$. |
| 17a) | $a = 155^0\,6'\,23''$; | $b = 52^0\,8'\,44''$; | $\beta = 58^0\,23'$ . |
| 17b) | $a = 54^0\,29'\,17''$; | $b = 42^0\,7'\,55''$; | $\beta = 53^0\,50'$ . |
| 18a) | $a = 98^0\,17'$ ; | $\alpha = 86^0\,36'\,25''$; | $\beta = 115^0\,59'\,47''$. |
| 18b) | $a = 130^0\,22'$ ; | $\alpha = 143^0\,47'\,17''$; | $\beta = 49^0\,58'\,51''$. |

## § 19. Aufgaben aus der Stereometrie und Kristallographie.

[Die auf rechtwinklige Dreiecke zurückführbaren Aufgaben sind mit *R* gekennzeichnet; *l* bedeutet leicht, *m* mittelschwer, *s* schwer und *u* umständlich. Zu allen Aufgaben ist das Schrägbild des Körpers zu zeichnen, desgl. auf Grund dieses Bildes die gesuchten Winkel in der wirklichen Größe. Die Zeichen *l*, *m*, *s*, *u* beziehen sich nur auf die Rechnung, nicht auf die Zeichnung.]

1. Die Flächenwinkel an den Kanten des regelmäßigen Tetraeders zu berechnen (*R*, *l*).

2. In einer regelmäßig-dreiseitigen Pyramide ist die Höhe doppelt so groß als die Höhe der Grundfläche. Die Flächenwinkel an den Grund- und Seitenkanten zu berechnen (*R*, *l*).

3. In einer regelmäßig-dreiseitigen Pyramide sind die Seitenkanten doppelt so lang als die Grundkanten. Die Flächenwinkel an den Grund- und Seitenkanten zu berechnen (*R*, *l*).

4. Die Flächenwinkel an den Kanten eines regelmäßigen Oktaeders zu berechnen (*R*, *l*).

5. In einem Würfel ist eine dreiseitige Ecke dadurch entstanden, daß eine seiner oberen Ecken durch die Körperdiagonale und zwei Flächendiagonalen mit den nicht benachbarten Ecken der Grundfläche verbunden worden ist. Die Winkel dieser Ecke zu berechnen (*R*, *l*).

6. Der Zinnstein kristallisiert in quadratischen Säulen, die durch quadratische Pyramiden mit Flächenwinkeln von $121^0\,35'$ an den Polkanten zugespitzt sind. Wie groß sind die ebenen Winkel zwischen den Polkanten und die Flächenwinkel zwischen den Säulen- und den Pyramidenflächen? (*R*, *l*).

7. Der Quarz kristallisiert in hexagonalen Säulen, die durch hexagonale Pyramiden mit Flächenwinkeln von $133^0\,44'$ an den Polkanten zugespitzt sind. Wie groß sind die ebenen Winkel zwischen den Polkanten und die Flächenwinkel zwischen den Säulen- und den Pyramidenflächen? (*R*, *l*).

8. Ein gleichschenkliges Dreieck mit einem Winkel von $40^0$ an der Spitze bildet die Grundfläche einer dreiseitigen Pyramide, deren Seitenflächen gegen die Grundfläche unter Winkeln von $60^0$ geneigt sind. Die Winkel an den Seitenkanten zu berechnen (*R*, *m*).

9. Auf einer quadratischen Grundfläche steht eine Pyramide, deren Höhe mit einer Seitenkante zusammenfällt und doppelt so groß als die Grundkante ist. Die Flächenwinkel an den Grund- und Seitenkanten zu berechnen (*R*, *m*).

10. Auf einer quadratischen Grundfläche steht eine Pyramide, deren Höhe eine Grundkante in der Mitte trifft und den Grundkanten an Länge gleich ist. Die Flächenwinkel an den Seiten- und Grundkanten zu berechnen (*R*, *m*).

11. Auf einem gleichseitigen Dreieck als Grundfläche steht eine Pyramide, bei der die Höhe mit einer Seitenkante zusammenfällt. Die Flächenwinkel an den Kanten zu berechnen, wenn a) die Höhe den Grundkanten gleich ist, b) die der Höhe gegenüberliegenden Seitenfläche unter 60° gegen die Grundfläche geneigt ist (*R*, *m*).

12. Wie groß sind die ebenen und die Flächenwinkel beim Rhombendodekaeder? (*R*, *m*; das Rhombendodekaeder kann als besondere Form des Pyramidenwürfels gezeichnet werden.)

13. Wie groß sind die Flächenwinkel an den Kanten eines Pyramidenwürfels (Flußspat, Gold), bei dem das Parameterverhältnis a) $1 : \frac{3}{2} : \infty$ b) $1 : 2 : \infty$, c) $1 : 3 : \infty$ ist? (*R*, *m*).

14. Wie groß sind die Höhen der Pyramiden eines Pyramidenwürfels im Verhältnis zur Würfelkante, wenn alle Flächenwinkel gleich groß sind? (*R*, *m*; es empfiehlt sich, die Höhe zunächst gleich $x \cdot a$ zu setzen und $x$ zu bestimmen).

15. Welche Flächenwinkel an den Kanten hat das regelmäßige Pentagondodekaeder? (*R*, *l*; das Pentagondodekaeder kann als Halbflächner des Pyramidenwürfels gezeichnet werden).

16. Ein Pentagondodekaeder des Pyrits hat das Parameterverhältnis $1 : 2 : \infty$. Wie groß sind die Winkel der symmetrischen Fünfecke und die Flächenwinkel an den Kanten? (*R*, *s*, *u*).

17. Das Grundrhomboeder des Kalkspats hat Flächenwinkel von 105°5 an den Polkanten. Wie groß sind die ebenen Winkel der Rhomben und die Flächenwinkel an den Randkanten (*R*, *m*).

18. In einem Pyramidenoktaeder (Diamant, Bleiglanz) ist das Parameterverhältnis a) $1 : 1 : 2$, b) $1 : 1 : 3$. Wie groß sind die Flächenwinkel an den Seitenkanten der Pyramiden? (*R*, *s*).

19. Apophyllit kristallisiert quadratisch in den spitzen Pyramiden mit Flächenwinkeln von 104° 3′ in den Polkanten, abgestumpft in den Grundecken durch eine quadratische Säule (zweiter Ordnung). Wie groß sind die ebenen Winkel zwischen den Polkanten und die Flächenwinkel zwischen den Pyramiden- und den Säulenflächen? (*R*, *s*, *u*).

20. Ein gleichschenklig-rechtwinkliges Dreieck bildet die Grundfläche einer dreiseitigen Pyramide, deren Seitenkanten gleich lang sind. Die beiden Seitenflächen der Pyramide, die zu den Schenkeln des Dreiecks gehören, bilden mit ihm Winkel von 60°. Wie groß sind die Winkel der dritten Seitenfläche? (*m*).

21. Über einem Dreieck, dessen Winkel sich wie $2 : 3 : 4$ verhalten und bei dem der Halbmesser des umbeschriebenen Kreises 3,2 cm beträgt, erhebt sich eine

gerade Pyramide mit 6 cm langen Seitenkanten. Wie groß ist der Flächenwinkel an der a) kürzesten, b) längsten Grundkante? (*m*).

22. Auf einem gleichschenkligen Dreieck, in dem sich die Schenkel zur Grundlinie wie 3 : 2 verhalten, steht eine Pyramide, deren Seitenflächen sich an den Schenkeln unter einem Winkel von 48°, an der Grundlinie unter einem Winkel von 72° erheben. Welche Flächenwinkel hat diese Pyramide an den Seitenkanten? (*m*).

23. Auf einem gleichseitigen Dreieck, dessen Seiten je 5 cm lang sind, steht eine dreiseitige Pyramide, von deren Seitenkanten eine 10 cm, die beiden anderen je 8 cm lang sind. Wie groß sind die Flächenwinkel a) an den Grundkanten, b) an den Seitenkanten? (*m*).

24. In einem geraden, regelmäßig-dreiseitigen Prisma, bei dem die Seitenkanten den Grundkanten gleich sind, schneidet eine Ebene eine der Seitenflächen in einer Diagonale und geht durch die Mitte der gegenüberliegenden Seitenkante. Unter welchem Winkel ist die Schnittebene gegen jene Seitenfläche geneigt? (*m*, *u*).

25. In einem regelmäßigen Tetraeder geht eine Ebene durch eine Grundecke und schneidet von den gegenüberliegenden Seitenkanten $\frac{1}{3}$ bzw. die Hälfte von oben aus ab. Unter welchem Winkel ist die Schnittebene gegen die jener Grundecke gegenüberliegende Seitenfläche geneigt? (*s*, *u*).

## § 20. Aufgaben aus der mathematischen Erdkunde.

[Die geographische Breite eines Ortes ist mit $\varphi$, die geographische Länge östlich von Greenwich mit $\lambda$ und die Längendifferenz zweier Orte mit $\Delta\lambda$ bezeichnet. Der Radius der Erdkugel beträgt $r = 6370{,}26$ km*); 1 Seemeile (*sm*) = 1,852 km. — Die Aufgaben 1) bis 6) führen auf eine rechtwinklige oder auf eine gleichschenklige körperliche Ecke, die übrigen Aufgaben auf eine allgemeine körperliche Ecke.]

1) Berlin liegt unter $\varphi_1 = 52^\circ 30' 17''$ und Baltimore unter $\varphi_2 = 39^\circ 17' 21''$ nördlicher Breite, die Längendifferenz zwischen beiden Orten beträgt (fast genau) 90°. Wie groß ist die kürzeste Entfernung beider Orte auf der Erdoberfläche?

2) Ein Schiff fährt von St. Johns auf Neufundland ($\varphi_0 = 47^\circ 34' 10'$ und $\lambda_0 = 307^\circ 19' 14''$) mit genau nach Osten gerichtetem Anfangskurse auf dem kürzesten Wege nach einem um 3600 km entfernten Orte. Unter welcher geographischen Breite und Länge liegt dieser Ort? (In der Nähe welcher Stadt befindet sich das Schiff am Ende der Fahrt?)

3) Ein Schiff fährt von S. Franzisko ($\varphi_0 = 37^\circ 47' 29''$; $\lambda_0 = 237^\circ 34'$) ab und schlägt einen genau nach Westen gerichteten Anfangskurs ein. Unter welcher Breite erreicht es bei kürzester Fahrt die Linie des Datumwechsels (den 180sten Meridian) und wieviel Kilometer hat es bis dahin zurückgelegt?

4$_a$) Chikago und Rom haben nahezu dieselbe geographische Breite, nämlich $\varphi = 41^\circ 52'$; die geographische Länge von Chikago beträgt $\lambda_1 = 272^\circ 23'$, die

*) Nach Martus, Astronomische Erdkunde, S. 206.

von Rom $\lambda_2 = 12^0\,28'\,45''$. Wie groß ist die kürzeste Entfernung beider Orte auf der Erdoberfläche und um wieviel Kilometer ist der diese Orte verbindende Breitenkreisbogen länger als die kürzeste Entfernung?

4b) Dieselbe Aufgabe für Breslau und Dover:
$\varphi = 51^0\,7'$; $\lambda_1 = 17^0\,2'\,14''$; $\lambda_2 = 1^0\,19'\,40''$.

4c) Desgl. für Stettin und Liverpool:
$\varphi = 53^0\,25'$; $\lambda_1 = 14^0\,34'\,45''$; $\lambda_2 = 356^0\,59'\,24''$.

4d) Desgl. für Moskau und Kopenhagen:
$\varphi = 55^0\,43'$; $\lambda_1 = 37^0\,34'\,18''$; $\lambda_2 = 12^0\,34'\,42''$.

4e) Desgl. für Shanghai und Alexandria:
$\varphi = 31^0\,13'$; $\lambda_1 = 121^0\,28',9$; $\lambda_2 = 29^0\,51',7$.

4f) Desgl. für Peking und Philadelphia:
$\varphi = 39^0\,56'$; $\lambda_1 = 116^0\,28',2$: $\lambda_2 = 284^0\,50',4$.

5a) Ein Schiff fährt von Lissabon ($\varphi = 38^0\,42'$; $\lambda_1 = 350^0\,48'\,40''$) auf kürzestem Wege nach einem unter derselben Breite an der Ostküste der Vereinigten Staaten (am Eingange der Deleware-Bai) liegenden Orte, der die geographische Länge $\lambda_2 = 285^0$ besitzt. Unter welchem Kurs muß das Schiff von Lissabon abfahren, einen wieviel Kilometer langen Weg hat es zurückzulegen und um wieviel Kilometer ist dieser Weg kürzer, als wenn das Schiff den Breitenkreis entlang fahren würde?

5b) Dieselbe Aufgabe für Adelaide und das Kap der Guten Hoffnung: $\varphi = 34^0\,52'$ südlich; $\lambda_1 = 138^0\,29'$; $\lambda_2 = 18^0\,27'\,30''$.

6a) Ein an der Ostküste von Japan liegendes Schiff befindet sich unter der geographischen Länge $\lambda_1 = 141^0$ und unter der geographischen Breite $\varphi = 37^0\,47'\,38''$. Es will auf kürzestem Wege nach S. Franzisko gelangen, das unter derselben Breite liegt und dessen Länge $\lambda_2 = 237^0\,36'\,23''$ beträgt. Wie lang ist dieser kürzeste Weg, welche Länge hat der Bogen des die beiden Orte verbindenden Breitenkreises, und wieviel Grad liegt der nördlichste Punkt des kürzesten Weges von diesem Breitenkreise entfernt?

6b) Ein an der Küste von Chile südlich von Valparaiso liegendes Schiff befindet sich unter 288⁰ geographischer Länge und unter derselben Breite wie Sydney, nämlich $\varphi = 33^0\,51'\,41''$ südlich. Es will auf kürzestem Wege nach Sydney fahren, dessen Länge $151^0\,12'\,53''$ beträgt. Wie lang ist dieser kürzeste Weg, welche Länge hat der die beiden Orte verbindende Breitenkreisbogen, und wieviel Grad liegt der südlichste Punkt des kürzesten Weges von diesem Breitenkreise entfernt?

6c) Das Schiff einer Nordpolexpedition ist aus der Bering-Straße in die Nähe der Wrangel-Insel gelangt und befindet sich dort unter derselben Breite wie Hammerfest, nämlich unter $\varphi = 70^0\,40',1$ und unter der geographischen Länge $\lambda_1 = 178^0\,30'$. Es will auf kürzestem Wege nach Hammerfest fahren, dessen Länge $\lambda_2 = 23^0\,40',2$ ist. Wie lang ist dieser kürzeste Weg, welche Länge hat der die beiden Orte verbindende Breitenkreisbogen und um wieviel Grad ist der nördlichste Punkt des kürzesten Weges vom Nordpole entfernt?

7) Wie groß ist die kürzeste Entfernung auf der Erdoberfläche

a) zwischen Moskau ($\varphi_1 = 55^0 45' 20''$; $\lambda_1 = 37^0 34' 18''$) und Paris ($\varphi_2 = 48^0 50' 11''$; $\lambda_2 = 2^0 20' 15''$)?

b) zwischen Stettin ($\varphi_1 = 53^0 26' 21''$; $\lambda_1 = 14^0 34' 45''$) und Gibraltar ($\varphi_2 = 36^0 6' 45''$; $\lambda_2 = -5^0 20' 52''$)?

c) zwischen Astrachan ($\varphi_1 = 46^0 21'$; $\lambda_1 = 48^0 2',4$) und Lissabon ($\varphi_2 = 38^0 42',5$; $\lambda_2 = -9^0 11',2$)?

d) zwischen Aachen ($\varphi_1 = 50^0 46' 40''$; $\lambda_1 = 6^0 5' 15''$) und Königsberg O. Pr. ($\varphi_2 = 54^0 42' 51''$; $\lambda_2 = 20^0 29' 47''$)?

e) zwischen Straßburg i. E. ($\varphi_1 = 48^0 35' 0''$; $\lambda_1 = 7^0 46' 10''$) und Danzig ($\varphi_2 = 54^0 21' 18''$; $\lambda_2 = 18^0 39' 54''$)?

f) zwischen Valparaiso ($\varphi_1 = -33^0 1' 50''$; $\lambda_1 = 288^0 21' 30''$) und Tsingtau ($\varphi_2 = 36^0 3' 59''$; $\lambda_2 = 120^0 18' 18''$)?

8) Ein Dampfer fährt auf kürzestem Wege von Havana auf Kuba ($\varphi_1 = 23^0 8',8$; $\lambda_1 = 277^0 39'$) nach Lissabon ($\varphi_2 = 38^0 42',5$; $\lambda_2 = 350^0 50'$). Wieviel Kilometer hat er zurückzulegen und wielange dauerte die Fahrt, wenn die durchschnittliche Geschwindigkeit des Dampfers 18 sm in der Stunde beträgt?

9) Ein Dampfer legt den kürzesten Weg von Sydney ($\varphi_1 = -35^0 51',7$; $\lambda_1 = 151^0 12',6$) nach Honolulu ($\varphi_2 = 21^0 18',2$; $\lambda_2 = 202^0 9',6$) in $250\frac{1}{2}$ Stunden zurück. Mit welcher durchschnittlichen Geschwindigkeit (sm pro Stunde) lief der Dampfer?

10) Ein Dampfer fährt vom Kap der Guten Hoffnung ($\varphi_0 = -34^0 9'$ $\lambda_0 = 18^0 30'$) unter dem Kurse S $84^0,6$ W ab und hält den Kurs stets auf dem größten Kugelkreise. Wo (d. h. unter welcher Breite und Länge und in der Nähe welcher Stadt) war es angekommen, nachdem er einen Weg von $a = 6061$ km zurückgelegt hatte?

11) Die geographische Breite von Paris ist $\varphi_1 = 48^0 50' 11''$, die von Petersburg $\varphi_2 = 59^0 56'$. Die mittleren Ortszeiten beider Städte zeigen einen Unterschied von $1^h\ 51^m\ 53^s$. Wieviel Kilometer sind beide Orte von einander entfernt?

12) Die kürzeste Entfernung zwischen Hamburg und Lissabon beträgt $a = 1380$ km; die geographische Breite von Hamburg ist $\varphi_1 = 53^0 33' 7''$, die von Lissabon $\varphi_2 = 49^0 50'$. Wie groß ist der Unterschied der mittleren Ortszeiten beider Städte?

13a) Ein bei Bergen ($\varphi_1 = 60^0 23' 50''$; $\lambda_1 = 5^0 21' 15''$) liegender Dampfer fährt auf kürzestem Wege nach St. Johns auf Neufundland ($\varphi_2 = 47^0 34' 10'$; $\lambda_2 = 307^0 19' 14''$). I) Welche Entfernung hat er zurückzulegen? II) Unter welchem Kurse fuhr er ab und unter welchem kam er an?

13b) Dieselbe Aufgabe für S. Franzisko ($\varphi_1 = 37^0 47' 29''$; $\lambda_1 = 237^0 34'$) und Honolulu ($\varphi_2 = 21^0 18' 21''$; $\lambda_2 = 202^0 9'$).

14a) Ein bei Vancouver ($\varphi_1 = 48^0,5$; $\lambda_1 = 235^0$) liegender Dampfer will auf kürzestem Wege nach Yokohama ($\varphi_2 = 35^0 26',5$; $\lambda_2 = 139^0 39'$) fahren. I) Welches war die größte nördliche Breite, die der Dampfer auf seiner Fahrt erreichte, und unter welcher Länge gelangte er in diese Breite? II) Unter welchem Breitengrade überschritt der Dampfer irgendeinen, z. B. den 180ften Meridian?

14b) Ein Dampfer fährt auf kürzestem Wege von Valparaiso ($\varphi_1 = 33^0\,2'$ südl.; $\lambda_1 = 288^0\,26'$) nach Apia ($\varphi_2 = 13^0\,50'$ südl.; $\lambda_2 = 188^0\,20'$). I) Unter welcher Breite und Länge liegt der südlichste Punkt, den der Dampfer auf seiner Fahrt erreicht? II) Unter welcher Länge fährt der Dampfer über den südlichen Wendekreis?

15) Ein Dampfer fährt auf kürzestem Wege von Daressalam ($\varphi_1 = 6^0\,47'$ südl.; $\lambda_1 = 39^0\,17'$) nach Bombay ($\varphi_2 = 18^0\,54'$; $\lambda_2 = 72^0\,48'$) und braucht dazu 5 Tage 12¼ Stunden. I) Wie groß war seine durchschnittliche Geschwindigkeit? II) Nach wievielstündiger Fahrt und unter welchem Längengrade erreichte er den Äquator?

16) Ein Dampfer fährt auf kürzestem Wege von Brisbane ($\varphi_1 = 27^0\,28'$ südl.; $\lambda_1 = 153^0\,1',5$) nach S. Franzisko ($\varphi_2 = 37^0\,47'$; $\lambda_2 = 237^0\,31'$) mit einer durchschnittlichen Geschwindigkeit von 19¼ sm pro Stunde. I) Wieviel Tage und Stunden ist der Dampfer unterwegs? II) Wieviel Kilometer legt er zurück, bis er den Äquator erreicht? III) In welcher Länge und unter welchem Winkel durchschneidet der Weg des Dampfers den Äquator?

## § 21. Aufgaben aus der mathematischen Himmelskunde.

[Die Aufgaben 1) bis 10) und 22) bis 30) lassen sich zum Teil mit Benutzung der Formeln für das rechtwinklige sphärische Dreieck lösen. Doch gestaltet sich die Lösung einfacher, wenn man auch hier wie in den anderen Aufgaben die Grundformeln für das allgemeine nautische Dreieck Pol-Zenit-Stern zugrunde legt. (Vgl. Lehrbuch S. 152.) — In den Aufgaben, in denen die atmosphärische Strahlenbrechung am Horizont zu berücksichtigen ist, bedeutet $\beta = 34'\,54'',1$ den Winkel der atmosphärischen Strahlenbrechung und $\varrho$ den scheinbaren Radius der Sonnenscheibe.]

1a) Um wieviel Uhr (nach wahrer, mittlerer und mitteleuropäischer Zeit) und an welcher Stelle des Horizonts ging am 15. Mai 09 in Berlin die Sonne auf und unter? I) ohne, II) mit Berücksichtigung der atmosphärischen Strahlenbrechung. [$\varphi = 52^0\,30'\,16''$; $\lambda = 13^0\,23'\,44''$; $\delta = +18\,46'\,16''$; Zeitgl. $g = -3^m\,50^s$.]

1b) Dieselbe Aufgabe für Berlin, d. 2. Dezember 09. [$\delta = -21^0\,54'\,34''$; $g = -10^m\,39^s$.]

2a) In Berlin ($\varphi = 52^0\,30'\,16''$) ging am 15. Mai 09 die Sonne um $4^h\,6^m\,27^s$ M. Z. auf und um $7^h\,45^m\,53^s$ M. Z. unter [vgl. Aufg. 1a)]; wann ging sie an diesem Tage in Paris ($\varphi' = 48^0\,50'\,11''$) auf und unter?

2b) In Berlin ($\varphi = 52^0\,30'\,16''$) ging am 2. Dezember 09 die Sonne um $7^h\,51^m$ M. Z. auf und um $3^h\,47^m\,42^s$ M. Z. unter [vgl. Aufg. 1b)]; wann ging sie an diesem Tage in Wien ($\varphi' = 48^0\,13'\,55''$) auf und unter?

3a) Wann (nach M. E. Z.) stand in Halle a. S. ($\varphi = 51^0\,29'\,38''$; $\lambda = 11^0\,57'\,45''$) am 21. August 09 die Sonne genau im Westen, welche Höhe hatte sie zu dieser Zeit und in welcher Höhe kulminierte die Sonne an diesem

Tage? — Die Deklination der Sonne betrug $\delta = +\ 12^0\ 16'\ 6''$, die Zeitgleichung $g = +\ 3^m\ 8^s$.

3b) Wann (nach M. E. Z.) stand in Mainz ($\varphi = 49^0\ 59'\ 44''$; $\lambda = 8^0\ 16'\ 30''$) am 30. Juni 10 die Sonne genau im Osten, welche Höhe hatte sie zu dieser Zeit und welche Höhe erreichte sie am wahren Mittage dieses Tages? — Die Deklination der Sonne betrug $\delta = +\ 23^0\ 13'\ 26''$, die Zeitgleichung $g = +\ 3^m\ 15^s$.

4) In welcher Höhe und in welcher Himmelsrichtung steht die Sonne in Köln ($\varphi = 50^0\ 56'\ 33''$; $\lambda = 6^0\ 57'\ 30''$) zur Zeit der Tag- und Nachtgleichen um $10^h$ M.E.Z., wenn die Zeitgleichung am Tage der Frühlings-Tag- und Nachtgleiche $= +\ 7^m\ 28^s$, am Tage der Herbst-Tag- und Nachtgleiche $= -\ 7^m\ 28^s$ ist?

5) Wenn keine atmosphärische Strahlenbrechung am Horizont stattfände, würde die Sonne zur Zeit der Tag- und Nachgleichen überall genau im Ostpunkte auf- und im Westpunkte untergehen und Tag und Nacht würden von gleich langer Dauer sein. Welchen Einfluß übt die Strahlenbrechung auf die Tag- und Nachtlänge und auf den Ort des Sonnenauf- und Unterganges unter dem 70. Breitengrade aus?

6) Am Tage der Frühlings- Tag- und Nachtgleiche, an welchem die Zeitgleichung $= +7^m\ 27^s$ beträgt, bestimmte man in Königsberg O. Pr. ($\varphi = 54^0\ 42'\ 50''$ $\lambda = 20^0\ 29'\ 47''$) gegen 3 Uhr nachmittags die Höhe der Sonne $h = 24^0\ 7'$. In welcher Himmelsrichtung stand die Sonne und welches war die genaue mitteleuropäische Zeit der Beobachtung?

7) Wielange dauern in Petersburg ($\varphi = 59^0\ 56'$) die längsten und kürzesten Tage und Nächte, an welcher Stelle des Horizonts geht an diesen Tagen die Sonne auf und unter, und welchen Einfluß übt die Strahlenbrechung am Horizont auf die Tag- und Nachtlänge sowie auf den Ort des Sonnenauf- und Unterganges aus? ($\delta \pm 23^0\ 27'$).

8) Unter welchem Breitengrade ging die Sonne am 18. April 10 um $7^h$ M. Z. unter und wie groß war an diesem Tage ihre Abendweite? I) ohne, II) mit Berücksichtigung der Strahlenbrechung ($\delta = +\ 10^0\ 42'\ 12''$; Zeitgleichung $g = -\ 0^m\ 35^s$).

9) Auf der Breslauer Sternwarte beobachtete man die Durchgänge des Zirkumpolarsternes α Ursae maioris, dessen Deklination $\delta = 62^0\ 17',4$ ist, in demselben Azimut; der eine Durchgang erfolgte in der Höhe $h_1 = 69^0\ 54'$, der andere in der Höhe $h_2 = 50^0\ 8'\ 50''$. Wie groß ergibt sich hieraus die geographische Breite der Breslauer Sternwarte und bei welchem Azimut fanden die Beobachtungen statt?

10) Auf der Kieler Sternwarte ($\varphi = 54^0\ 20'\ 29''$) beobachtete man die beiden Durchgänge des Zirkumpolarsternes γ Cassiopeiae, dessen Deklination $\delta = 60^0\ 13',4$ ist, in demselben Azimut. Der untere Durchgang erfolgte in der Höhe $h_2 = 53^0\ 5'$; in welcher Höhe $h_1$ fand der obere Durchgang statt?

11) Auf der Sternwarte in Kopenhagen beobachtete man im März die Durchgänge des Arktur durch dieselbe Höhenparallele $h = 37^0\ 42'$, die in den Azimuten $a_1 = 292^0\ 13'\ 39''$ und $a_2 = 67^0\ 46'\ 21''$ erfolgten. Welche geographische Breite ergibt sich hieraus für den Beobachtungsort?

12) Wann (nach M. E. Z.) stand in Hannover ($\varphi = 52^0\,22'\,52''$; $\lambda = 9^0\,48'\,0''$) am 1. März 10 die Sonne genau in Südost, welche Höhe hatte sie zu dieser Zeit und wie hoch stand sie am wahren Mittage dieses Tages? ($\delta = -7^0\,49'\,15''$; Zeitgl. $g = +\,12^m\,38^s$).

13) Am 2. Mai 10 war die Deklination der Sonne $\delta = +\,15^0\,11'$ und die Zeitgleichung $g = -\,3^m\,2^s$. Mittelst eines Theodoliten bestimmte man um $8^h\,46^m\,15^s$ M. E. Z. vormittags die Höhe der Sonne $h = 34^0\,17'\,36''$ und ihr Azimut $a = 287^0\,5'\,21''$. Welches ist die geographische Breite und Länge des Beobachtungsortes?

$14_a$) Wie hoch und in welcher Himmelsrichtung stand in Danzig ($\varphi = 54^0\,21'\,18''$; $\lambda = 18^0\,39'\,54''$) die Sonne am 15. Mai 10 um $4^h$ nachmittags M. E. Z., und welche Höhe erreichte sie an diesem Tage zur wahren Mittagszeit? $\delta = +\,18^0\,42'\,41''$; Zeitgl. $g = -\,3^m\,49^s$.]

$14_b$) Wie hoch und in welcher Himmelsrichtung stand in Düsseldorf ($\varphi = 51^0\,12'\,25''$; $\lambda = 6^0\,46'\,15''$) die Sonne am 27. Januar 10 um $9\frac{1}{4}$ Uhr vormittags M. E. Z., und in welcher Höhe kulminierte sie an diesem Tage? [$\delta = -\,18^0 36' 52''$; Zeitgl. $g = +\,12^m\,49^s$.]

$15_a$) Einen wie langen Schatten werfen auf horizontaler Ebene am 15. Mai um $10^h\,35^m$ M. E. Z. die $k = 156$ m hohen Türme des Kölner Doms $\varphi = 50^0\,56'\,33''$; $l = 6^0\,57'\,30''$), wenn die Deklination der Sonne an diesem Tage $\delta = +\,18^0\,46'\,31''$ und die Zeitgleichung $g = -\,3^m\,50^s$ ist?

$15_b$) Der Turm des Straßburger Münsters ($\varphi = 48^0\,35'$; $\lambda = 7^0\,46'\,10''$) warf am 27. Juli 09 um $1^h\,50^m$ M. E. Z. auf horizontaler Ebene einen Schatten von $l = 91{,}93$ m Länge. Wie hoch ist der Turm, wenn die Deklination der Sonne an diesem Tage $\delta = +\,19^0\,19'\,13''$ und die Zeitgleichung $g = +\,6^m\,18^s$ war?

16) Auf einem Dampfer, dessen Chronometer Hamburger Zeit angibt, beobachtete man am 1. August 09 nachmittags in der nördlichen Breite $\varphi = 32^0\,41',5$ die Höhe der Sonne $h = 39^0\,11'$; die Deklination der Sonne an diesem Tage war $\delta = +\,18^0\,7'\,9''$ und die Zeitgleichung $g = +\,6^m\,9^s$. In welcher geographischen Länge befand sich das Schiff, wenn das Chronometer $1^h\,56^m\,53$ zeigte und die geographische Länge von Hamburg $9^0\,58',5$ beträgt?

17) Auf einem westlich von Hamburg fahrenden Schiffe wurde am 20. Oktober 09 vormittags die Höhe der Sonne $h = 17^0\,43'$ und ihr Azimut $a = 295^0\,6'$ gemessen; die Deklination der Sonne war an diesem Tage $\delta = -\,10^0\,16'\,43''$, die Zeitgleichung $g = -\,15^m\,6^s$. Wann (nach mittlerer Zeit) fand die Beobachtung statt und wo befand sich das Schiff, wenn das Schiffschronometer $0^h\,39^m\,48^s$ Hamburger Zeit anzeigte und die geograpische Länge von Hamburg $9^0\,58',5$ ist?

18) Wann ging nach M.E.Z. und mit Berücksichtigung der Strahlenbrechung in Bromberg ($\varphi = 53^0\,7'$; $\lambda = 18^0$) am 1. November 09 die Sonne unter und wie lange dauerte der Durchgang der Sonnenscheibe durch den Horizont? [Die Deklination der Sonne war an diesem Tage $\delta = -\,14^0\,18'\,21''$, die Zeitgl. $g = -\,16^m\,19^s$ und der scheinbare Radius der Sonnenscheibe $\varrho = 16'\,9''$.]

19) Wie lange dauert in Drontheim ($\varphi = 63^\circ 25' 48''$) der kürzeste Tag vom Erscheinen des ersten, vom oberen Rande der Sonne ausgehenden Strahles bis zum Verschwinden des letzten Sonnenstrahles gerechnet, und um wieviel wird die Dauer des kürzesten Tages durch die Strahlenbrechung verlängert? [Die Deklination der Sonne beträgt am kürzesten Tage $\delta = -23^\circ 27' 8''$ und der scheinbare Radius der Sonnenscheibe ist $\varrho = 16' 17''$.]

20) Unter welchem Breitengrade befindet sich am längsten Tage, an welchem die Deklination der Sonne $\delta = +23^\circ 27',2$ ist, der Mittelpunkt der Sonnenscheibe bei Berücksichtigung der Strahlenbrechung um Mitternacht gerade im Horizont, und um wieviel wird die Dauer des Tages durch die Strahlenbrechung verlängert?

---

[Für die Aufgaben Nr. 21 bis 23 ist zu beachten, daß die bürgerliche Abenddämmerung solange dauert, bis die Sonne $d_1 = 6\frac{1}{2}^\circ$, die astronomische Dämmerung hingegen solange, bis die Sonne $d_2 = 18^\circ$ unter den Horizont herabgesunken ist. Als Anfang beider Dämmerungszeiten gilt der Augenblick, in welchem beim Untergange der Sonne der letzte Sonnenstrahl verschwindet.

Zur Beantwortung der in den Aufgaben Nr. 24 bis 26 gestellten Fragen bedarf man einer Tafel, in der die Deklination der Sonne für die einzelnen Tage des Jahres angegeben ist.]

$21_a$) Wann begann nach mittlerer Zeit in Bonn ($\varphi = 50^\circ 43' 44''$) am 5. Mai 10 die Abenddämmerung und wielange dauerte I. die bürgerliche, II. die astronomische Dämmerung, wenn an diesem Tage die Deklination der Sonne $\delta = +16^\circ 4' 22''$, die Zeitgleichung $g = -3^m 22^s$ und der scheinbare Radius der Sonnenscheibe $\varrho = 15' 53''$ war?

$21_b$) Wann begann nach mittlerer Zeit in Bergen ($\varphi = 60^\circ 23' 54''$) am 5. November 09 die Abenddämmerung und wie lange dauerte I. die bürgerliche, II. die astronomische Dämmerung, wenn an diesem Tage die Deklination der Sonne $\delta = -15^\circ 34' 26''$, die Zeitgleichung $g = -16^m 20^s$ und der scheinbare Radius der Sonnenscheibe $\varrho = 16' 10''$ war?

22) Wielange dauert für einen Ort auf dem Äquator am längsten Tage, an welchem die Deklination der Sonne $\delta = +23^\circ 27',2$ und der scheinbare Radius der Sonnenscheibe $\varrho = 15' 45'',8$ ist, I. die bürgerliche und II. die astronomische Dämmerung?

23) Unter welchem Breitengrade dauert die bürgerliche Abenddämmerung am längsten Tage, an welchem die Deklination der Sonne $\delta = +23^\circ 27',2$ ist, bis Mitternacht?

24) Von wann bis wann dauert in Liegnitz ($\varphi = 51^\circ 12' 37''$) die astronomische Dämmerung die ganze Nacht hindurch?

25) Wie lange dauert in Hammerfest, der nördlichsten Stadt der Erde ($\varphi = 70^\circ 39' 15''$), der Polartag?

$26_a$) Die Magdalenenbucht auf Spitzbergen liegt unter $79^\circ 33',8$ nördlicher Breite. Von wann ab und bis wann geht daselbst der Mittelpunkt der Sonne nicht unter, und wie hoch steht die Sonne noch über dem Horizont, wenn sie am

Tage der Sommersonnenwende ($\delta' = +23^0\,27'$) ihren tiefsten Standpunkt erreicht?

26b) Die Magdalenenbucht auf Spitzbergen liegt unter $79^0\,33',8$ nördlicher Breite. Wann beginnt und wann endet daselbst die Polarnacht? Wird es daselbst mitten im Winter, wenn die Deklination der Sonne $\delta' = -23^0\,27'$ beträgt, selbst zur Mittagszeit völlig dunkel?

---

27)*) Wann (nach M.E.Z.) und in welcher Höhe kulminierte der Arktur, dessen Deklination $\delta = +19^0\,39'$ und dessen Rektaszension $\alpha = 14^h\,11^m\,33^s$ ist, am 1. März 09 in Stuttgart ($\varphi = 48^0\,46'\,36''$; $\lambda = 9^0\,10'\,43''$), wenn die Rektaszension der Sonne an diesem Tage $\alpha_1 = 22^h\,47^m\,6^s$ und die Zeitgleichung $g = +12^m\,37^s$ betrug?

28a) Wann (nach M.E.Z.) und an welcher Stelle des Horizonts ging die Venus am 10. Dezember 09 in Cassel ($\varphi = 51^0\,18'\,58''$; $\lambda = 9^0\,23'\,54''$) unter, wenn ihre Rektaszension an diesem Tage $\alpha = 20^h\,31^m\,10^s$ und die Deklination $\delta = -21^0\,22',6$ betrug? — Die Sonne hatte mittags die Rektaszension $\alpha_1 = 17^h\,6^m\,54^s$ und die Zeitgleichung war $g = -7^m\,18^s$.

28b) Wann (nach M.E.Z.) und an welcher Stelle des Horizonts ging die Venus am 18. März 10 in Leipzig ($\varphi = 51^0\,20'\,6''$; $\lambda = 12^0\,23'\,30''$) auf, wenn ihre Rektaszension an diesem Tage $\alpha = 21^h\,16^m\,56^s$ und die Deklination $\delta = -10^0\,33'\,55''$ betrug? — Die Sonne hatte mittags die Rektaszension $\alpha_1 = 23^h\,48^m\,54^s$ und die Zeitgleichung war $g = +8^m\,23^s$.

29) Wann (nach M.E.Z.) und wo ging am 22. Mai 09 in Danzig ($\varphi = 54^0\,21'\,18''$; $\lambda = 18^0\,39'\,54''$) der Jupiter unter, und in welcher Höhe sowie in welcher Himmelsrichtung stand er um 10½ Uhr M.E.Z. abends? — Die Deklination des Jupiter war an diesem Tage $\delta = +10^0\,46',2$, seine Rektaszension $\alpha = 10^h\,29^m\,54^s$, die Rektaszension der Sonne $\alpha_1 = 3^h\,54^m\,7^s$ und die Zeitgleichung $g = -3^m\,34^s$.

30) Der Rigel ($\beta$ Orionis) hat die Deklinaton $\delta = -8^0\,18'\,20''$ und die Rektaszension $\alpha = 5^h\,10^m\,13^s$. Wann (nach M.E.Z.) kulminierte er in Erfurt ($\varphi = 50^0\,58'\,49''$; $\lambda = 11^0\,2''\,30''$) am 2. Dezember 09 und in welcher Höhe sowie in welcher Himmelsrichtung stand er an diesem Tage um 9 Uhr M.E.Z. abends, wenn die Rektaszension der Sonne an diesem Tage $\alpha_1 = 16^h\,31^m\,58^s$ und die Zeitgleichung $g = -10^m\,39^s$ betrug?

*) Bei der Lösung der Aufgaben 27 bis 30 ist zu beachten, daß man Sternzeit in wahre Sonnenzeit verwandelt, indem man sie mit 0,99727 oder mit (1—0,00273) multipliziert; umgekehrt hat man die wahre Sonnenzeit mit 1,002738 oder mit 1 + 0,002738 zu multiplizieren, um sie in Sternzeit zu verwandeln.

# Tabellen

zur Renten- und Lebensversicherung, nach der Statistik des Deutschen Reichs, 1908, Bd. III

diskontiert von

Professor Otto Nitsche
Charlottenburg.

A. Allgemeine Deutsche Sterbetafel für ärztlich nicht untersuchte männliche Leben. Zinsfuß $3^1/_2$ %.

| $x$ | $l_x$ | $v_x = \frac{l_x}{q^x}$ | $\Sigma v_x$ | $t_x$ | $m_x = \frac{t_x}{q^{x+1}}$ | $\Sigma m_x$ |
|---|---|---|---|---|---|---|
| 20 | 65 049 | 32 691,4 | 691 837 | 375 | 182,089 | 9295,95 |
| 1 | 64 674 | 31 403,8 | 659 146 | 382 | 179,216 | 9113,86 |
| 2 | 64 292 | 30 162,7 | 627 742 | 380 | 172,249 | 8934,64 |
| 3 | 63 912 | 28 970,4 | 597 579 | 373 | 163,358 | 8762,39 |
| 4 | 63 539 | 27 827,3 | 568 609 | 371 | 156,988 | 8599,04 |
| 25 | 63 168 | 26 729,3 | 540 782 | 372 | 152,088 | 8442,05 |
| 6 | 62 796 | 25 673,4 | 514 052 | 376 | 148,525 | 8289,96 |
| 7 | 62 420 | 24 656,6 | 488 379 | 377 | 143,884 | 8141,43 |
| 8 | 62 043 | 23 679,0 | 463 722 | 380 | 140,124 | 7997,55 |
| 9 | 61 663 | 22 738,1 | 440 043 | 389 | 138,592 | 7857,43 |
| 30 | 61 274 | 21 830,6 | 417 305 | 401 | 138,036 | 7718,83 |
| 1 | 60 873 | 20 954,3 | 395 475 | 414 | 137,692 | 7580,80 |
| 2 | 60 459 | 20 108,1 | 374 520 | 429 | 137,856 | 7443,11 |
| 3 | 60 030 | 19 290,2 | 354 412 | 449 | 139,404 | 7305,25 |
| 4 | 59 581 | 18 498,5 | 335 122 | 470 | 140,989 | 7165,85 |
| 35 | 59 111 | 17 731,9 | 316 624 | 493 | 142,888 | 7024,86 |
| 6 | 58 618 | 16 989,4 | 298 892 | 519 | 145,337 | 6881,97 |
| 7 | 58 099 | 16 269,6 | 281 902 | 542 | 146,645 | 6736,63 |
| 8 | 57 557 | 15 572,7 | 265 633 | 565 | 147,698 | 6589,99 |
| 9 | 56 992 | 14 898,4 | 250 060 | 590 | 149,018 | 6442,29 |
| 40 | 56 402 | 14 245,6 | 235 162 | 617 | 150,567 | 6293,27 |
| 1 | 55 785 | 13 613,3 | 220 916 | 643 | 151,606 | 6142,70 |
| 2 | 55 142 | 13 001,3 | 207 303 | 672 | 153,086 | 5991,10 |
| 3 | 54 470 | 12 408,6 | 194 301 | 702 | 154,512 | 5838,01 |
| 4 | 53 768 | 11 834,4 | 181 893 | 731 | 155,454 | 5683,50 |
| 45 | 53 037 | 11 278,8 | 170 058 | 755 | 155,128 | 5528,05 |
| 6 | 52 282 | 10 742,3 | 158 780 | 775 | 153,853 | 5372,92 |
| 7 | 51 507 | 10 225,2 | 148 037 | 799 | 153,254 | 5219,06 |
| 8 | 50 708 | 9 726,15 | 137 812 | 833 | 154,372 | 5065,81 |
| 9 | 49 875 | 9 242,84 | 128 086 | 873 | 156,313 | 4911,44 |
| 50 | 49 002 | 8 773,96 | 118 843 | 910 | 157,428 | 4755,13 |
| 1 | 48 092 | 8 319,99 | 110 069 | 942 | 157,453 | 4597,70 |
| 2 | 47 150 | 7 881,03 | 101 749 | 971 | 156,813 | 4440,25 |
| 3 | 46 179 | 7 457,72 | 93 867,7 | 1003 | 156,502 | 4283,43 |
| 4 | 45 176 | 7 048,99 | 86 410,0 | 1043 | 157,241 | 4126,93 |
| 55 | 44 133 | 6 653,40 | 79 361,0 | 1086 | 158,187 | 3969,69 |
| 6 | 43 047 | 6 270,23 | 72 707,6 | 1125 | 158,326 | 3811,50 |
| 7 | 41 922 | 5 899,85 | 66 437,4 | 1162 | 158,003 | 3653,18 |
| 8 | 40 760 | 5 542,34 | 60 537,5 | 1202 | 157,915 | 3495,17 |
| 9 | 39 558 | 5 197,01 | 54 995,2 | 1250 | 158,667 | 3337,26 |

| $x$ | $l_x$ | $v_x = \frac{l_x}{q^x}$ | $\Sigma v_x$ | $t_x$ | $m_x = \frac{t_x}{q^{x+1}}$ | $\Sigma m_x$ |
|---|---|---|---|---|---|---|
| 60 | 38 308 | 4862,59 | 49 798,2 | 1300 | 159,435 | 3178,59 |
| 1 | 37 008 | 4538,74 | 44 935,6 | 1351 | 160,085 | 3019,16 |
| 2 | 35 657 | 4225,14 | 40 396,9 | 1402 | 160,511 | 2859,07 |
| 3 | 34 255 | 3921,76 | 36 171,7 | 1456 | 161,057 | 2698,56 |
| 4 | 32 799 | 3628,09 | 32 250,0 | 1505 | 160,847 | 2537,50 |
| 65 | 31 294 | 3344,55 | 28 621,9 | 1551 | 160,158 | 2376,66 |
| 6 | 29 743 | 3071,29 | 25 277,4 | 1588 | 158,433 | 2216,50 |
| 7 | 28 155 | 2809,00 | 22 206,1 | 1624 | 156,546 | 2058,06 |
| 8 | 26 531 | 2557,46 | 19 397,1 | 1654 | 154,046 | 1901,52 |
| 9 | 24 877 | 2316,93 | 16 839,6 | 1682 | 151,356 | 1747,47 |
| 70 | 23 195 | 2087,22 | 14 522,7 | 1701 | 147,890 | 1596,12 |
| 1 | 21 494 | 1868,75 | 12 435,4 | 1710 | 143,645 | 1448,23 |
| 2 | 19 784 | 1661,91 | 10 566,7 | 1704 | 138,300 | 1304,58 |
| 3 | 18 080 | 1467,41 | 8 904,79 | 1689 | 132,447 | 1166,28 |
| 4 | 16 391 | 1285,34 | 7 437,38 | 1661 | 125,847 | 1033,84 |
| 75 | 14 730 | 1116,03 | 6 152,04 | 1621 | 118,663 | 907,988 |
| 6 | 13 109 | 959,627 | 5 036,01 | 1566 | 110,760 | 789,325 |
| 7 | 11 543 | 816,414 | 4 076,39 | 1494 | 102,094 | 678,565 |
| 8 | 10 049 | 686,711 | 3 259,97 | 1409 | 93,0298 | 576,471 |
| 9 | 8 640 | 570,459 | 2 573,26 | 1310 | 83,5683 | 483,441 |
| 80 | 7 330 | 467,600 | 2 002,80 | 1201 | 74,0241 | 399,873 |
| 1 | 6 129 | 377,763 | 1 535,20 | 1085 | 64,6131 | 325,849 |
| 2 | 5 044 | 300,376 | 1 157,44 | 969 | 55,7537 | 261,236 |
| 3 | 4 075 | 234,465 | 857,062 | 850 | 47,2529 | 205,482 |
| 4 | 3 225 | 179,283 | 622,597 | 728 | 39,1022 | 158,229 |
| 85 | 2 497 | 134,118 | 443,314 | 604 | 31,3449 | 119,127 |
| 6 | 1 893 | 98,2382 | 309,196 | 488 | 24,4686 | 87,7821 |
| 7 | 1 405 | 70,4475 | 210,958 | 387 | 18,7482 | 63,3135 |
| 8 | 1 018 | 49,3169 | 140,511 | 300 | 14,0420 | 44,5653 |
| 9 | 718 | 33,6073 | 91,1939 | 226 | 10,2206 | 30,5233 |
| 90 | 492 | 22,2502 | 57,5866 | 165 | 7,20959 | 20,3027 |
| 1 | 327 | 14,2881 | 35,3364 | 116 | 4,89716 | 13,0931 |
| 2 | 211 | 8,90777 | 21,0483 | 79 | 3,22235 | 8,19598 |
| 3 | 132 | 5,38419 | 12,1405 | 53 | 2,08872 | 4,97363 |
| 4 | 79 | 3,11338 | 6,75635 | 33 | 1,25655 | 2,88491 |
| 95 | 46 | 1,75155 | 3,64297 | 20 | 0,735794 | 1,62836 |
| 6 | 26 | 0,956532 | 1,89142 | 12 | 0,426547 | 0,892570 |
| 7 | 14 | 0,497638 | 0,934891 | 7 | 0,240405 | 0,466023 |
| 8 | 7 | 0,240405 | 0,437253 | 3 | 0,099546 | 0,225618 |
| 9 | 4 | 0,132728 | 0,196848 | 2 | 0,064120 | 0,126072 |
| 100 | 2 | 0,064120 | 0,064120 | 2 | 0,061952 | 0,061952 |

B. Allgemeine Deutsche Sterbetafel für ärztlich nicht untersuchte weibliche Leben. Zinsfuß 3½ %.

| $x$ | $l_x$ | $v_x = \frac{l_x}{q^x}$ | $\Sigma v_x$ | $t_x$ | $m_x = \frac{t_x}{q^{x+1}}$ | $\Sigma m_x$ |
|---|---|---|---|---|---|---|
| 20 | 68 201 | 34 275,5 | 742 879 | 313 | 151,984 | 9153,65 |
| 1 | 67 888 | 32 964,4 | 708 603 | 329 | 154,351 | 9001,67 |
| 2 | 67 559 | 31 695,4 | 675 639 | 347 | 157,290 | 8847,31 |
| 3 | 67 212 | 30 466,3 | 643 943 | 364 | 159,416 | 8690,02 |
| 4 | 66 848 | 29 276,5 | 613 477 | 381 | 161,219 | 8530,61 |
| 25 | 66 467 | 28 125,3 | 584 201 | 395 | 161,491 | 8369,39 |
| 6 | 66 072 | 27 012,7 | 556 075 | 406 | 160,037 | 8207,90 |
| 7 | 65 666 | 25 938,9 | 529 063 | 417 | 159,150 | 8047,86 |
| 8 | 65 249 | 24 902,5 | 503 124 | 427 | 157,455 | 7888,71 |
| 9 | 64 822 | 23 903,0 | 478 221 | 437 | 155,693 | 7731,26 |
| 30 | 64 385 | 22 939,0 | 454 318 | 448 | 154,215 | 7575,56 |
| 1 | 63 937 | 22 009,0 | 431 379 | 458 | 152,326 | 7421,35 |
| 2 | 63 479 | 21 112,5 | 409 370 | 469 | 150,710 | 7269,02 |
| 3 | 63 010 | 20 247,8 | 388 258 | 477 | 148,097 | 7118,31 |
| 4 | 62 533 | 19 415,0 | 368 010 | 486 | 145,789 | 6970,21 |
| 35 | 62 047 | 18 612,7 | 348 595 | 498 | 144,337 | 6824,43 |
| 6 | 61 549 | 17 838,9 | 329 982 | 508 | 142,256 | 6680,09 |
| 7 | 61 041 | 17 093,4 | 312 143 | 517 | 139,881 | 6537,83 |
| 8 | 60 524 | 16 375,5 | 295 050 | 526 | 137,503 | 6397,95 |
| 9 | 59 998 | 15 684,3 | 278 674 | 531 | 134,116 | 6260,45 |
| 40 | 59 467 | 15 019,8 | 262 990 | 536 | 130,801 | 6126,33 |
| 1 | 58 931 | 14 381,0 | 247 970 | 540 | 127,321 | 5995,53 |
| 2 | 58 391 | 13 767,4 | 233 589 | 543 | 123,699 | 5868,21 |
| 3 | 57 848 | 13 178,1 | 219 822 | 546 | 120.176 | 5744,51 |
| 4 | 57 302 | 12 612,3 | 206 644 | 551 | 117,175 | 5624,34 |
| 45 | 56 751 | 12 068,6 | 194 031 | 556 | 114,240 | 5507,16 |
| 6 | 56 195 | 11 546,3 | 181 963 | 567 | 112,561 | 5392,92 |
| 7 | 55 628 | 11 043,3 | 170 417 | 588 | 112,783 | 5280,36 |
| 8 | 55 040 | 10 557,1 | 159 373 | 617 | 114,342 | 5167,58 |
| 9 | 54 423 | 10 085,7 | 148 816 | 655 | 117,280 | 5053,23 |
| 50 | 53 768 | 9 627,32 | 138 731 | 690 | 119,369 | 4935,96 |
| 1 | 53 078 | 9 182.39 | 129 103 | 724 | 121,015 | 4816,59 |
| 2 | 52 354 | 8 750,87 | 119 921 | 760 | 122,737 | 4695,57 |
| 3 | 51 594 | 8 332,22 | 111 170 | 803 | 125,295 | 4572,83 |
| 4 | 50 791 | 7 925,12 | 102 838 | 853 | 128,597 | 4447,54 |
| 55 | 49 938 | 7 528,55 | 94 912,6 | 906 | 131,968 | 4318,94 |
| 6 | 49 032 | 7 142,00 | 87 384,0 | 960 | 135,105 | 4186,97 |
| 7 | 48 072 | 6 765,36 | 80 242,0 | 1018 | 138,423 | 4051,87 |
| 8 | 47 054 | 6 398,17 | 73 476,7 | 1083 | 142,281 | 3913,45 |
| 9 | 45 971 | 6 039,53 | 67 078,5 | 1157 | 146,863 | 3771,16 |

| $x$ | $l_x$ | $v_x = \frac{l_x}{q^x}$ | $\Sigma v_x$ | $t_x$ | $m_x = \frac{t_x}{q^{x+1}}$ | $\Sigma m_x$ |
|---|---|---|---|---|---|---|
| 60 | 44 814 | 5688,42 | 61 039,0 | 1232 | 151,095 | 3624,30 |
| 1 | 43 582 | 5344,98 | 55 350,6 | 1310 | 155,227 | 3473,21 |
| 2 | 42 272 | 5008,98 | 50 005,6 | 1392 | 159,366 | 3317,98 |
| 3 | 40 880 | 4680,23 | 44 996,6 | 1482 | 163,933 | 3158,61 |
| 4 | 39 398 | 4358,05 | 40 316,4 | 1570 | 167,794 | 2994,68 |
| 65 | 37 828 | 4042,87 | 35 958,3 | 1649 | 170,277 | 2826,89 |
| 6 | 36 179 | 3735,88 | 31 915,4 | 1719 | 171,503 | 2656,61 |
| 7 | 34 460 | 3438,04 | 28 179,6 | 1785 | 172,065 | 2485,11 |
| 8 | 32 675 | 3149,71 | 24 741,5 | 1849 | 172,208 | 2313,04 |
| 9 | 30 826 | 2870,99 | 21 591,8 | 1909 | 171,783 | 2140,83 |
| 70 | 28 917 | 2602,12 | 18 720,8 | 1961 | 170,495 | 1969,05 |
| 1 | 26 956 | 2343,63 | 16 118,7 | 1999 | 167,922 | 1798,56 |
| 2 | 24 957 | 2096,46 | 13 775,1 | 2019 | 163,866 | 1630,63 |
| 3 | 22 938 | 1861,70 | 11 678,6 | 2024 | 158,717 | 1466,77 |
| 4 | 20 914 | 1640,02 | 9 816,91 | 2014 | 152,592 | 1308,05 |
| 75 | 18 900 | 1431,97 | 8 176,89 | 1981 | 145,017 | 1155,46 |
| 6 | 16 919 | 1238,53 | 6 744,92 | 1919 | 135,727 | 1010,44 |
| 7 | 15 000 | 1060,92 | 5 506,39 | 1837 | 125,534 | 874,715 |
| 8 | 13 163 | 899,511 | 4 445,47 | 1746 | 115,280 | 749,181 |
| 9 | 11 417 | 753,812 | 3 545,96 | 1644 | 104,875 | 633,901 |
| 80 | 9 773 | 623,445 | 2 792,15 | 1521 | 93,7474 | 529,026 |
| 1 | 8 252 | 508,615 | 2 168,71 | 1383 | 82,3593 | 435,278 |
| 2 | 6 869 | 409,057 | 1 660,09 | 1243 | 71,5190 | 352,919 |
| 3 | 5 626 | 323,705 | 1 251,03 | 1102 | 61,2621 | 281,400 |
| 4 | 4 524 | 251,497 | 927,328 | 956 | 51,3485 | 220,138 |
| 85 | 3 568 | 191,644 | 675,831 | 804 | 41,7240 | 168,789 |
| 6 | 2 764 | 143,439 | 484,187 | 660 | 33,0928 | 127,066 |
| 7 | 2 104 | 105,496 | 340,748 | 533 | 25,8211 | 93,9727 |
| 8 | 1 571 | 76,1069 | 235,253 | 422 | 19,7525 | 68,1516 |
| 9 | 1 149 | 53,7810 | 159,146 | 328 | 14,8335 | 48,3991 |
| 90 | 821 | 37,1289 | 105,365 | 248 | 10,8362 | 33,5656 |
| 1 | 573 | 25,0369 | 68,2364 | 183 | 7,72569 | 22,7294 |
| 2 | 390 | 16,4646 | 43,1995 | 130 | 5,30261 | 15,0037 |
| 3 | 260 | 10,6052 | 26,7349 | 91 | 3,58630 | 9,70114 |
| 4 | 169 | 6,66027 | 16,1297 | 62 | 2,36079 | 6,11484 |
| 95 | 107 | 4,07426 | 9,46947 | 41 | 1,50838 | 3,75405 |
| 6 | 66 | 2,42812 | 5,39521 | 26 | 0,924186 | 2,24567 |
| 7 | 40 | 1,42182 | 2,96709 | 16 | 0,549498 | 1,32149 |
| 8 | 24 | 0,824246 | 1,54527 | 10 | 0,331821 | 0,771987 |
| 9 | 14 | 0,464549 | 0,721029 | 6 | 0,192360 | 0,440166 |
| 100 | 8 | 0,256480 | 0,256480 | 8 | 0,247806 | 0,247806 |

FSC
www.fsc.org
MIX
Papier | Fördert
gute Waldnutzung
FSC® C083411

Zeitfracht Medien GmbH
Ferdinand-Jühlke-Straße 7
99095 Erfurt, Deutschland
produktsicherheit@kolibri360.de